TURING 图灵新知

悠扬的素数
黎曼猜想趣史

The
Music
of the Primes

20th Anniversary

Why an Unsolved
Problem in Mathematics Matters

Marcus du Sautoy

[英] 马库斯·杜·索托伊 —— 著

谈天星 —— 译

人民邮电出版社

北 京

图书在版编目（CIP）数据

悠扬的素数：黎曼猜想趣史 /（英）马库斯·杜·
索托伊（Marcus du Sautoy）著；谈天星译. -- 北京：
人民邮电出版社，2025. --（图灵新知）. -- ISBN 978
-7-115-66569-0

Ⅰ. O156.2-49

中国国家版本馆CIP数据核字第2025T7L065号

内 容 提 要

素数是从宇宙深处传来的神秘音乐，拨动着一代代数学家的心弦。追求知识和真理的执着精神驱使着他们在看似无序的素数世界中寻找着规律的真相。黎曼猜想——数学研究的"珠峰"，吸引了一代代数学家投身于数论研究中，其中不乏数学史上大名鼎鼎的人物。在破解这一谜题的过程中，人们发现它已经给通信、量子力学、计算机科学等领域带来了举足轻重的影响。本书作者以生动细腻的笔触将素数的故事娓娓道来，阅读本书就像聆听数学的乐章。读者无须具备任何数学专业背景，就能领略数学之美，对数学产生更深刻、更丰富的了解。

本书适合对数学思想、数学史和数学故事感兴趣的大众读者阅读。

◆ 著　　　　[英] 马库斯·杜·索托伊（Marcus du Sautoy）
　　译　　　　谈天星
　　责任编辑　戴　童
　　责任印制　胡　南

◆ 人民邮电出版社出版发行　　北京市丰台区成寿寺路11号
　　邮编　100164　　电子邮件　315@ptpress.com.cn
　　网址　https://www.ptpress.com.cn
　　涿州市京南印刷厂印刷

◆ 开本：720×960　1/16
　　印张：22.5　　　　　　　　　2025年6月第1版
　　字数：300千字　　　　　　　2025年6月河北第1次印刷
　　著作权合同登记号　图字：01-2024-4425号

定价：89.80元

读者服务热线：(010) 84084456-6009　印装质量热线：(010) 81055316
反盗版热线：(010) 81055315

版 权 声 明

纪念

约纳森·杜·索托伊 ①

2000 年 10 月 21 日

序言

　　"初夏，森林平和又静谧。渐渐地，开始有了呜呼呜呼的嗡鸣声。噪声愈发响亮起来，让人几乎没法集中思绪。成千上万只蝉聚成一团，奋力又得意地飞上了天，转而降落在周围的村落。这一刻，它们等了17年。17是一个素数①，可以被自身和1整除。这个数，这个素数，深深扎根于大自然，是蝉活命的关键。因为每隔13年或者17年才出土，它们躲过了捕食者，还实现了生存机会的最大化。如果蝉是每隔10年出土，就会被那些以1、2、5或10年为繁衍周期的捕食者所捕获。如果蝉是每隔12年出土，就会被任何以1、2、3、4、6或12年为繁衍周期的捕食者当成美餐。那么，17年呢？只会遇到以1年或17年为繁衍周期的……"

　　我不确定马库斯原话是怎么说的，但大概就是这样了。我们凝视着他。他正站在伦敦北部的一间排练室里，那里有演员、设计师、戏剧创作者。我邀请他加入了我们的戏剧《消失的数》(*A Disappearing Number*)的创作。这是一个关于数学与失落的故事，一个关于G. H. 哈代(G. H. Hardy)与斯里尼瓦瑟·拉马努金(Srinivasa Ramanujan)的故事，非凡，神秘，浪漫。

　　我们张大了嘴巴。

　　"天哪，这些蝉怎么会知道素数呢？"

　　"是呀，它们怎么会知道呢？！这可真荒谬……"

---

① 素数也称质数，《数学名词》《数学大辞典》等工具书推荐使用"素数"，而《义务教育数学课程标准（2022年版）》及相关教科书则优先使用"质数"，但也明确指出二者均可。对此实践中目前并没有严格的标准，本书译文使用"素数"，请读者留意。

——编者注

马库斯歪着脑袋笑了："我猜这是自然选择的结果，但也确实是个谜。"

马库斯喜欢谜团、故事和戏剧，所以他答应来到我们的排练室。在英国西部的一处偏远山谷边缘，在我们的小屋里，我凝望着窗外，回想起这一切，写下了这些文字。一棵古老而优雅的白蜡树将它的枝条延伸至花园的尽头。我们赋予了"她"性别。她那枝枝权权构成的图案让人眼花缭乱、捉摸不透。我和女儿将她描画了一遍又一遍。我们每次都会勾勒出不一样的线条轮廓，然后笑笑，因为描绘出她的图案之谜是一个不可能完成的任务。然而，她是有形状的，也是可以预测的。我们通过她来衡量自己。夏天，我们坐在她的浓荫下。现在是冬天了，她那光秃秃的枝权透露出远方峡谷的深邃。她的确定性、她的存在，以及她对于揭露自身秘密的拒绝态度，让人无比心安。

好多年前，马库斯在排练室里告诉我们："中国人基于数的特性，赋予了它们性别。他们眼中的素数极富男子气概，这大概是因为素数无法被打破。它们只是它们自己……"①

"这是什么时候的事情？"

"哦，大约是公元前 1000 年。"

作为戏剧创作者和讲故事的人，我们想要讲述的不仅仅是两位杰出数学家的故事，我们还想看看，是否能从数学本身中找到某种戏剧形式。这些定理、证明、思想能否变成一个故事、一段叙述呢？为了找到答案，我们即兴创作出方程。在这个空间里，我们用身体做动作，相互挑战，猜测我们所做的动作表明了自己是哪个数。马库斯完全投入其中，带着无尽的好奇心，给出充实的建议，他热情洋溢，非常着迷。有他在，我们触到了丰富的信息库，就像这本书。

在 18 世纪的圣彼得堡，哲学家德尼·狄德罗（Denis Diderot）遇见了

---

① 本书第二章具体提到了这些内容。《周易》等中国古代典籍视奇数为阳数，偶数为阴数，马库斯的说法可能与此有关。但关于素数的一些说法，暂未找到明确出处。——编者注

伟大的数学家莱昂哈德·欧拉（Leonhard Euler）。据说狄德罗事后曾这样描述数学："它在人与自然之间拉上了一层面纱。"我还在上学时总结过自己和数学的关系，我当年的想法和狄德罗在他们二人相遇后所说的话如出一辙。对于年轻时的我来说，数学不仅令人费解，似乎还将我与我所认识的物质世界阻隔开来。三十年后的我却在一个房间里，试图与这门学科建立联系。这是一门我大半生都在完全回避的学科。为了准备这场演出，我拿起了这本书。我战战兢兢地翻开书页，目光落在了一个数学公式上，立刻就被吓到了，就像梦回儿时在数学课上的挣扎。

但当我开始阅读时，我被带进了一片故事的森林。有史以来，以及在史前时期，这些茂密的灌木与树叶都有其特性与经历。到处都是谜团与发现，比如来自非洲中部赤道地区，有着 6500 年历史的伊尚戈骨①，它上面用线条刻着 10 和 20 之间的所有素数——11 条线，另一组是 13 条，然后是 17 条和 19 条。为什么呢？这是个谜。刻下这些痕迹的数学家们知道些什么呢？

"317 是一个素数。这不是因为我们这么认为，也不是因为我们的思维被以这样或那样的方式塑造，而是因为它本就如此，因为数学的真相就是以这种方式建立起来的。"

在排练室里，哈代的扮演者讲出了这段话。这话引自哈代在 1940 年所写的《一个数学家的辩白》②。那时的哈代已步入晚年。这位演员穿着白色板球服，板球的得分、计分系统与战术都是哈代所痴迷的。我们都想扮演哈代，他身上充满了冷幽默、才华以及被克制的欲望——一个迷人的角色。这些强大的素数的出现有何"规律"？对此，马库斯向我们介绍了相关研究，同样，他还绘声绘色地描述了整个角色阵容。比如热情洋溢、滑稽有趣的意大利数学家恩里科·邦别里（Enrico Bombieri），他那封关于解谜的愚人节邮件正是本书的开场白。古怪的高斯（Gauss）、好斗的哥德尔（Gödel）、埃拉托色尼（Eratosthenes）和他的"筛子"、不合传统的费曼（Feynman）、欧拉、李特尔伍德（Littlewood）、拉马努金、叶卡捷琳娜大帝、16 岁的萨拉·弗兰纳里（Sarah Flannery）、假装成男人才能被认真对待的索菲·热尔曼（Sophie Germain）……马库斯简洁、灵活地介绍着每个人，抓住了他们的特质。他生动地描绘着这些人，就像我女儿用木炭画笔灵活地捕捉着我们花园里那棵白蜡"老妇"难以捉摸的枝杈一样。

　　这本书真是"热情好客"。我们受邀进入陌生复杂的数学领域，却又很快感到宾至如归。你不必深入每种数学思想，即便它们完全以数学形式呈现在你面前。你只要轻松自在地面对它们就好。周围的角色，有男有女，有生有死，就像我们所有人一样，都在探寻着世界意义的模式。像大卫·希尔伯特（David Hilbert）这样的探索者，在 20 世纪初提出了一系列数学问题，"作为下一个世纪需要解决的挑战"。年复一年，许多问题得到了解决。黎曼假设[①]，一个关于素数出现的频率与模式的假设，也在其中。这个问题提出后……被证明了吗？

　　人们在求证素数出现的规律时，还产生了其他问题。为什么素数会出现在一条"音乐线"（musical line）上？这条线能帮我们看出规律吗？或者，我幻想着，我们是不是可以听见而非仅仅看见它？依然未解。故事就是这样了。在这个故事里，最伟大的数学家们投身于一个始终坚守其秘密的问题。

　　哈代在《一个数学家的辩白》一书的开头写道："对于专业的数学家来说，写下与数学相关的文字会是一段悲伤的经历。数学家的职责是有所作为，证出新的定理，为数学领域添砖加瓦，而非谈论自己或其他数学家已

---

① 本书作者同样使用"黎曼假设"而非"黎曼猜想"，详见第一章关于"假设""猜想"两词的讨论。译文延续这一选择。两者在数学意义上并无本质区别，而中文习惯称"黎曼猜想"，故书名仍保留这一用法，以便于传播，请读者理解。——编者注

经做过的事情。"

　　然而，这本奇妙的书揭示了，事实并非一定如此。这本书不仅在描述人们对于证明一个定理的不懈追求——这种追求就像火车一样推动着我们——远甚于此，它还是一个值得探访的天地。书中故事涵盖的内容之丰富，阐释之清晰，能让你看到数学的现实是如何与这个世界密不可分的。我们的身边处处有数学。我曾经想象过在自然与数学之间存在着面纱，而这本书让我揭开了这层纱，帮助我开始理解哈代所说的"数学家就像画家或诗人一样，是模式的创造者……"，认识数学真理的唯一终极标准就是它的美——"这个世界容不下丑陋的数学"。素数的奥秘和它们出现的规律依然无法被攻破，这一事实却让人无比心安，就像花园尽头的那棵白蜡树——我们永远无法完全理解它，它就像素数一样，站在那里，尽是未知的美。马库斯·杜·索托伊用一种不可抗拒、感染人心的力量揭示了这一点。他所唤起的不是悲伤，而是喜悦、惊奇，以及无尽的欢愉。

西蒙·麦克伯尼（Simon McBurney）

2023 年 1 月于英国斯莱德

目录

第一章

谁想成为百万富翁？

"知道这个数列是什么吗？好吧，我们可以在脑子里数数……五十九、六十一、六十七……七十一……，这些不就是素数吗？"控制室里热闹起来，洋溢着兴奋。埃莉的脸上浮现出片刻的激动，激动的情绪涌自心底，但很快又被克制住了。她担心自己情难自禁，反倒会露出一团傻气，显得不专业。

——卡尔·萨根，《接触》

（Carl Sagan, *Contact*）

1900 年 8 月，在一个炎热潮湿的早晨，国际数学家大会于法国巴黎的索邦大学召开，讲堂里挤挤挨挨，德国格丁根大学 ① 的大卫·希尔伯特在此发表了演讲。作为当时最伟大的数学家之一，希尔伯特准备了一场大胆的演讲。他想谈谈未知的事物，而非已证的事实。这与一切公认惯例相悖。当希尔伯特开始阐述他的数学未来愿景时，听众可以从声音中察觉到他的紧张。"我们当中有谁不愿意揭开未来的面纱呢？有谁不想一瞥我们往后的科学进步，及其未来几个世纪发展的奥秘呢？"为了迎接新世纪，希尔伯特列出清单，用二十三个问题向听众发起挑战。他相信可以借此为 20 世纪的数学探索指明方向。

在接下来的几十年中，许多问题得到了解答，而那些找到解法的人组成了一个著名的数学家团队，被称为"荣誉团体"，其中包括库尔特·哥德尔（Kurt Gödel）和亨利·庞加莱（Henri Poincaré），还有其他众多先驱，他们的思想改变了数学的面貌。但有一个问题，也就是希尔伯特清单上的第八问，似乎在一整个世纪里都无人能解，那就是黎曼假设。

在提出的所有挑战中，第八个问题在希尔伯特心中有着特殊地位。深受爱戴的神圣罗马帝国皇帝腓特烈一世死于第三次十字军东征。然而，根据德国神话传说，他还活着，沉睡于基夫霍伊瑟（Kyffhäuser）山脉的一处洞穴中。只有当国家需要他时，他才会醒来。据说有人问过希尔伯特："如果五百年后，你能像腓特烈一世一样复活，会做什么呢？"他回答说："我会问问：'有谁证出了黎曼假设？'"

随着 20 世纪接近尾声，大多数数学家已经接受了这样一个事实，希尔伯特难题中的这颗明珠不仅在这个世纪无人能摘，而且就算是等希尔伯特沉睡五百年后醒来，可能仍然没有答案。希尔伯特以其充满未知的革命

---

① "格丁根"是今德国城市 Göttingen 的标准译名，由于频繁出现，为阅读方便，University of Göttingen 也统一译为"格丁根大学"。但"哥廷根大学"是更常见的习用译法，亦是教育部留学服务中心网站的登记校名。除此种影响阅读的特殊情况，一般分别保留地名和校名的两种译名，请读者留意。——编者注

性演讲震撼了 20 世纪的第一次国际数学家大会。然而，对于那些将要参加 20 世纪最后一次大会的数学家来说，他们将会遇到一个意外的惊喜。

1997 年 4 月 7 日，数学界的计算机屏幕上闪现过一则非同寻常的新闻：国际数学家大会将于第二年在德国柏林召开。大会网站上发布了公告，宣称这座数学圣杯终于被摘取——黎曼假设已被证明。这则新闻将产生深远的影响。黎曼假设对整个数学领域至关重要。当数学家们阅读邮件时，他们因为有望能理解这个伟大的数学之谜而兴奋不已。

这则公告是由恩里科·邦别里教授发信宣布的。找不到比他更好、更受敬重的发布人了。邦别里是黎曼假设的捍卫者之一。他就职于美国著名的普林斯顿高等研究院，爱因斯坦和哥德尔也曾在那里工作。他讲话轻言细语，但数学家们总是会仔细聆听他所说的每一句话。

邦别里在意大利长大，家境富裕。家中的葡萄园让他得以品尝到人间美好。同事们亲切地称他为"数学贵族"。年轻时，他总是开着豪车，风度翩翩地去出席欧洲的会议。有传闻说，他曾经在意大利的一次二十四小时拉力赛中获得第六名。他倒是很开心给这样的传闻助攻加料。他在数学界的成功则更加真实具体，因而在 20 世纪 70 年代受邀前往普林斯顿，此后就一直在那里工作。他已经将对拉力赛的热情转向了绘画，尤其是肖像画。

然而，对于邦别里来说，给予他最大快乐的还得是数学创造的艺术，尤其是黎曼假设的挑战。在 15 岁的美好年纪，他第一次读到了关于黎曼假设的内容。自此，黎曼假设就成了邦别里的执念。他的父亲是一位经济学家，收藏了大量书籍。当邦别里浏览其中的数学书籍时，他总是被数的特性所吸引。他发现，黎曼假设被认为是数论中最深奥、最根本的问题。当他的父亲提出，如果他解决了这个问题就会为他买一辆法拉利时，他对这个问题的热情被进一步激发，而这其实是父亲为阻止恩里科开自己的车而做出的无奈挣扎。

照邮件内容来看，邦别里没能拿到他的奖品。他开头是这样写的："阿

兰·科纳（Alain Connes）上周三在普林斯顿高等研究院的演讲带来了不起
的进展。"早在几年前，阿兰·科纳转攻黎曼假设的消息就震惊了数学界。
科纳是这个主题的革命者之一。在数学领域里，他是温和的罗伯斯比尔[①]，
而邦别里就如同路易十六。科纳是一位极具魅力的人物，激情四溢的风格
与一板一眼的数学家形象截然不同。他对自己的世界观有着狂热的信念，
他的讲座也让人着迷。追随者们几乎将他奉若偶像，欢欣雀跃地加入他的
数学阵营，守护他们的英雄免遭顽固守旧者的反攻。

　　科纳所在的法国高等科学研究所位于巴黎，相当于法国的普林斯顿高
等研究院。自 1979 年入职以来，他为解析几何创造了一种全新的语言。
他并不害怕会让这门学科变得极端抽象。在数学界，人们大多对这门学科
高度概念化的方法了然于心，但还是接受不了科纳提出的抽象变革。然
而，正如科纳向怀疑这种纯理论必要性的人们所证明的那样，他的几何新
语言包含了许多线索，可以指向真正的量子物理世界。如果这让数学大众
感到惶恐了，那就这样吧。

阿兰·科纳（中），法国高等科学研究所和法兰西公学院教授

[①]　法国大革命时期政治家，雅各宾派领袖，主张处死路易十六。——编者注

科纳大胆地相信,他的新几何不仅能揭开量子物理世界的真相,还能解释黎曼假设这一最伟大的数的谜题。这样的观点让人惊奇,甚而震惊。由此可以看出,他并没有将传统边界放在眼里,他敢于闯入数论的核心,直面最为艰深的数学问题。自 20 世纪 90 年代中期他踏入这个领域以来,人们一直都满怀期待,要说谁有能耐攻破这个鼎鼎有名的难题,当属阿兰·科纳。

但似乎并非科纳找出了这套复杂拼图的最后一片。邦别里接着解释道,听众里有一位年轻的物理学家"灵光乍现",想出了怎么用他那奇异的"超对称费米 – 玻色系统"攻破黎曼假设。没有多少数学家能真正明白这个时髦的混合词,但邦别里给出了解释,它描述的是"接近绝对零度时,相反自旋的任意子(anyons)和愚人子(morons)组成的混合体系所涉及的物理学"。这样听起来还是相当晦涩,但毕竟是对数学史上最难问题的解答,没有谁会期盼着能有一个简单解。根据邦别里的说法,经过六天夜以继日的工作,借助一种叫作 MISPAR 的新计算机语言,这位年轻的物理学家最终攻破了数学界的最难问题。

邦别里在邮件结尾写道:"哇哦! 请对此大力宣传。"黎曼假设最终由一位物理学家证明了出来,还挺奇怪的,但也没有特别让人惊讶。过去几十年中,数学与物理之间关联甚广。黎曼假设在本质上是数论问题,但多年来,也与粒子物理学中的问题产生了意想不到的共鸣。

数学家们纷纷改变行程,要飞到普林斯顿去分享这一时刻。几年前的兴奋还历历在目。1993 年 6 月,英国数学家安德鲁·怀尔斯(Andrew Wiles)在英国剑桥大学发表演讲,宣布证出了费马大定理。怀尔斯证明了费马是正确的,$x^n + y^n = z^n$ 在 n 大于 2 时无解。当怀尔斯结束讲座,放下粉笔时,一瓶瓶香槟被砰砰打开,相机的闪光灯也开始闪烁。

然而数学家们明白,比起知道费马方程无解,证出黎曼假设对于数学界的未来会有更加深远的意义。正如还是 15 岁少年的邦别里所发现的那样，黎曼假设旨在理解数学中最基本的对象——素数。

素数是算术中最基本的单元。素数是不可分割的，无法被写成两个较小数的乘积 [1]。13 和 17 是素数，能被写成 3 乘 5 的 15 就不是。素数是镶嵌在数的浩瀚宇宙中的宝石，引得数学家们探索了好几个世纪。对于数学家来说，这些无尽的数，2, 3, 5, 7, 11, 13, 17, 19, 23, …，存在于我们物理现实之外的某一个世界，给人带来一种奇妙的感觉。它们是大自然赠予数学家的礼物。

它们对数学的重要性在于，它们可以构建出其他所有的数。每个非素数都可由素数的砖砖瓦瓦相乘所得。物理世界中的每个分子都可由化学元素周期表中的原子构成，素数列表就是数学家的专属周期表。在数学家的实验室里，素数 2、3、5 就是氢、氦、锂。掌握了这一砖一瓦，数学家们就有望在纷繁复杂的数学世界中开辟出新的探索之路。

素数显然简单又基础，却仍然是数学家们最为神秘的研究对象。在一个致力于探寻规律与秩序的学科中，素数给出了终极挑战。浏览素数列表时，你会发现，想要预测下一个素数何时出现是不可能的。这个列表似乎混乱又随意，给不出任何线索判定下一个数。如果说它是数学的心跳，那也是一种强大的咖啡因作用下的不规则跳动。

100 以内的素数：数学的不规则心跳

你能找到一个公式，生成这样的数列，给出神奇的法则，告诉你下一个素数是什么吗？多年来，这个问题一直困扰着数学家们。他们已经努力

---

[1] 素数是建立在正整数基础上的，因此全书与素数有关的语境中，"数"通常默认讨论正整数，请读者留意。——编者注

了两千多年，而素数似乎还是不愿被归纳成一个简单明了的模式。一代又一代人坐听素数的鼓乐依其数列节奏响起：两拍，接着是三拍、五拍、七拍和十一拍……当鼓声继续时，很容易相信，这不过是无序的白噪声，毫无内在逻辑。在数学中心，在对秩序的追求中，数学家们能听见的唯有混沌之声。

数学家们无法接受大自然选择素数的方式是无从解释的。如果数学没有结构体系，没有美丽的简单性，那就没有了研究价值。聆听白噪声从来都不是令人享受的娱乐。正如法国数学家亨利·庞加莱所写："科学家不是因为有用而去研究大自然；他是因为喜欢才去研究，也因着大自然的美，乐在其中。如果大自然并不美好，那就不值得被认识。如果大自然不值得被认识，那生命还有什么意义?"

也许有人会希望，在最初的激烈跳动之后，素数的心跳能够稳定下来。并没有——随着计数的增加，情况似乎愈发棘手。这里给出 10 000 000 两侧各 100 个数中的素数。首先是小于 10 000 000 的素数：

9 999 901，9 999 907，9 999 929，9 999 931，9 999 937，9 999 943，9 999 971，9 999 973，9 999 991

但在大于 10 000 000 的前 100 个数里，素数寥寥无几：

10 000 019，10 000 079

难以猜想，什么公式能够生成这样的模式。相比于一个漂亮有序的模式，这一连串的素数其实更像是一个随机数列。就好像知道了前 99 次抛硬币的结果并不能帮助你猜出第 100 次的结果，素数似乎也同样不可预测。

素数向数学家们展现了这个学科最奇特的一种张力。一方面，一个数要么是素数，要么不是，抛硬币不会突然就让一个数能被更小的数整除。

另一方面，不可否认的是，一串素数看起来就像是随机选择的数列。物理学家们逐渐习惯了这样一个观点：量子骰子决定了宇宙的命运，每次掷骰子都会随机决定科学家将在何处发现物质。但如果非得承认，这些数学上的基本对象似乎是由大自然随机抛硬币所得，每抛一次，就决定了一个数的命运，这多少有些尴尬。数学家们都非常讨厌随机和无序。

素数虽然具有随机性，却也比人类数学遗产中的任何其他部分都更具永恒性与普遍性。无论我们是否进一步充分认识它们，素数就在那里。正如剑桥数学家哈代在其著作《一个数学家的辩白》中所写的："317 是一个素数。这不是因为我们这么认为，也不是因为我们的思维被以这样或那样的方式塑造，而是因为它**本就如此**，因为数学的真相就是以这种方式建立起来的。"

对于这样一个柏拉图主义世界观，也就是坚信有着超越人类存在的绝对永恒现实，一些哲学家可能会提出异议。但我认为，这就是为什么他们成了哲学家，而非数学家。邦别里在邮件中提到的数学家阿兰·科纳与神经生物学家让 - 皮埃尔·尚热（Jean-Pierre Changeux），在《论思想、物质与数学》（*Conversations on Mind, Matter, and Mathematics*）一书中有一段迷人的对话。这本书的张力显而易见，数学家认为数学存在于意识之外，而神经生物学家坚决地驳斥任何类似的观点："为什么我们无法看到在天空中用金色字母写出的 $\pi = 3.1416$，或者水晶球倒影中的 6.02×10^{23} 呢？"科纳坚持"有一个原始不变的数学现实，它独立地存在于人类意识之外"，而在那个世界的中心，我们能找到不变的素数列表，对此尚热宣称感到挫败。科纳断言，数学"无疑是唯一的**通用**语言"。你可以想象，在宇宙的另一边有一种不一样的化学或者生物学，但是不管你在哪一个星系数数，素数永远都是素数。

在卡尔·萨根的经典小说《接触》中，外星人通过素数与地球生命联络。书中的女主角埃莉·阿罗韦（Ellie Arroway）就职于 SETI（Search for

Extraterrestrial Intelligence，地外智慧生物搜寻）项目，负责监听宇宙中的噼啪声响。有一天晚上，无线电望远镜被转向织女星时，突然在背景噪声中捕捉到了奇怪的脉冲。埃莉当即识别出了无线电讯号中的鼓点。两次脉冲之后有一个停顿，接着是三个、五个、七个和十一个，以此类推，全是素数，一直到907。然后又重新开始。

"宇宙之鼓"正在演奏地球人肯定能听懂的音乐。埃莉相信，只有智慧生命才能敲响这样的节拍："很难想象，某种辐射等离子体会发射出这样一组有规律的数学信号。素数就在那儿，吸引着我们的注意。"要是外星文明发出的是十年前的外星彩票中奖号码，埃莉是没法从背景噪声中分辨出它们的。虽然素数看起来就像是一串随机的彩票中奖号码，但它的普遍恒常性决定了外星广播对于每一个数的选择。埃莉将这一结构识别为智慧生命的迹象。

靠素数来交流不仅仅是科幻小说中的情节。奥利弗·萨克斯（Oliver Sacks）在他的《错把妻子当帽子》（*The Man Who Mistook His Wife for a Hat*）一书中记录了一对26岁的双胞胎——约翰和迈克尔。他们最深层次的交流方式就是互换六位的素数。萨克斯讲述了第一次发现他们在房间一角秘密交换素数的情形："乍一看，他们就像两位红酒鉴赏家，分享着稀有的口味与满足感。"萨克斯最初并不清楚这对双胞胎在干什么，但很快就破解了他们的密码。他记住了一些八位的素数，再次见面时，于不经意间将它们融进了对话中。双胞胎感到惊讶，然后开始沉思，当他们识别出另一个素数时，便欢呼兴奋起来。萨克斯是通过素数表找到他的素数的，但这对双胞胎又是如何生成他们的素数的呢？这是一个迷人的谜。莫非是这些自闭天才掌握了某条秘密公式，而一代代数学家却都错过了？

邦别里最喜欢这对双胞胎的故事了：

听到这个故事时，我难免会对大脑的工作感到敬畏与惊讶。但我好奇：我那些非数学家朋友会有同样的反应吗？他们会不会有一个模糊的概念，这对双胞胎如此乐在其中的天赋是多么奇特玄妙，甚而超凡脱俗？他们是否意识到，数学家们已经努力了好几个世纪，想要得出一种方法，去实现约翰和迈克尔天生就能做到的事情——生成并识别素数？

他们是怎么做到的呢？在有人能找出答案之前，这对双胞胎在 37 岁时被他们的医生分开了。医生们认为，他们的秘密数理语言阻碍了他们的成长。要是这些医生听到大学数学系教室里才会有的复杂对话，大概也会叫停吧！

这对双胞胎验证素数的方法很有可能是基于费马小定理的。这种验证方法类似于，自闭天才很快就能识别出 1922 年 4 月 13 日是星期四，这正是这对双胞胎经常在电视聊天节目里表演的内容。两种方法所依靠的是某种叫作时钟算术或者模算术的东西。他们即便并没有神奇的素数公式，也仍然技艺非凡。在被分开之前，他们已经交流至二十八位的素数，超过了萨克斯素数表的上限。

就像萨根笔下的女主角收听宇宙中的素数之音，萨克斯偷听素数双胞胎一样，几个世纪以来，数学家们一直在竭力听出这串噪声里的某种秩序。就像用西方的耳朵聆听东方的音乐一样，似乎一切都是徒然。此后，巨大的突破在 19 世纪中叶到来。伯恩哈德·黎曼（Bernhard Riemann）开始以崭新的方式关注这个问题。他开始以新视角理解素数的无序对应的某种规律。在素数噪声的外表之下，有一种微妙且出人意料的和谐。虽然向前迈出了一大步，但这一曲新乐还藏着许多听不见的秘密。黎曼，数学界的瓦格纳[1]，勇敢无畏。他对自己发现的神秘音乐做出了大胆推测。这一推测后来被称为黎曼假设。如果有人证出黎曼对这一音乐本质的直觉是正确

---

[1] 理查德·瓦格纳（Richard Wagner, 1813—1883），浪漫主义时期德国作曲家，对歌剧创作进行了革新，是歌剧史乃至西方音乐史上举足轻重的人物。——编者注

的，就能解释为何素数给出了如此令人信服的随机印象。

黎曼发现了一面数学之镜，他从中凝视素数，才有了这样的见解。当爱丽丝穿过镜子时，她的世界被翻转了；而在黎曼镜中的奇异数学世界里，素数的无序似乎转变成了一种强大、有序的模式，就像每个数学家所期望的那样。黎曼推测，当我们透过这面镜子去凝视那个无边无际的世界时，无论看得有多远，这一秩序始终不变。他推测，镜子另一边存在着一种内在和谐，这就可以解释为什么素数表面上看起来非常混乱。混沌变为有序，这就是黎曼的镜子呈现出的变化，让一众数学家倍感惊奇。黎曼留给数学界的挑战就是去证明真的存在这样一个他认为能够领悟到的秩序。

1997 年 4 月 7 日，邦别里的邮件预示着新时代的开端。黎曼的构想不再虚妄。这位"数学贵族"为数学家们带来了他们翘首以盼的可能——或许可以给素数显而易见的无序一个解释。数学家们知道，通过对这一重大问题的解答，可以挖掘出许多其他宝藏，他们乐此不疲地追寻着。

黎曼假设的解答将会为许多数学问题带来重大启示。素数对于从事研究的数学家们来说至关重要，对其本质的理解的任何突破都将产生重大影响。黎曼假设似乎是一个绕不开的问题。当数学家们穿行于数学领地时，似乎条条大路都通向黎曼假设的壮丽景观。

很多人把证明黎曼假设比作攀登珠穆朗玛峰，越是还有很远的路尚未攀登，我们就越想征服它。最终翻越了黎曼之峰的那位数学家肯定会比征服珠穆朗玛峰的埃德蒙·希拉里（Edmund Hillary）[①] 更长久地被铭记。征服珠穆朗玛峰之所以令人惊叹，并不在于峰顶本身格外激动人心，而是因为它带来的挑战。从这个角度来看，黎曼假设与世界最高峰截然不同。我们都想在黎曼的峰顶坐一坐，因为我们知道，一旦登顶，将会有怎样的景观

① 新西兰登山家，1953 年 5 月 29 日和尼泊尔向导登津·诺盖（Tenzing Norgay）一同实现了人类首次登顶珠穆朗玛峰。——编者注

呈现在我们面前。有千千万万的定理是以黎曼假设的成立为基础的。谁证出了黎曼假设，谁就有望弥补这些定理中的缺口。许多数学家为实现自己的目标，只能干脆默认黎曼假设成立。

很多结果都依赖黎曼的挑战，这就是为什么数学家们把它当作一个假设而非猜想。当数学家为构建理论而做出必要的"假设"（hypothesis）时，这个词具有更强烈的推断含义；相比之下，"猜想"（conjecture）只不过是一种猜测，展现了数学家们所相信的世界运转的法则。好多人不得不接受现实：自己无能为力，解答不了黎曼谜题，只能把他的猜测当作一种可用的假设。如果有人能把这个假设变成"定理"（theorem），那所有未证的结果都将得以证实。

被黎曼假设所吸引的数学家们赌上自己的声誉，期望有一天，有人能证明黎曼的直觉是正确的。有些人不仅仅将它当作可用的假设。邦别里将其视为一种信仰，坚信素数就像黎曼假设所说的那样运转。事实上，它已经成了追求数学真理的一块基石。然而，如果黎曼假设其实是错的，这将完全摧毁我们靠直觉探究事物运作方式的信心。我们是如此坚信黎曼是正确的，以至于换一种答案就得彻底扭转我们的数学世界观，甚至，我们所相信的存在于黎曼峰顶之上的所有结果都将烟消云散。

最重要的是，黎曼假设的证明意味着，数学家们能够通过极快捷的方式定位素数，哪怕是百位的或是其他任意位数的。你可能会问："那又怎么样呢？"问得合情合理。除非你是一位数学家，否则这样的结果似乎不太可能对你的人生产生重大影响。

找出百位的素数听起来就像是在针尖上数天使，徒劳无益。大多数人都清楚数学是飞机制造或电子科技发展的基础，但很少有人会期待神奇的素数世界能对他们的生活产生多大影响。事实上，早在 20 世纪 40 年代，哈代就有过同样的想法："高斯和普通数学家都有理由感到欢喜，因为至少有一门学科（数论）远离了一般的人类活动，从而能够保持高贵与纯洁。"

但后来发生的事件表明，素数在纷乱的商业世界走向了舞台中央。它不再局限于数学堡垒。20世纪70年代，三位数学家，罗纳德·李维斯特（Ronald Rivest）、阿迪·沙米尔（Adi Shamir）和伦纳德·阿德曼（Leonard Adleman）将学术象牙塔中的休闲游戏——对素数的追寻，变成了重要的商业应用。这三位数学家运用17世纪皮埃尔·德·费马（Pierre de Fermat）的一个发现，得出一种方法，可以在浏览全球市场中的电子商城时，用素数保护信用卡号。20世纪70年代，当这个概念首次被提出时，没有人能想到，电子商务会发展得如此庞大。但在今天，如果没有素数的力量，这样的商业模式就无法存在。每当你在网上下单时，你的计算机就会通过几百位的素数提供安全保障。该系统以三位创始人的姓氏命名，叫作RSA。到如今，已有超过百万的素数用于保护电子商务。

因此，互联网上的每一笔商务交易都依赖好几百位的素数来保证交易安全。互联网的作用不断扩展，最终会让我们每个人都能拥有专属素数用以识别身份。突然间，人们对黎曼假设的证明如何有助于理解素数在所有数中的分布产生了商业兴趣。

令人惊奇的是，虽然密码的**构建**依赖费马三百年前关于素数的发现，想要**破解**密码却要依靠一个我们仍然回答不了的问题。RSA的安全性在于，我们解答不了关于素数的基本问题。数学家们非常了解素数，能够用其构建这些网络密码，却不知如何破解。我们可以理解半边方程，却理解不了另一边。然而，我们越是想要揭开素数的神秘面纱，网络密码就越发不安全。这些数是开锁的钥匙，被锁保护着的是这个世界的电子秘密。这就是为什么像AT&T（美国电话电报公司）和惠普这样的公司正在投入资金，致力于理解素数和黎曼假设的奥妙。由此取得的见解将有助于破解这些素数密码。但凡有互联网平台的公司都希望能够第一个知道，他们的密码会在什么时候不安全。这也是为什么数论和商业会成为如此奇怪的盟友。商界和安全机构正密切关注着纯粹数学家们的黑板。

因此，不仅仅是数学家们会对邦别里宣布的内容感到兴奋。黎曼假设的解答会让电子商务土崩瓦解吗？来自美国国家安全局的特工受命前往普林斯顿做调查。但当数学家们和特工前往新泽西州时，有些人开始从邦别里的邮件中嗅到可疑之处。一些基本粒子的名称很古怪——胶子、级联超子、粲介子、夸克，最后一个名字出自詹姆斯·乔伊斯（James Joyce）的《芬尼根的守灵夜》（*Finnegans Wake*）。但还有"愚人子"？这显然是个乌龙！邦别里对于全面理解黎曼假设有着绝对的声誉，但那些了解他的人也知道他的滑稽幽默。

恩里科·邦别里，普林斯顿高等研究院教授

安德鲁·怀尔斯在剑桥首次证明费马大定理时，有过一个漏洞，此后，一则愚人节玩笑使该定理受到冲击。邦别里的邮件让数学界又一次上当。数学家们渴望重现费马大定理得证时的兴奋，于是一把抓起邦别里扔给他们的诱饵。消息迅速传播开来，转发邮件的快乐使得 4 月 1 日的起源被抛到了一边。而在那些没有愚人节概念的国家，人们也读到了这封邮件，这使得邦别里的玩笑比他想象的更加成功。他最终只好坦白，自己的邮件是个玩笑。21世纪即将到来，我们对数学上最基本的数的本质仍然一无所知。是素数笑到了最后。

为什么数学家们就这么容易受骗，相信了邦别里呢？他们似乎并不是随随便便就放弃了自己的奖杯。在宣布证出一个结果之前，数学家们所要经受的最严考验，远超其他学科所认为"足够"的程度。怀尔斯首次证明费马大定理时，出现过一个漏洞。他意识到，完成99%的拼图是不够的，拼出最后一片的人才会被铭记。而最后一片往往会隐藏很多年。

对素数奥秘根源的探究已经持续了两千多年，对灵丹妙药的向往使得数学家们轻易地中了邦别里的花招。多年来，好多人甚至不敢靠近这个鼎鼎大名的难题。然而，当该世纪已然接近尾声时，越来越多的数学家是如何做好准备，去探讨攻破之法的，着实引人注目。费马大定理的证明只是有助于激励这样一种期盼，期盼这一重大问题是可解的。

数学家们非常开心，怀尔斯对费马大定理的解答为他们带来了关注。这样的心境无疑促成了他们对邦别里的信任。安德鲁·怀尔斯突然受邀为GAP（盖璞）服装公司的卡其裤担任模特。这可真好。成为一名数学家还挺性感的。数学家们为一个充满激情与快乐的世界倾注了大量时间，然而，他们很少有机会将这份快乐与他人分享。现在有机会炫耀奖杯了，可以展示他们在漫长又孤独的旅程中挖掘到的宝藏了。

黎曼假设的证明原本可以成为20世纪恰如其分的数学高潮。希尔伯特向全球数学家直接发起挑战，邀请他们解开这一谜题，这个世纪的序幕由此拉开。

2000年5月24日，为纪念希尔伯特提出挑战100周年，数学家们和媒体齐聚法兰西公学院，要听听会宣布哪七个新问题，这是对新千年的数学界发起的挑战。这些问题出自世界上最顶尖的数学家组成的一个小团

法国公学院

队，其中包括安德鲁·怀尔斯和阿兰·科纳。这七个问题里只有一个问题
曾在希尔伯特的清单中出现过——黎曼假设，其余都是新的。在深受资本
主义理想影响的 20 世纪，这些挑战顺应时代，附加了一些额外的"刺
激"。现在，黎曼假设和其他六个问题被标价一百万美元。对于邦别里虚
构的那位"灵光乍现"的年轻物理学家来说，这无疑是一种激励——如果
荣誉还不能满足他的话。

　　提出新千年问题的主意出自美国波士顿的一位商人——兰登·T. 克莱
（Landon T. Clay）。他在牛市中买卖共同基金，从而致富。从哈佛大学数学
系退学的他对这门学科仍然抱有热情，并且想要分享这样的热情。他意识
到，数学家们的动力并非金钱："对真理的追寻，对数学之美、数学之力量
和数学之优雅的回应才是数学家们的动力。"但克莱并不天真，作为一个
商人，他知道一百万美元可能会激励另一位安德鲁·怀尔斯去参与这样的
追逐，探寻这些重大未解问题的答案。发布新千年问题的第二天，克莱数
学研究所①的网站就因为承受不了巨大的点击量而崩溃了。

　　相较于 20 世纪的二十三个问题，新千年七问在本质上有所不同。希
尔伯特为 20 世纪的数学家们设置了新议程。他的问题多为原创，而且促
使人们对这一学科的态度产生了重大转变。不同于费马大定理这样的具体
问题，希尔伯特的二十三个问题激励着数学界以更加概念化的方式去思

———————————
① 克莱于 1988 年赞助成立的非营利性基金会，旨在推动数学研究与传播。——编者注

考。希尔伯特并不是从数学景观中挑选出个别石块，而是让数学家们有机会坐上热气球，飞到这个学科的上空纵览俯瞰，鼓励他们去理解这个领域的万象格局。这个新方法主要归功于黎曼，他在五十年前就做出了这种革命性改变：数学从一门关于公式与方程的学科，升华成一种饱含思想和抽象理论的学问。

新千年七问的选择则更传统。在数学问题的画廊中，它们就像是透纳[①]的作品，希尔伯特的问题则更像是现代主义先锋派的创作。新问题的保守倾向部分是因为希望能有足够清晰的解答，好让解谜者得到百万美金的奖励。数学家们几十年前就知道这些问题了，至于黎曼假设，它已经存在了一个多世纪。它们是经典问题。

2017 年，克莱去世，但在生前见证了七问中的第一问得以解决。2003年，格里戈里·佩雷尔曼（Grigori Perelman）宣布证出了庞加莱猜想，一个关于宇宙几何形状可能为何的数学探索。经过仔细验证，他的证明最终得到确认。不过，他在 2010 年拒绝了百万美金的奖励——证明出一个重大的数学未解问题，已是足够的奖励。

克莱的 700 万美元并非首笔为解决数学问题提供的奖金。1997 年，怀尔斯因证出费马大定理，荣获 7.5 万德国马克，这是 1908 年由保罗·沃尔夫斯凯尔（Paul Wolfskehl）设立的奖项。在听说沃尔夫斯凯尔奖的故事后，怀尔斯在易受影响的 10 岁就注意到了费马大定理。克莱认为，要是怀尔斯还能解决黎曼假设，付出百万美金就是非常值得的。2000 年，英国的费伯（Faber & Faber）出版社和美国的布卢姆斯伯里（Bloomsbury）出版社为宣传新书——阿波斯托洛斯·佐克西亚季斯（Apostolos Doxiadis）的小说《彼得罗斯叔叔与哥德巴赫猜想》（*Uncle Petros and Goldbach's Conjecture*），提供了百万美金，作为证出哥德巴赫猜想的奖励。要想赢得这笔奖金，你就得解释出为什么每个偶数都能写成两个素数之和。不过，这两家出版商

---

① 18—19 世纪英国浪漫主义画家。——编者注

不会给你多少时间去破解它。提交答案的截止时间是 2002 年 3 月 15 日午夜，而且只对美国和英国居民开放，这一点很奇怪。

克莱认为，数学家们的劳动几乎得不到回报与认可。比如，他们没有诺贝尔数学奖可求。倒有一个菲尔兹奖，那是数学界的最高奖项。其他科学家往往是在接近职业生涯的终点，因长期以来的成就被授予诺贝尔奖；而菲尔兹奖得主却仅限在 40 岁以内。这倒不是因为人们普遍相信数学家们会在英年燃尽才智，这只是约翰·菲尔兹（John Fields）的想法。他为这个奖项提供了资金，并以此鼓舞最有前途的数学家们实现更伟大的成就。菲尔兹奖每四年在国际数学家大会上颁发一次，1936 年在挪威奥斯陆首次颁奖。

年龄限制是被严格遵守的。安德鲁·怀尔斯在证明费马大定理上取得了卓越成就，在他的最终证明被采纳后，1998 年召开于柏林的国际数学家大会是第一次机会，然而菲尔兹奖委员会却没能在此时此地为他颁奖，因为他出生于 1953 年。他们打造了一枚特殊的奖章来奖励怀尔斯的成就。但这怎么比得上加入菲尔兹奖获得者的卓越俱乐部？在我们的戏剧里，好多重要角色都是获奖者：恩里科·邦别里、阿兰·科纳、阿特勒·塞尔贝格（Atle Selberg）、保罗·科恩（Paul Cohen）、亚历山大·格罗滕迪克（Alexandre Grothendieck）、艾伦·贝克（Alan Baker）、皮埃尔·德利涅（Pierre Deligne）——这些名字几乎占了菲尔兹奖章得主的五分之一。

但数学家们追求这些奖章并非为了奖金。比起诺贝尔奖背后的高额奖金，菲尔兹奖不过给了区区 1.5 万加元。因此，在金钱上，克莱的百万美金可以比得上诺贝尔奖的荣誉了。而且不同于菲尔兹奖以及前面两家出版社的哥德巴赫奖的各种时间限制，这笔钱就在那儿，除了有通货膨胀的钟声嘀嗒作响，它没有年龄和国籍限制，也没有答题时间限制。

然而，数学家们追逐某个新千年问题的最大动因并非金钱或荣誉，而是数学赋予他们的永恒愿景。解决克莱的一个问题可以赢得百万美金，但这怎么能比得上你的名字被刻在文明的知识地图上？黎曼假设、费马大定理、哥德巴赫猜想、希尔伯特空间、拉马努金 τ 函数、欧几里得算法、哈代－李特尔伍德圆法、傅里叶级数、哥德尔数、西格尔零点、塞尔贝格迹公式、埃拉托色尼筛法、梅森素数、欧拉乘积、高斯整数——在我们的素数探索中，这些发现使得负责挖掘这些宝藏的数学家永垂不朽。就算当埃斯库罗斯、歌德和莎士比亚这样的人被遗忘以后，数学家的名字还会继续流传。如哈代所说："语言会消亡，数学思想却不会。'不朽'这个词可能挺蠢的，但大概最有可能实现它的就是数学家。"

在这史诗般的旅程中，数学家们付出了漫长又艰辛的努力去理解素数，他们不仅是铭刻在数学石碑上的名字。素数故事中的那些回肠荡气和兜兜转转，源自实实在在的人生，源自丰富多彩的人物。当代"数学魔法师"和互联网企业家的名字取代了法国大革命中的历史人物和拿破仑的朋友们。出于对素数的迷恋，一位印度职员、一位免遭死刑的法国间谍和一位逃过纳粹德军迫害的匈牙利犹太人的故事交织在一起。他们带来了独特的历史视角，名字被载入数学名册。素数将各国数学家们团结了起来：中国、法国、希腊、美国、加拿大、挪威、澳大利亚、俄罗斯、印度和德国，这不过是养育"数学游牧部落"重要成员的一部分国家。这些人每隔四年相聚于国际数学家大会，讲述各自的旅途故事。

数学家们不仅想在历史中留下脚印。正如希尔伯特敢于展望未知，黎曼假设的证明也将开启一段新的旅程。当怀尔斯在克莱奖的新闻发布会上演讲时，他强调，他们的终点并不是这些问题本身：

一个崭新的数学世界正等待着被发现。想象一下 1600 年的欧洲人，他们知道大西洋对岸有一个新世界。他们该如何分配奖励，促进对新大陆的探索与其发展呢？他们不会为发明飞机设奖，不会为发明计算机设奖，不会为芝加哥建城设奖，不会为小麦收割机设奖——如今这些东西在美国都见得到，但在 1600 年是无法想象的。他们会为解决经度这样的问题设奖。

黎曼假设就是数学的"经度"。它的解答可以描绘出浩瀚数海中的迷雾水域。我们要想理解大自然中的数，这不过是个开端。如果我们找到了关于如何定位素数的秘密，那还会有什么其他东西等着我们去发现呢？

第 二 章

算术的原子

如果事情变得过于复杂，有时候不妨停下来想一想：我问的问题对吗？

——恩里科·邦别里，《素数领域》

["Prime Territory"，原载于《科学》(*The Sciences*)]

邦别里的愚人节玩笑耍弄了整个数学界。早在发生这件事的两个世纪之前，另一个意大利人朱塞佩·皮亚齐（Giuseppe Piazzi）曾从巴勒莫传出过同样令人兴奋的消息。皮亚齐在天文台观测到一颗新的行星，它处于火星和木星轨道之间的某处，围绕着太阳运转。1801 年 1 月 1 日的这一发现——谷神星，虽然比当时已知的七大行星小多了，却被所有人视为关乎新世纪科学未来的好兆头。

几周后，兴奋转为失望，这颗小行星从它的轨道上转向太阳的另一边，消失不见了，它那微弱的光芒被太阳的强光所淹没。此刻，它从夜空中消失了，再一次隐匿于天上的群星之中。19 世纪的天文学家们想要根据新世纪的前几周所追踪到的短短轨迹，计算出谷神星的完整路径，却缺少相应的数学工具。他们似乎错失了这颗行星，也没法预测下一次它会出现在哪里。

然而，在皮亚齐的行星消失了大概一年之后，一个来自不伦瑞克的 24 岁德国人宣称，他知道天文学家们可以在哪里找到消失的行星。天文学家们手头也没有其他预测，就将望远镜对准了这个年轻人指向的那片夜空。像是奇迹一般，它就在那儿。不过，这一史无前例的天文学预测可不是什么占星家的神秘魔法。其他人看到的只是一颗无法预测的小行星，一位数学家却在此找到规律，计算出了谷神星的轨迹。卡尔·弗里德里希·高斯（Carl Friedrich Gauss）根据有限的数据记录，用他刚刚研究出的新方法，估算出在未来的每一天，可以上哪儿找到谷神星。高斯因发现谷神星轨迹，在科学领域一夜成名。在科学蓬勃发展的 19 世纪早期，他的成就象征着数学的预测之力。虽然是天文学家偶然发现了这颗行星，却是数学家运用必要的分析技能解释了接下来会发生什么。

在天文界，高斯是个新名字；但在数学界，他已经留下了自己的印记，发出了令人惊叹的新声音。他成功绘制出谷神星的轨迹，但他真正热爱的是寻找数的规律。高斯认为，数的世界发出了终极挑战：在他人只见混沌之处，找寻结构与秩序。虽然"神童"和"数学天才"这样的称呼已被滥用，但几乎没有数学家会反对给高斯贴上这样的标签。他在 25 岁之前提出的新想法和新发现数量之多，不胜枚举。

1777 年，高斯出生于德国不伦瑞克的一个工人家庭。3 岁时，他就能纠正父亲的计算错误。19 岁时，因为发现了一种优美的正十七边形绘制方法，他深信自己要将一生献给数学。在高斯以先，古希腊人就已展示如何用圆规和直尺绘制出完美的正五边形。一直都没有人能用简单的工具绘制出其他完美的素数正多边形。发现正十七边形的绘制方法时所体验到的那种兴奋促使高斯开始了他的数学日记，并且一直写了十八年。直到 1898 年，这本日记一直都被保存在他的家人手中。它已成为数学史上最重要的文献之一，尤其是因为它印证了高斯有很多未能发表的证明结果，而其他数学家到了 19 世纪才将其重新证明出来。

高斯最重大的一项早期贡献是发明了时钟计算器。这一并无实体的构想令曾经看似过于笨拙的数可以被应用于运算。时钟计算器和传统时钟的

卡尔·弗里德里希·高斯（1777—1855）

工作原理相同。如果你的钟是 9 点，增加 4 小时，时针就会转向 1 点，因此，高斯的时钟计算器给出的结果会是 1，而非 13。如果高斯想要进行更复杂的计算，比如 7×7，时钟计算器就会给出 7×7 除以 12 的余数。结果还是 1 点。

当高斯想要计算 $7 \times 7 \times 7$ 的时候，时钟计算器的力量与速度开始显现出来。不必用 49 再乘 7，只要用上一次的结果（即 1）乘 7，就能得出结果 7。所以，不必做 $7 \times 7 \times 7$（结果是 343）的运算，他仍然毫不费力地就知道了其除以 12 得出的余数是 7。当高斯开始探索自己计算能力之外的大数时，这个计算器发挥出了自身的威力。他并不知道 7^{99} 是多少，但他的时钟计算器告诉他，这个数除以 12 的余数是 7。

高斯意识到，12 小时制时钟并无特别之处。他推演出了时钟运算的构想，有时也称模运算，使用钟面上的任意小时数来计算。比方说，如果你在 4 小时制时钟计算器里输入 11，结果就是 3 点，因为 11 除以 4 的余数是 3。高斯的新型算术在世纪之交彻底改变了数学。正如望远镜使天文学家们看见了新世界，时钟计算器的发展帮助数学家们在数的宇宙中发现了新规律，是好几代人都未曾看到的规律。甚而在今天，高斯时钟就是网络安全的核心。互联网所使用的计算器，其钟面小时数超过了可见宇宙中的原子数量。

作为穷人家的小孩，高斯是幸运的，可以发挥自己的数学天分。在他出生的年代，数学仍是一种享有特权的追求，受到贵族和赞助人的资助，或是像皮埃尔·德·费马那样，作为业余爱好来从事。高斯的赞助人是不伦瑞克公爵卡尔·威廉·费迪南德（Carl Wilhelm Ferdinand）。费迪南德的家族一直以来都很支持公爵领地内的文化与经济发展。他的父亲还创建了卡尔学院（Collegium Carolinum）①，这是德国最古老的科技大学之一。费迪南德承继父亲的理念，认为不伦瑞克的商业繁荣是以教育为根基的，于是

---

① 也可译为查尔斯学院，即今德国布伦瑞克工业大学。Carolinum 在拉丁语中表示与男子教名 Carolus 有关的，这个名字对应德语中的卡尔，在英语中则为查尔斯（Charles），因此卡尔公爵也称查尔斯公爵。——编者注

一直留心值得资助的人才。1791 年，费迪南德初遇高斯，对其才华印象深刻，于是资助这位年轻人进入卡尔学院求学，好让他发挥那闪闪发光的天分。

1801 年，高斯怀着深切的感激之情将他的第一本书献给了这位公爵。这本《算术探索》（*Disquisitiones Arithmeticae*）汇总了高斯记录在日记中的许多发现，都和数的性质有关。它不是一本将对数的观察糅合在一起的"大杂烩"，而是预示着数论作为一门独立学科的诞生，这是有目共睹的。它的出版让数论成为"数学女王"——这是高斯一直喜欢的称呼。高斯认为，素数就是王冠上的宝石，吸引又嘲弄着一代又一代的数学家。

公元前 6500 年的伊尚戈骨是第一个证据，初步证明了人类知道素数的特殊性。1960 年 [①]，这块骨头出土于非洲中部赤道地区的山里，上面有三列印记，每列包含四组刻痕。人们在其中一列找到了 11 条、13 条、17 条和 19 条刻痕，这是 10 和 20 之间的所有素数。其他列似乎也有数学性质。这块骨头被保存于布鲁塞尔的比利时皇家自然科学研究所。我们并不清楚它真的代表了我们的先祖初探素数的尝试，还是说，这些刻痕只是随机选择的一组数，但刚好就是素数。不过，这块古老的骨头或许就是人类首次探索素数理论的证据，迷人又有趣。

有人认为，在人类文明中，是中国人首先听到了素数的"鼓声"。他们赋予数以性别：偶数代表女性，奇数代表男性。除了这种直截了当的分类，中国人还将奇数中的非素数，比如 15 这样的数看作阳中有阴的数。有证据表明，到公元前 1000 年左右，中国人已经推演出一种非常形象的方法去理解在所有的数中，为何素数如此特别。如果你手上有 15 颗豆子，你可以将它们排列成 3 行 5 列的整齐矩阵；然而，如果有 17 颗豆子，你就只能将它们排成一整行。在中国人眼中，素数具有阳刚之气，能坚守阵地，绝对不会被分解为更小的数的乘积。

古希腊人也喜欢赋予数以性别。公元前 4 世纪，就是他们首先发现了

_____

① 也有资料显示出土于 1950 年。——编者注

素数的真正力量：素数是构建所有数的模块。他们认识到，每个数都可由素数相乘而得。古希腊人误将火、气、水、土视为万物本源，却准确识别出了"算术的原子"。化学家们努力了好几个世纪去识别基本元素，直到门捷列夫的元素周期表完整地描述了化学元素，古希腊人的直觉终结于此。古希腊人开创先河，识别出了算术的构建模块；相比之下，当代数学家们还在挣扎着理解他们的素数表。

在古希腊时期的亚历山大城有一处伟大的研究所，其中有一位图书管理员，据我们所知，他是制作素数表的第一人。埃拉托色尼就像是数学界的门捷列夫。公元前 3 世纪，他发现了一种相对轻松的方式，用以确定 1000 以内的素数。首先，他写出了从 1 到 1000 的所有数。接着，他标出第一个素数 2，并且每隔一个数就剔除一个数。这些数都能被 2 整除，所以不是素数。未被剔除的数里，下一个就是 3。自 3 向后，每隔两个数，他就再剔除一个数。这些数都能被 3 整除，所以也不是素数。以此类推，他不断挑出下一个没被剔除的数，并且剔除所有能被新素数整除的数。由此，他系统制作出素数表。这个方法后来被称为埃拉托色尼筛法。每个新素数会创建出一个"筛子"，被埃拉托色尼用以排除非素数。筛子的大小每个阶段都在变，但到了 1000 的时候，通过了所有筛子的数就是素数。

高斯在儿时收到过一份礼物，是一本书，里面列出了前几千个素数，这个数列很可能就是用古老的数筛构建出来的。对高斯而言，这些不过是随机混杂在一起的数。预测谷神星的椭圆轨迹已经够难了，而素数带来的挑战更像是分析土卫七的自转那样，几乎是不可能完成的任务。土卫七是土星的一个卫星，而土星的形状就像是一个汉堡包。不同于围绕着地球的月球，土卫七所受引力极不稳定，自转也很随意。虽然土卫七的自转和某些小行星的运行轨迹都混乱无序，但至少我们知道，它们的活动方式是由太阳和行星的引力所决定的。至于是什么东西推动并操纵着素数，我们对此毫无头绪。高斯凝视着他的素数表，看不出有什么规律能告诉他，要跳多远才会找到下一个素数。就像夜空中的星辰排布，没有规律，也没有道理，这些数是大自然决定好了的，数学家们难道就只能接受这样的说法吗？高斯接受不了。数学存在的主要动力就是寻找规律，去发现并解释大自然背后的法则，去预测将会发生什么。

寻找规律

数学家对素数的追求和我们在学校里完成过的一种任务如出一辙：根据已知数列，找出下一个数。比如这三组数：

1, 3, 6, 10, 15, …

1, 1, 2, 3, 5, 8, 13, …

1, 2, 3, 5, 7, 11, 15, 22, 30, …

面对这样的数列，数学家的脑海中浮现出若干问题。构建每组数列的规则是什么？你能预测出下一个数吗？能不能找出这样一个公式，不用算出前 99 个数，就能得出第 100 个数？

以上第一列数由**三角形数**组成。其中第十个数就等同于用 10 行豆子构建出一个三角形，第一行 1 颗，最后一行 10 颗，总共需要的豆子数。因此，只要将前 N 个数相加，即 $1+2+3+\cdots+N$，就可得到第 N 个三角形数。要是你想得到第 100 个三角形数，一个麻烦的方法就是将前 100 个数相加。

高斯的小学老师就很喜欢在课堂上出这种问题。他知道学生们要花很长时间才能解出来，这样他就能稍微眯一会儿了。每个学生完成任务后，要把写好答案的石板交给老师，放在一大摞石板上。然而，当其他学生开始努力干活时，10 岁的高斯只花了几秒钟，就将他的石板放在老师桌上了。老师很生气，觉得高斯脸皮真厚。但他偏偏又看到，高斯的石板上写着正确答案 5050，没有任何计算步骤。老师觉得高斯肯定是用什么方法作弊了，但这个小学生解释道，你只要将 $N=100$ 代入公式 $\frac{1}{2} \times (N+1) \times N$，就能得出第 100 个数，不用计算这个数列里的其他任何数。

高斯没有正面解决问题，而是横向思考。他认为，要想知道 100 行豆子构成的三角形里有多少颗豆子，最好的方法是用豆子构建出第二个相同的三角形，倒置于第一个三角形上方。现在高斯就有了一个矩形，总共 101 行，每行有 100 颗豆子。要想算出构成这个矩形的两个三角形总共用到多少颗豆子，很简单，共有 $101 \times 100 = 10\,100$ 颗豆子。所以一个三角形里有一半的豆子，也就是 $\frac{1}{2} \times 101 \times 100 = 5050$。100 并无特别之处，把它替换成 N，就能得出公式 $\frac{1}{2} \times (N+1) \times N$。

下图以 10 行的三角形为例展示了这个方法。

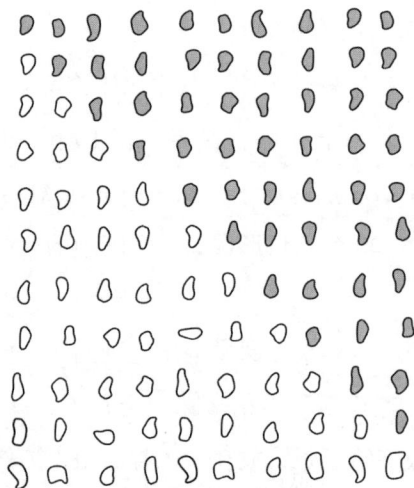

高斯的三角形数证明

　　高斯没有直接解决老师给出的问题，而是从另一个角度去看待计算。将问题逆转，或者由内而外，以新视角看问题，这就是横向思考，是数学发现中的重要主题，也是为什么像小高斯那样思考问题的人会成为优秀的数学家。

　　第二题，也就是 1, 1, 2, 3, 5, 8, 13, …，构成了斐波那契数列。这一数列背后的规律在于，下一个数是前两个数的和，比如 13＝5＋8。斐波那契（Fibonacci）是 13 世纪意大利数学家，他根据兔子的繁殖规律得出了这一数列。他致力于宣传阿拉伯数学家们的发现，想要将欧洲的数学带出黑暗时代。他失败了。反倒是这些兔子成就了他在数学界的不朽地位。他的兔子繁殖模型预测出每一季的兔子对数是以特定的模式增长的。这个模式有两条规则：每对成熟的兔子会在新一季诞下一对新兔子，而每对新兔子会在一季之后进入性成熟阶段。

　　这些数不仅在兔子的世界里流行，大自然以各种方式呈现了这一数列：花朵的瓣数、冷杉果的螺纹数，始终都是斐波那契数，一颗海贝的生长过程所反映的也正是斐波那契数列。

　　有没有像高斯计算三角形数那样快捷的公式，能够得出第 100 个斐波那契数呢？同样，乍一看，我们似乎得先算出前 99 个数，因为第 100 个数是前两个数的和。虽然这些数的生成规则很简单，但要想得出公式，还是相当棘手的。

　　斐波那契数列的生成公式参考了一个特别的数——**黄金比**，这个数是 1.618 03…，类似于 π，它的小数点后既没有尽头，也没有规律。几个世纪以来，许多人眼中的完美比例就蕴藏其中。要是你研究过卢浮宫博物馆或者泰特美术馆里的画作，你就会发现艺术家通常会选择边长为 1 比 1.618 03…的矩形画布。实验表明，人的身高和双脚到肚脐的距离之比也接近这个值。黄金比以不可思议的方式在大自然中流行。虽然小数部分混乱无序，但正是这个数掌握着生成斐波那契数列的关键。第 N 个斐波那契

数可由黄金比的 N 次幂所构建的公式得出。

关于第三个数列，1, 2, 3, 5, 7, 11, 15, 22, 30, …，我先吊一下大家的胃口，稍后再解答这个问题。这一数列的性质曾帮助 20 世纪一位伟大的数学家奠定了学界地位，他就是才华横溢的斯里尼瓦瑟·拉马努金，他总能在别人徒劳无功的数学领域里发现新的规律和公式。

我们在大自然中不仅仅会发现斐波那契数列，动物王国还认识素数。有两种蝉，分别叫作十七年蝉和十三年蝉，它们各自的生命周期是 17 年和 13 年。除了生命的最后一年，它们一直都待在地下，靠吸食树根的汁液生活。到了最后一年，它们从蛹彻底变态为成虫，大群地钻出地面。这是一件令人惊奇的事情，因为每隔 17 年，十七年蝉就会在一夜之间占领一片森林。它们高声歌唱、交配、觅食、产卵，然后在 6 周后死去。这片森林又要沉寂 17 年。但为什么蝉会选择素数作为它们的生命周期呢？

有好几种可能。一种说法是，因为两种蝉都是按素数生命周期来进化的，所以很少能出现在同一年份。事实上，每隔 $17 \times 13 = 221$ 年，它们才会共享一片森林。想象一下，如果它们选择的周期不是素数，比方说是 18 和 12。同样的时段里，它们会同步出现 6 次，分别是第 36、72、108、144、180 和 216 年。这些年份都是由 18 和 12 的素数模块构成的。而素数 13 和 17 却可以让两种蝉避开过度竞争。

另一种说法是，有一种捕食者会和蝉同步出现。这种捕食者对蝉来说是致命的，所以蝉进化出了能避开它们的生命周期。比起非素数的生命周期，换成素数的 17 或者 13 年，蝉可以确保自己尽可能少地和捕食者出现在同一年。对蝉来说，素数不仅仅是某种抽象的神奇存在，更是它们活命的关键。

进化或许能解释素数对蝉的意义，但数学家希望有更系统的方式来探究这些数。在所有关于数的问题中，数学家尤其想要得到素数的秘密公式。不过，你要是期待在数学世界中随处都能找到规律和秩序，那得当心了。π是数学中最重要的数之一，历史上，许多人都试图找出它的小数结构，均以失败告终。但它的重要性促使人们孜孜不倦地去尝试，想要发现它那混乱的小数背后隐藏着什么信息。在卡尔·萨根的《接触》一书中，虽然外星生命是用素数吸引了埃莉·阿罗韦的注意，但终极信息深藏于π的小数中。其中突然出现的一系列0和1所呈现的规律就是为了揭示"在宇宙诞生之前就存在着一种智慧"。达伦·阿罗诺夫斯基（Darren Aronofsky）的电影《π》（一译《圆周率》）呈现的也是这种流行的文化思想。

人们希望能够揭开π所隐藏的信息。对此，数学家们发出预告：他们已经能够证明，大部分无限小数中都隐藏着任何人们可能正在寻找的数列。所以，如果你找得足够久，你就会发现π很有可能蕴藏着《创世记》的计算机编码。我们必须确立正确的视角，再寻找规律。π的重要性和隐藏在无限小数中的信息无关。从不同角度审视它时，我们就能清楚地看到它的重要性。素数问题也是同样的道理。高斯凭借他的素数表和横向思维，找到了审视素数的正确视角，某种曾经隐藏的秩序也许能从混乱的表象中显现出来。

证明：数学家的游记

数学家的工作，一部分是在数学世界中找出规律和结构，另一部分则是去**证明**这个规律是不变的。"证明"或许标志着数学家真正开始了他们的推演艺术，而非仅仅在做数字命理学上的观察——数学史上，也有如炼金术给化学让路的转变。古希腊人率先有了这样的领悟：一些事实可以被证明始终正确，无论你数多远，核验多少例子。

数学的创造过程往往从一个猜测开始。经过对数学世界的多年探索，数学家通常会形成自己的直觉，察觉到许多弯弯绕绕，由此提出猜想。有时候，当简单的数值实验揭示出某种规律时，人们就会猜测它可能是一直不变的。比如说，17 世纪的数学家们找到了一种他们自认为很可靠的方法，能够验证 N 是否为素数：计算出 2 的 N 次幂，然后除以 N，如果余数为 2，那么 N 就是素数。按照高斯的时钟计算器来看，这些数学家试图在 N 小时制的时钟上计算 2^N。接下来的挑战就是证明这个猜测是否正确。数学家们将这种猜测称为"猜想"或"假设"。

只有得到证明的数学猜想才能成为"定理"。从"猜想"或"假设"到"定理"的历程，标志着数学这一学科的成熟。费马给数学界留下了一大堆猜测。此后，一代又一代的数学家通过证明费马正确与否，在数学史上留下了自己的印记。诚然，费马大定理始终都被称作"定理"而非"猜想"。这还挺罕见的，可能和费马的笔记有关。他在丢番图（Diophantus）的《算术》（*Arithmetica*）一书中写了几笔笔记，声称自己有一个奇妙的证明，但可惜内容太多，页边写不下。费马从未在别处记录下这一证明，而他写在页边的评论成了数学史上的一大"悬案"。直到后来，安德鲁·怀尔斯证明了费马的方程真的没什么奇妙、有趣的解法，这真的只是一个猜想，一个一厢情愿的想法。

高斯在小学期间的故事展现了从猜想到证明再到定理的进程。高斯断言，他给出的公式可以生成任意的三角形数。那么，他如何保证这个公式始终成立呢？这是一个无穷数列，所以，他当然不可能去检验其中的每一个数。他采用了数学证明这一有力的工具。他将两个三角形合成一个矩形，不必做没完没了的计算，就能确保这个公式一直有效。相比之下，数学界在 1819 年就抛弃了 17 世纪基于 2^N 的素数验证法。直到 340，这个验证法都是适用的，而后它却将 341 当成了素数——从这儿开始就出错了，因为 $341 = 11 \times 31$。直到后来有了高斯的时钟计算器，这个例外才被发现。对于像 2^{341} 这样的数，可以用 341 小时制的钟面来简化分析，而在传统的计算器上，这个数超过了一百位。

《一个数学家的辩白》的作者、英国数学家哈代常常把数学发现与证明的过程比作对远景的勾勒："我一直认为，数学家首先是一个观察者，他会凝视远处的群山，并记录下自己的观察。"数学家一旦观见远山，下一个任务就是告诉人们该如何抵达那里。

你从一个风景熟悉的地方出发，起初四处没什么惊喜。在这片熟悉的疆域内，有数学公理、不证自明的数值真理，还有已经得证的命题。一个证明就像一条路，沿途穿过数学风景，从家乡通往遥远的山峰。行程受限于推演规则，就像下棋一样，要按规矩在棋盘上穿行、移动。有时候你会陷入僵局，你得采取典型的横向步骤，向侧方甚至后方移动，以便找到出路。有时候你需要等待新工具被发明出来，比如高斯的时钟计算器，这样就可继续攀登。

哈代这样描述数学"观察者"：

他会敏锐地审视 A，对 B 只能短暂瞥见一眼。最终，他找到一条山脊，从 A 出发，走到尽头，发现终点正是 B。如果他希望别人也能看到终点，就会指个路，要么直接指向它，要么指向曾为他引路的群峰。当他的学生也看到这个终点时，这项研究、这个论点、这个证明就完成了。

一个证明就是一则跋山涉水的故事，是一张绘制出旅程坐标的地图，是数学家的旅行日志。证明的读者将会体验到作者经历过的黎明破晓。他们最终不仅看到了登顶之路，还会明白，任何新进展都不会阻断这条新路线。一般来说，一个证明并不会着眼于一撇一捺，它是对这段旅程的整体描述，不是对每个步骤的再现。被数学家当作证明呈现出的论据，会被一股脑儿塞给读者。哈代曾经将人们给出的论据描述成"**空谈**、影响人心的华丽修辞、课堂黑板上的图画、激发学生想象力的工具"。

数学家执着于证明，而不会满足于数学猜测的简单实验证据。在其他学科中，这样的态度挺让人惊讶的，甚至会被嘲笑。哥德巴赫猜想已被核验至 4 000 000 000 000 000 000，但还是没能成为"定理"。很多其他学科都乐于接受这样压倒性的数据，将其视为足以信服的论据，然后继续其他工作。要是之后有新的证据突然出现，需要重新评估这个数学准则，那也没关系。如果在其他科学中这个证据已经足够好了，那么在数学中为什么会不一样呢？

大部分数学家会对这种"异端思想"感到不安，正如法国数学家安德烈·韦伊（André Weil）所说："严谨之于数学家，正如道德之于人类。"部分原因在于，这种证据在数学中是难以评估的。尤其是素数，人们耗费了太长时间去揭示它们的真实色彩。甚而高斯也曾被支持自己关于素数的直觉的庞大数据所迷惑，但后来的理论分析表明，他上当了。这就是为什么证明是必要的：初始印象可能会产生误导。对所有其他科学来说，真正值得信赖的唯有实验证据，但数学绝对不会在没有证明的情况下就去相信数据。

在某种意义上，鉴于数学这一思想学科的超凡本质，数学家们更倾向于依靠证明来赋予这个世界某种真实感。化学家可以愉快地研究固态富勒烯分子的结构，基因学家会面临基因测序的具体挑战，甚至物理学家也会意识到最小的亚原子粒子和遥远的黑洞真实地存在着；但数学家面临的困境是，他们要理解的事物并无可见实体，比如八维空间中的形体，或者一个大到超过宇宙中原子数量的素数。面对抽象概念的"调色板"，人们头脑中可能会产生古怪的花样想法。但没有证明，这就像搭建纸牌屋一样危险。在其他科学学科中，有形的观察和实验能够确认实验对象真实存在。其他科学家可以用肉眼看见物质实体，而数学家只能依靠如第六感一般的数学证明，来应对那个看不见的主题。

证明出已被注意到的规律，会带来进一步的数学发现。很多数学家觉得，如果这些决定性的问题永远都无法解决或许会更好，因为这一路上，他们会借机遇见精彩的新数学。这些问题促使数学先驱们开启探索之旅，途经未曾想象之地。

但为什么数学文化如此看重对论点正确性的证明呢？或许最让人信服的理由是，数学不像其他学科，它有难得的能力进行这样的证明。高斯的三角形数公式**绝不会**给出错误答案，而在众多其他学科中，还有谁能给出与之相媲美的东西呢？数学或许是一个飘在头脑里的虚无学科，但它给出的明确证明对缺乏有形实体这个困难做出了"超额补偿"。

其他学科给出的世界模型可能在两代人之间就崩溃了，数学证明则不同，它让我们能以百分之百的确定性去构建关于素数的真相，不会因为未来的发现而改变。数学是一座金字塔，每一代人都在前人的基础上添砖加瓦，完全不用担心它会坍塌。这样的持久性正是吸引人们成为数学家的魅力所在。除了数学，我们没法对着任何一门学科说，古希腊人建立起来的东西，直到今天仍然成立。我们现在可以嘲笑古希腊人相信火、气、水、土是物质的本源，但未来的世代会不会就像我们看待化学世界中的古希腊模式一样，对门捷列夫元素周期表中的一百多个元素不屑一顾？相比之下，所有数学家接受的数学教育几乎都是从学习古希腊人关于素数的证明开始的。

对于证明带给数学家的确定性，大学中其他院系成员有羡慕，也有嘲笑。数学证明创造了永恒，它带来的正是哈代所说的真正不朽。这往往就是为什么在一个充满不确定性的世界里，人们会被这门学科吸引。当年轻的心想要逃离这个他们无法应对的现实世界时，数学世界一次又一次提供了避难所。

克莱为新千年问题制定的获奖规则，就体现了人们对证明的持久性所抱有的信心。在证明发表并得到数学界的一致认可后，奖金要等两年才会发放。当然，这并不能作为不出任何微小差错的保证，但它的确符合我们的普遍信念：我们无须耗费太多年去等待新证据，就能发现证明中的错误——但凡有一个错误，它肯定就在我们面前的那页纸上。

数学家坚信自己可以获得绝对的证明。这是一种傲慢吗？会不会有人反驳说，"从素数能构建出所有数"的这一证明，会像牛顿的物理学理论和原子不可分理论那样被"推翻"呢？数学家们大多相信，这些与数相关的公理是不证自明的真理，绝不会在未来的审查中崩塌。在他们看来，建立在这些基础之上的逻辑法则，如果正确加以应用，就会得出与数相关的命题证明，并绝不会被新发现推翻。或许，这在哲学上是天真的，但它的确是数学界的核心信条。

数学家在绘制游历数学风光的新路线时，也会感到兴奋快乐。对于好几代人都远远看过的山峰，探索出一条登顶之路的感觉真是妙不可言。这就像创作出一篇精彩的故事或者一段音乐，真正地将思想从熟悉带向了未知。对于像费马大定理或者黎曼假设那样可能存在的遥远山峰，能够率先一睹其面貌真是太棒了。但这还比不上亲身穿行其中的满足感。即便是开拓先锋的追随者，在得出一个新证明的顿悟时刻，也会体验到某种精神上的升华。这也就是为什么数学家们即便深信像黎曼假设这样的猜想是正确的，还是会继续重视对证明的追求。因为数学旅程和抵达终点一样重要。

数学是一门创造的艺术，还是发现的艺术呢？很多数学家心里都摇摆不定，有时觉得自己是具有创造力的，有时又觉得自己只是发现了绝对的科学真理。数学思想常常显得非常个人化，并且是靠创造性的思维构建出来的。然而，与之相称的信念是，它的逻辑性意味着，所有数学家都生活在同一个充满恒定真理的数学世界。这些真理只是等待着被揭开，而且没有什么创造性的思想会妨碍它们的存在。对于每位数学家在创造与发现之间的挣扎，哈代给出了完美的总结："我相信，数学是外在于我们的现实，我们的职责就是去发现，或者去观察它。我们大言不惭地将证明出的定理称为自己的'创造'，其实它们只是我们的观察记录。"但在其他时候，他喜欢用更加艺术性的方式来描述从事数学的过程："数学不是一门冥思苦想的学科，而是一门具有创造性的学科。"这句话出自《一个数学家的辩白》。格雷厄姆·格林（Graham Greene）将这本书和亨利·詹姆斯（Henry James）的笔记 [1] 相提并论，称它们完美地描述了何为创意艺术家。

虽然素数和数学的其他方面跨越了文化屏障，但数学主要还是创造性的，是人类精神的产物。数学家们用证明讲述其学科故事，表达方式各有不同。怀尔斯对费马大定理的证明，在外星人听来，大概就像瓦格纳的歌剧《尼伯龙根的指环》（*Der Ring des Nibelungen*）[2] 一样神秘。数学是一门受限的创造性艺术，就像写诗或者演奏布鲁斯音乐。数学家在构建他们的证明时，必须采取合乎逻辑的步骤。然而，在这种限制之下，还是有很大自由的。诚然，受限的创作，其美妙之处就在于，你会被推往新方向，发现超乎想象的事物。素数就像是音阶中的音符，每种文化都选择了各自的独特演奏方式，远超预期地去揭示历史与社会的影响。素数的故事既是一面社会的镜子，也是对于永恒真理的发现。采取非常实用的、实验性的方法去探究素数，反映了 17 和 18 世纪兴起的机器热潮；相比之下，革命时期的欧洲创造出一种氛围，带来了抽象大胆的新思想，影响着人们的分析。如何叙述数学之旅，每种文化都有自己独特的选择。

欧几里得的寓言

首先讲述这些故事的是古希腊人。他们意识到了证明的力量，它可以铺就永恒的道路，通往数学世界的山峰。一旦抵达，他们就不必再担忧这些山峰其实是远方的海市蜃楼。比如，我们该如何确定，会不会有一些遗漏的数，实际上是没法用素数构建的？古希腊人率先得出确凿论点，他们

---

① 格雷厄姆·格林，英国作家、评论家。亨利·詹姆斯，美国作家，其私人笔记中记录了各种各样的文学创作灵感，如概念、事件、情境等，促成了其许多经典作品。——编者注

② 瓦格纳的代表作之一，取材自北欧神话及日耳曼史诗《尼伯龙根之歌》，描述了错综复杂的权力之争、英雄事迹和爱情传奇，充满神话的奇幻、神秘色彩。——译者注

自己或者后来的世代都坚信，绝不会出现异常的数。

数学家们常常在从特例到普遍理论的求证过程中，试图理解为什么这个理论适用于这个特例，从而发现证明。他们希望，成功应用于这个特例的论点或方法，在他们所选择的任何特例中都能成立。比方说，要想证明每个数都是素数的乘积，可以从一个特例开始，比如 140。假设你已经核对过 140 以内所有的数，它们不是素数，就是素数的乘积。那 140 呢？有没有可能它既不是素数，也不是素数的乘积，就是那个变数呢？首先，你会发现这个数不是素数。你是怎么发现的呢？通过将它写成两个较小数的乘积，比如，140=4×35。现在就有突破了，因为我们已经证明出，小于我们首要目标 140 的 4 和 35，可以写成素数的乘积：4=2×2，35=5×7。整合信息后，我们会看到，140=2×2×5×7。所以最终，140 并无异常。

古希腊人知道如何将特例变成普遍理论，然后应用于所有的数。说来也怪，他们的论点是，先去想象**存在**反常的数——它们既不是素数，也不是素数的乘积。如果有，那么，我们按顺序数所有的数，最终肯定会遇到第一个反常的数。我们可以称其为 N（有时候也称为**最小罪犯**，minimal criminal）。既然这个假设的数 N 不是素数，我们肯定能把它写成两个较小数，也就是 A 和 B 的乘积。最终，如果不能这样写出来，N 就是素数。

既然 A 和 B 是小于 N 的，那么 A 和 B 可以被写成素数的乘积。所以，如果我们将从 A 中得到的所有素数和从 B 中得到的所有素数相乘，那么，我们就肯定能得出原始数 N。我们现在已经可以证明，N 可以被写成素数的乘积，这就与我们最初选择的 N 相矛盾。所以我们一开始的假设——存在反常的数，是站不住脚的。因此，每个数要么是素数，要么就是由素数相乘所得。

当我和朋友们聊起这个论据时，他们感觉自己不知道在哪儿就被骗了。我们的开场白是有些微妙的：假设一些你不希望它们存在的东西确实存在，并且最终证明它们不存在。这种不可思议的策略正是古希腊人构建证明的有力工具。它依靠这样一个逻辑事实：一段论述非错即对。如果我们假设这是个假命题，就会出现矛盾，由此可以推断出我们的假设是错误的，并且最终确认，这一定是真命题。

古希腊式的证明唤醒了好些数学家懒惰的一面。与其应对一个不可能完成的任务，对无穷无尽的数进行精确计算，从而证明素数可以构建出所有的数，不如采用抽象论证，抓住这种计算的本质。这就好像，不用身体力行，也能知道怎么去爬一个无限长的梯子。

相较于其他古希腊数学家，欧几里得被称为证明艺术之父。大约在公元前 300 年，托勒密一世建立了亚历山大城的研究机构，欧几里得便是其中一员。在那里，他写出了有史以来最具影响力的教科书之一——《几何原本》。在这本书的第一部分，他设定了描述点线关系的几何公理。这些与几何相关的公理是作为不证自明的真理被提出的，所以几何后来就成了有形的数学描述。此后，他还通过这些推理规则得出了 500 条几何定理。

欧几里得

《几何原本》的中间部分涉及数的性质，就是在这里，我们找到了首个真正惊艳许多人的数学推理案例。在命题 20 中，欧几里得解释了一个简单却又根本的素数真理：存在无穷多个素数。每个数都可由素数相乘所得，他从这一事实出发，在此基础上构建出下一段证明。他问自己，如果这些素数是构建出一切数的模块，那有没有可能，模块数量是有限的？门捷列夫构建了化学元素周期表，当前版本划分出了 118 个不同原子，我们可以由此构建出所有物质。素数也是这样吗？要是有一个数学界的门捷列夫拿给欧几里得一个写有 109 个素数的表，并让欧几里得证明这个表缺了一些素数，那会怎么样呢？

举个例子，为什么所有的素数不能只由 2、3、5、7 这些素数采用不同组合相乘所得呢？欧几里得想了一下你会怎么找出非素数构成的数。你大概会说："那简单，就是下一个素数 11。"11 当然不能由 2、3、5、7 构成。但这个方法早晚都会失败，因为即便是在今天，我们还是没有线索，不知道怎么确切地找出下一个素数。而且因为这样一种不可预测性，欧几里得只能在他的研究中尝试新路径，好得出一种方法，无论素数表有多长，都能奏效。

不管这真的是欧几里得自己的想法，还是说，他只是记录下了其他亚历山大人的想法，我们都无从知晓了。无论如何，他能展示出如何构建一个不能通过有限的素数数列生成的数。以素数 2、3、5、7 为例，欧几里得将它们相乘得到 $2 \times 3 \times 5 \times 7 = 210$。他的天才之举就在于，给这个结果加上 1，得出了 211，以这样一种方式，使得 2, 3, 5, 7 这个素数数列里的素数没法将它整除。通过给这个结果加 1，他就能保证，除以这个数列里的素数后，都会有余数 1。

现在，欧几里得明白了，所有的数都可表示为素数的乘积。那 211 呢？既然它不能被 2、3、5 或 7 整除，就得用这个数列之外的素数去构建 211。在这一特例中，211 本身就是素数。欧几里得并非宣称自己构建出的一直都会是素数，他只是想说，数学界的门捷列夫给了我们一个素数表，而这个数却是由表外的素数构成的。

比方说，假设有人宣称，所有素数都是由有限素数数列 2, 3, 5, 7, 11, 13 中的数构成的。根据欧几里得的构造方法可知：

$$2 \times 3 \times 5 \times 7 \times 11 \times 13 + 1 = 30\ 031$$

这个数并不是素数。欧几里得的意思就是，给定任意包含有限多个素数的数列，可以找到一个数，只能由数列之外的素数构成。本例中，你所需的素数是 59 和 509。但其实欧几里得并不知道如何准确找出这些素数。他只是知道，它们一定存在。

真是精彩的论证。欧几里得不知如何精确找到素数，但能证出它们为何无穷无尽。欧几里得的数中，是否有无限多个数本身就是素数，我们不得而知，即便这样，也足以证明有无穷无尽的素数，令人惊叹。有了欧几里得的证明，我们再无机会将所有素数整合成一个"周期表"，或是去探索编码亿万素数的基因组了。我们没法像收集蝴蝶标本那样，简简单单就理解这些数。我们即将面对的是终极挑战：数学家们几乎是赤手空拳地与无穷无尽的素数对抗。我们怎样才能绘制出一条路径，穿越这无边无际的混乱，找出某种规律，从而预测出它们的行为呢？

追捕素数

一代代数学家都想要在欧几里得的基础上推进对素数的理解，均以失败告终，却也取得了许多扣人心弦的推论。但正如剑桥大学的哈代所言："每个笨蛋都能提出智者无法回答的素数问题。"以孪生素数猜想为例，会不会有无穷多个素数 p，能使 $p+2$ 也是素数？ 1 000 037 和 1 000 039 就是一对例子。（注意，这是两个素数的最小距离了，因为除非 N 为 2，否则 N 和 $N+1$ 不可能同为素数，这两个数中至少有一个能被 2 整除。）或许萨克斯笔下的自闭天才双胞胎有其他方法能找出孪生素数。两千多年前，欧几里得证明了有无穷多个素数，但无人知晓，会不会在超出某个数之后，就没有如此相近的素数了。我们相信存在无穷多个孪生素数。但猜想是一回事，证明仍是终极目标。

数学家们尝试着得出一些公式，即便不能生成所有素数，起码能给出一个素数表。他们各自取得了一定的成功。费马也得出了一个公式。他猜想，如果对 2 求它的 2^N 次幂，然后加 1，结果就是素数 $2^{2^N}+1$。这个数被称为第 N 个**费马数**。以 $N=2$ 为例，求 2 的 2^N 次幂，得出 16，加 1 后就是素数 17，是第二个费马数。费马以为他的公式可以源源不断地为他生成素数，但最终这成了他的少数错误猜想之一。费马数很快就越来越大。甚至第五个费马数已经有十位了，超出了费马的计算能力。这是费马数中的第一个非素数，能被 641 整除。

费马数让高斯倍感亲切。其实，高斯之所以能画出正十七边形，费马数中的 17 就是关键。高斯在他的伟大著作《算术探索》中说明了原因：如果第 N 个费马数是素数，那你只要有直尺和圆规，就能画出正 N 边的几何图形。第四个费马数 65 537 是素数，所以用上这些基础工具，就能画出正 65 537 边形。

费马数没能生成超出五个素数，就失败了。但费马取得了更为卓越的成就，他揭示了一些极为特别的素数特性。费马发现了一件趣事，和 5、13、17、29 这样的素数有关，它们除以 4 的余数是 1。这类素数始终都可以被写成两个平方的和，比如 $29=2^2+5^2$。这就是费马的另一个"悬案"。虽然他说这是有证明的，但并没有留下多少细节。

1640 年圣诞节，费马在写给法国修道士马兰·梅森（Marin Mersenne）

的信中讲述了自己的发现：特定的素数可表示为两个平方数之和。梅森的兴趣并不局限于礼拜事宜，热爱音乐的他率先提出了系统的和声学理论。他热爱的还有数。梅森与费马定期交流，探讨各自的数学发现。梅森还将费马的言论传达给了更多听众。梅森提供了一个国际数学交流平台，让数学家们能够传递他们的思想，他也因此而闻名。

就像一代又一代沉迷于追寻素数秩序的那些人，梅森也醉心其中。虽然他不知道怎么得出一个能生成所有素数的公式，却偶然发现了其他公式。经证实，从长远来看，这个公式在寻找素数方面，要比费马公式更厉害。和费马一样，他一开始考虑的也是 2 的幂。但他没有像费马那样加 1，而是决定减 1。比如 $2^3 - 1 = 8 - 1 = 7$，就是素数。大概是梅森的音乐直觉起到了作用，音的频率加倍会使音升高一个八度，因此 2 的幂生成协和的音。你可能会想着，频率改变 1，就能听到一个极不协和的音，和先前的频率全都不协调，那就是"素数音"了。

梅森很快就发现，他的公式并非每次都能生成素数，比如 $2^4 - 1 = 15$。梅森意识到，如果 n 不是素数，那么 $2^n - 1$ 就不可能是素数。此时，他大胆假设，如果 n 在 257 以内，是 2、3、5、7、13、19、31、67、127、257 中的一个，那么，$2^n - 1$ 就是素数。然后他发现，就算 n 是素数，也不能保证 $2^n - 1$ 还是素数，这可真讨厌。通过手算 $2^{11} - 1$，他得出了 2047，也就是 23×89。梅森能够断定，像 $2^{257} - 1$ 这么大的数是素数，惊艳了一代又一代的数学家。这一个 77 位数。这位修道士莫不是接触到了什么神奇公式，能得知这样一个超越人类计算能力的数是素数？

数学家们相信，如果有人将梅森数列继续下去，就会有无穷多个 n，都能满足梅森数 $2^n - 1$ 为素数。但这一猜想的正确性依然缺少证明。我们依然等待着，能有一位当代欧几里得，可以证明梅森的素数无穷无尽。或者，这座遥远的山峰大概就只是个数学幻影。

　　和费马、梅森同时代的一众数学家都曾探究过素数的命理特性，非常有趣，但他们的方法并不符合古希腊的证明理念。这在一定程度上解释了为什么费马声称有所发现，但给出的很多证明都没有细节。那时候的人们对这种逻辑解释没有什么兴趣。在一个日益机械化的世界中，实验结果会在实际应用中得到验证，数学家们在数学工作中也就更加倾向于实验性的方法。然而在 18 世纪，有一位数学家重新唤醒了对数学证明的追求。他就是出生于 1707 年的瑞士数学家莱昂哈德·欧拉。费马与梅森曾发现许多规律，却未曾说明缘由，而欧拉一一做出了解释。此后，欧拉的方法对于打开新的理论之窗起到了重要作用，有助于我们对素数的理解。

欧拉：数学之鹰

　　18 世纪中叶，宫廷资助兴盛。这是大革命前的欧洲，各国由开明专制君主统治：柏林的腓特烈大帝、圣彼得堡的彼得大帝和叶卡捷琳娜大帝、巴黎的路易十五和路易十六。他们赞助的学术工作推动了启蒙思想的发展。他们也确实看到，在宫廷之中，有知识分子环绕身侧是自身地位的象征。他们还充分意识到了科学和数学的潜能，它们可以推动本国的军事和工业实力发展。

　　欧拉是一位牧师的儿子，父亲希望儿子能跟随他加入教会。然而，青年欧拉的超常数学天分引起了当权者的注意。欧拉很快就受到欧洲学术界的争抢。他本想加入法国科学院，那时的巴黎已是世界数学活动的中心。但最终，他在 1726 年接受了圣彼得堡科学院的邀请，该科学院是彼得大帝提升俄国教育水平的巅峰之作。他要去找来自家乡瑞士巴塞尔的朋友们，正是他们让儿时的高斯迷上了数学。他们从圣彼得堡给高斯寄信，问他能不能从瑞士带 15 磅[①] 咖啡、1 磅特级绿茶、6 瓶白兰地、几十包优质烟草和几十包扑克牌过来。青年欧拉带着这些礼物，经过七周的漫长旅程，坐船，徒步，乘马车，终于在 1727 年 5 月抵达圣彼得堡，继续追逐他的数学梦想。欧拉于 1783 年去世，50 年之后，圣彼得堡科学院还在出版档案馆中收藏的材料，因为欧拉的成果实在丰富。

欧拉在圣彼得堡时期的一则故事完美阐释了宫廷数学家这一角色是做什么的。那时，叶卡捷琳娜大帝正在接待法国著名哲学家和无神论者德尼·狄德罗。狄德罗一向对数学嗤之以鼻，声称数学毫无经验贡献，不过是在人与自然之间拉上了一层面纱。叶卡捷琳娜很快就对她的客人感到厌倦，倒不是因为狄德罗对数学的轻蔑态度，而是因为他喋喋不休地试图动摇朝臣们的宗教信仰，令人厌烦。欧拉当即受召入宫，帮忙让这个人神共愤的无神论者闭嘴。为感谢叶卡捷琳娜的赞助，欧拉随即同意，并在众人面前严肃地对狄德罗说："先生，$(a+b^n)/n=x$，所以上帝存在。你怎么说？"据说，这一数学攻击让狄德罗灰溜溜地退缩了。

莱昂哈德·欧拉（1707—1783）

---

① 此处"磅"可能是 18 世纪瑞士或俄国的质量计量单位，也可能是如今的英美制单位，1 磅大致等于 400～500 克。——编者注

　　这则逸事由英国著名数学家奥古斯塔斯·德摩根（Augustus De
Morgan）讲述于 1872 年。为迎合受众，这个故事被润色过，并突出了一个事
实：很多数学家喜欢贬低哲学家。但它的确反映了当年欧洲宫廷的想法，在
一众天文学家、艺术家和作曲家中，要是没有点儿数学家，宫廷就不完整了。

　　叶卡捷琳娜大帝对于"证实上帝存在"的数学证明没多大兴趣，但她
尤为关注欧拉在水力学、船舶建造和弹道学方面的工作。这位瑞士数学家
兴趣广泛，涉足了那个时代的全部数学领域。除了军事数学，欧拉还写过
乐理，但好笑的是，音乐家们觉得他的论文太数学化，而数学家们觉得它
太音乐化。

　　他广受欢迎的成就之一是解决了哥尼斯堡七桥问题。普列戈利亚河流
经哥尼斯堡（一译柯尼斯堡），这座城市在欧拉时代位于普鲁士（后属德国，
现位于俄罗斯，叫作加里宁格勒）。这条河的支流在小镇中心围出了两座岛
屿，于是，当年的哥尼斯堡人建造了七座桥梁渡河（参见下图）。

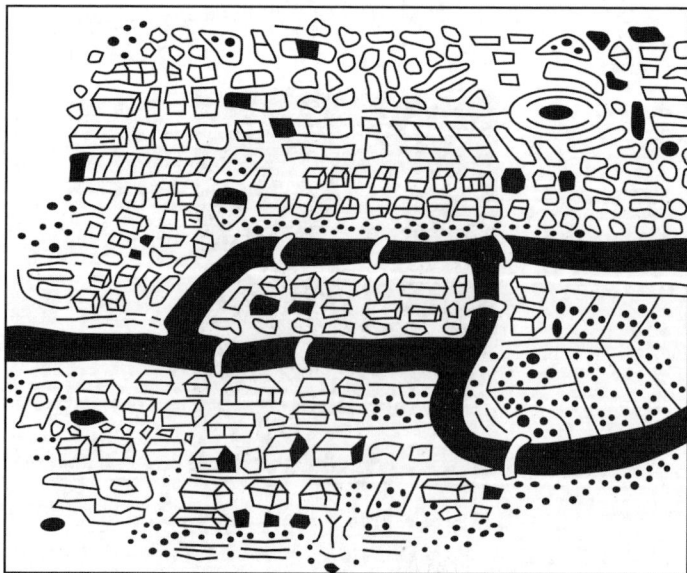

哥尼斯堡七桥示意图

市民们发起一项挑战，想看看有没有谁能绕两座小岛走一圈，经过每座桥且只过一次，就回到原点。1735 年，欧拉最终证明了这是一个不可能完成的任务。他的证明通常被引为拓扑学的起源，而在拓扑问题中，实际的物理维度并不重要。欧拉解决问题的重点在于哥尼斯堡不同区域间的联络（connections）组成的网络，而非它们的实际位置和距离。伦敦地铁的路线图就阐明了这个原理。

最吸引欧拉的，莫过于数。正如高斯所写：

所有曾经活跃于此的人都被这些领域中奇特的美丽所吸引，但没有人像欧拉那样，几乎在每一篇关于数论的论文中，都一再提及他在这些研究中得到的快乐，以及他在与实际应用直接相关的任务中遇见的可喜变化。

欧拉对数论的热情，是在与德国业余数学家克里斯蒂安·哥德巴赫（Christian Goldbach）的通信中被点燃的。哥德巴赫当时住在莫斯科，是圣彼得堡科学院的编外秘书。他和梅森一样，是一位业余数学家，沉迷于数字游戏和数值实验。哥德巴赫就是在给欧拉的信中提出了自己的猜想：每个偶数都能写成两个素数之和。在写给哥德巴赫的回信中，欧拉尝试构建了许多证明，想要确认费马的一系列神秘发现。费马将自己提出的证明当作留给世人的秘密，沉默以对；而欧拉正相反，对于费马所宣称的特定的素数可以写成两个平方数之和，他开心地向哥德巴赫展示了自己的证明。欧拉甚至成功证出了费马大定理的一个实例。

欧拉虽对证明充满热情，但本质上仍是实验型数学家。他的论证大多贴合当时的数学风向，步骤并非完全严密。他并不在意能否带来有趣的新发现。作为数学家，他有着卓越的计算能力，尤擅运用数学公式发现奇特的联系。正如法国学者弗朗索瓦·阿拉戈（François Arago）所观察到的："欧拉做计算，就像人类呼吸，或者如雄鹰在风中展翅，毫不费力。"

在所有计算中，欧拉最爱素数。他列出了 100 000 以内的完整素数表，以及少量更大的素数。1732 年，他最早提出，费马的素数公式 $2^{2^N}+1$，在 $N=5$ 时就不成立了。借助新的理论思想，他成功展示了如何将十位数分解为两个较小数的乘积。在他最为引人注目的发现中，某个公式似乎能生成大量素数。1772 年，他将 0 到 39 代入公式 x^2+x+41，计算出所有答案，得出以下数列：

41, 43, 47, 53, 61, 71, 83, 97, 113, 131, 151, 173, 197, 223, 251, 281, 313, 347, 383, 421, 461, 503, 547, 593, 641, 691, 743, 797, 853, 911, 971, 1033, 1097, 1163, 1231, 1301, 1373, 1447, 1523, 1601

在欧拉看来，这个公式能够生成如此多的素数，似乎挺奇怪的。他意识到，这个过程在某个节点必然会崩溃。显然，如果输入 41，输出结果定然能被 41 整除。而当 $x=40$ 时，所得结果也并非素数。

尽管如此，这个公式生成的素数如此之多，还是让欧拉倍感震撼。他开始好奇，有没有其他数能取代 41。他发现，除了 41，你还可以选择 $q=2, 3, 5, 11, 17$，当输入 0 和 $q-2$ 之间的数时，公式 x^2+x+q 就会生成素数。

然而，即便是伟大的欧拉也找不出简单至此，还能生成所有素数的公式。正如他在 1751 年所写："有些奥秘是人类思想永远无法洞悉的。我们只要瞥一眼素数表，就能说服自己，我们应当意识到，有些领域既无秩序，也无规律。"我们将井然有序的数学世界建立于这些基础事物之上，它们又如此纷杂且难以预测，这似乎很矛盾。

欧拉所掌握的公式已然打破了素数的僵局。但还需再等几百年，才会有另一个伟大的头脑实现欧拉所不能做的。这个头脑属于黎曼。而最终激发黎曼的新视角的，其实是高斯开启的经典横向思维。

高斯的猜想

如果几个世纪的探索都失败了，没能找到某个可以生成素数表的神奇公式，或许是时候采用新策略了。这正是 15 岁的高斯在 1792 年所思所想的。他在前一年收到一份礼物，一本关于对数的书。直到几十年前，教室里做算术的青少年还在用对数表。当袖珍计算器问世以后，对数表就不再是日常所需的基本工具。但在几百年前，每一位领航员、银行家和商人都一直在使用这些表，从而把复杂的乘法变成简单的加法。高斯的新书背面有一个素数表。素数和对数竟神奇地出现在一起，而高斯经过大量计算才注意到，这两个看似无关的主题之间似乎存在着一种联系。

1614 年，一个巫术与数学并行不悖的时代，第一个对数表出现了。构想出这些对数的苏格兰男爵约翰·纳皮尔（John Napier）在当地居民眼中，是一名从事"黑魔法"的巫师。他穿一袭黑衣，潜伏在城堡周围，肩上还栖息着一只墨黑的公鸡。他低声念叨着末日代数预言：最后的审判将于 1688 至 1700 年间到来。他将自己的数学技能应用于魔法实践，但也揭开了对数函数的奥妙。

要是你在计算器中输入 100，然后按下"log"按键，计算器就会输出结果——100 的对数。你的计算器解开了一个小谜题：它找出了 x，使 $10^x = 100$ 成立。这里的计算结果是 2。如果你输入 1000，也就是 100 的 10 倍，那么新的计算结果就是 3。对数增加了 1。对数的本质特性在于，它将乘法变成了加法。每当我们将输入的数**乘** 10，输出的新结果就是前一个答案**加** 1。

数学家们意识到，他们还可以探讨 10 的非整数次幂。这一步相当重要。比如，高斯要是在他的表中查找 128 的对数，就会发现 10 的 2.107 21 次幂非常接近 128。纳皮尔在 1614 年制作的表格中就整理了这样的计算。

17世纪，商业与航海蓬勃发展，对数表则加速了这一进程。对数表创造了乘法与加法之间的对话，因而将两个大数相乘的复杂问题转变成了更简单的任务，也就是将它们的对数相加。要想将两个大数相乘，只需将它们的对数相加，然后用对数表反向找到最初相乘的结果。海员或商人借助这些表格，提升了工作效率，从而避免了船只遇难或是交易崩盘。

然而，在那本关于对数的书中，吸引少年高斯的却是附录里的素数表。不同于对数，这些素数表不过是用于满足好奇心，与实际的数学应用并无关系。[安东尼奥·费尔克尔（Antonio Felkel）制作于1776年的那个素数表看似无用，最终却在奥土战争的炸药桶上发挥了作用。] 对数是完全可以预测的，素数则是完全随机的。比方说，好像没法预测1000之后的第一个素数会在何时出现。

高斯提出了不同的问题，迈出了重要一步。他并未试图预测下一个素数的确切位置，而是在考虑，对于前100个数、前1000个数，等等，是不是起码能预测出其中有多少个素数。对于任意的N，是否可知，从1到N有多少个素数？比如100以内有25个素数。所以，要是你在1和100之间随机选择一个数，有四分之一的机会得到一个素数。如果是1和1000，或者1和1 000 000之间的素数，这个比例会怎么变化呢？高斯抱着他的素数表，开始了探索。他发现，随着计数增加，素数占比开始呈现出规律。尽管这些数是随机的，但似乎有一种惊人的规律正拨开云雾。

下页表格列出了10的各次幂之内的素数个数，在更为现代化的计算基础上，这种规律显而易见。

N	从 1 到 N 中素数个数，通常称作 $\pi(N)$	平均每数几个数出现素数
10	4	2.5
100	25	4.0
1000	168	6.0
10 000	1229	8.1
100 000	9592	10.4
1 000 000	78 498	12.7
10 000 000	664 579	15.0
100 000 000	5 761 455	17.4
1 000 000 000	50 847 534	19.7
10 000 000 000	455 052 511	22.0

表中内容远超高斯所能获取的信息，更为清晰地向我们展示了高斯发现的规律。在最后一列就可看出这种规律。该列展示了素数在所有数中的占比。比如 100 以内有 1/4 是素数，所以你数到下一个素数的平均间隔是 4。在 10 000 000 以内的数中，素数占了 1/15。（所以，一串七位数的电话号码有 1/15 的可能是素数。）对于大于 10 000 的 N，最后一列似乎每次都增加 2.3。

所以高斯每次乘 10 之后，就得给素数比重的分母加上大概 2.3。对数可以精确展现出乘法与加法的关联，这本关于对数的书将这种关联呈现在高斯面前。

每当高斯乘 10 以后，分母都会增加 2.3 而非 1，原因在于，素数多为非 10 的幂的对数。在计算器中输入 100，按下"log"键，答案是 2，也就是方程 $10^x = 100$ 的解。但这并不是说我们必须采用 10 的 x 次幂。我们有十根手指，所以很喜欢 10。在这里，10 被称为对数的**底数**（简称底）。我们可以探讨一下不以 10 为底的对数。比如以 2 为底，求 128 的对数，也就是求解 $2^x = 128$。如果计算器上有"以 2 为底的 log"按键，按下后得出结果为 7，因为 $2^7 = 128$。

　　高斯发现，可用特殊底数 e 的对数计算素数，e 就是 2.718 281 828 459…（和 π 一样，这是一个无限不循环小数）。e 在数学上和 π 一样重要，数学世界处处有它。这就是为什么以 e 为底的对数被称为 "自然对数"。

　　高斯在 15 岁时就做出了这样的表，由此展开了进一步的猜想。从 1 到 N，大约每 $\log N$ 个数中就有一个素数（$\log N$ 是以 e 为底 N 的对数[①]）。接着，他就能估计出从 1 到 N 大约有 $N / \log N$ 个对数。高斯并未将这个神奇的方法当作精确的公式，对于 N 以内的素数个数，它只能估个大概，但还挺好用的。

　　此后，他运用类似的原理，重新发现了谷神星。借助数据记录，辅以其天文学方法，他完美地预测出一小片太空区域。高斯对素数采用了同样的策略。一代又一代人心心念念，想要预测出下一个素数的准确位置，想要得出能够生成所有素数的公式。高斯并未纠结于哪个是素数，哪个不是，这才发现了某种规律。后退一步，先不管哪些数是素数，而是提出一个更为宽泛的问题——100 万之内有多少素数，一条可靠的规律似乎就出现了。

　　高斯在观察素数时，做出了重要心理转变。前人似乎都是逐个音符地去聆听悠扬的素数，所以没能听见整篇乐章。高斯转而关注素数比例的变化，因此发现了听见主旋律的新方法。

　　我们遵循高斯的习惯，用 $\pi(N)$（仅为计数名称，与圆周率 π 无关）表示从 1 到 N 的素数个数。高斯使用的符号会让人联想到圆周率 3.1415…，这好像不太合适。你可以把它想成计算器上的新按键。输入数值 N，按下 $\pi(N)$，计算器就会输出 N 以内的素数个数。例如 $\pi(100) = 25$，就是 100 以内的素数个数，而 $\pi(1000) = 168$。

　　注意，你仍然可以用这个 "素数计数" 的新按键来精准确定素数的位置。如果你输入 100，按下该键，计算 1 和 100 之间的素数个数，就会得出答案 25。如果输入 101，结果就会加 1，变成 26，这也就意味着 101 是新的素数。

[①]　通常写作 $\ln N$。——编者注

所以每当 $\pi(N)$ 和 $\pi(N+1)$ 不一样时，你就知道，$N+1$ 肯定是新的素数。

要想知道高斯的规律有多惊艳，我们可以看看函数 $\pi(N)$ 的图像。这里是 1 和 100 之间的 $\pi(N)$ 图像：

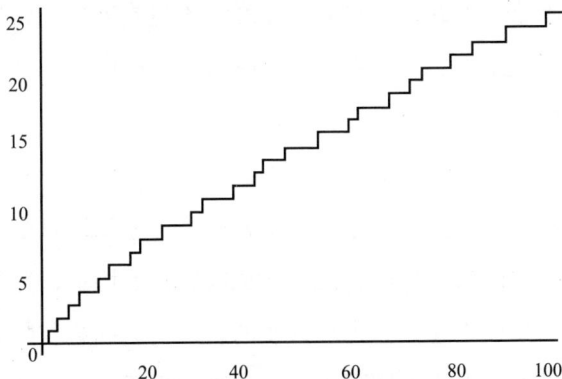

素数阶梯：100 以内的素数累计数目

小范围内，结果呈阶梯状，难以预测要等多久才会出现下一级台阶。我们在此范围看见的素数还只是独立的音符。

现在回到这个函数，在更大数值范围内选取 N，比如 100 000 以内的素数计数（见下图）。

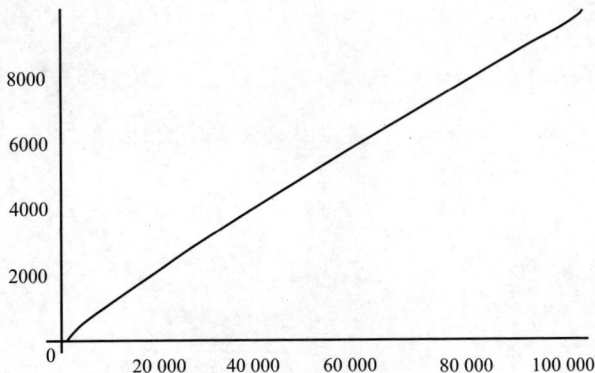

100 000 以内的素数阶梯

　　每级台阶本身不再重要，我们最终会看到函数的整体上升趋势。这就是高斯所听到的，可以用对数函数模拟出的主旋律。

　　虽然素数本身不可预测，但这个平稳上升的图像展现了极为神奇的数学现象，讲述了素数故事的高潮。高斯在那本对数书的末页记录了这一公式——用对数函数表示 N 以内的素数个数。不过高斯并未将这一重大发现告诉任何人。对此，世人至多听到一些神秘的描述："对数表有多诗意盎然，超乎你的想象。"

　　高斯为何对此伟大发现如此沉默，这是个谜。他的确只是发现了初步证据，能体现素数和对数函数之间的某种联系。他知道自己绝对无法解释或证明为何二者之间有所关联，也不知道随着计数增加，这种规律会不会突然就消失了。高斯不愿宣布未经证明的结果，这标志着数学史上的一个转折点。尽管古希腊人将证明引为重要的数学步骤，但高斯以先的数学家们更喜欢数学上的科学猜测，他们不太关心能否严格论证为什么这个猜测是成立的。数学还只是其他科学的工具。

　　高斯打破传统，强调了证明的价值。他认为，数学家的首要任务就是给出证明。直到今天，我们仍然需要这种精神。如果他证明不出对数和素

高斯获得殊荣，其画像被德意志联邦银行印在了 10 马克纸币上

数的关联，这一发现就会变得毫无价值。高斯在不伦瑞克公爵的资助下，自由地从事研究，也就是说，他可以严苛地审视自己的数学，醉心其中。他的主要动机并非名誉和表彰，而是去理解自己深爱的学科。他的印章上刻着座右铭"稀少，但成熟"（Pauca sed matura）。尚未完全成熟的结果只能记录在他的日记里，或者只是写在对数表背面的一串涂鸦。

高斯将数学视为个人追求。他甚至用自己的秘密语言对日记中的条目进行了加密。其中一些比较容易破解。比如说，高斯在 1796 年 7 月 10 日写下了阿基米德的著名宣言"我发现了!"（Eureka!），后面跟着一个等式：

$$\text{num} = \Delta + \Delta + \Delta$$

这个等式的意思是说，他发现，每个数都可被写成三个三角形数之和，也就是 1, 3, 6, 10, 15, 21, 28, …这一数列，高斯正是用这些数在教室里写出了公式，比如 50=1+21+28。但其他条目依然成谜。1796 年 10 月 11 日，高斯写下了"Vicimus GEGAN"，无人能破解其中含义[1]。有些人指责高斯对其发现未曾声扬，以至于数学领域在半个世纪里停滞不前。要是他能费点心思，对自己的半数发现做出解释，并且给出的解释别那么神秘，数学可能早就更进一步了。

有些人认为，高斯之所以持保留态度，是因为法国科学院以晦涩难懂为由，拒绝了他的数论专著《算术探索》。受到打击的他要保护自己免于进一步的耻辱，所以在发表任何东西之前，都坚持要拼好最后一块数学拼图。《算术探索》没有立即受到欢迎，部分原因在于，高斯在这一问世作品中仍旧保持神秘。他总说，数学就像一座建筑。建筑师从不会留下脚手架，让人去看这栋楼是怎么建成的。这并非能帮数学家们深入理解高斯数学的哲学。

---

[1] Vicimus 为拉丁语，短语意为"我们搞定了 GEGAN"。有人认为，GEGAN 是 NAGEG 的倒序写法，后者是 Nexum medii Arithmetico-Geometricum Expectationibus Generalibus（算术－几何平均值的联系与一般期望）的缩写。——编者注

法国科学院之所以没有像高斯期待的那样接受他的理念，也有其他原因。时值 18 世纪末，巴黎的数学愈发致力于满足国家需求，服务于一个日益工业化的国家。1789 年的法国大革命让拿破仑看到，需要有更为集中的军事工程教育，他随即就将中央公共工程学院改为巴黎综合理工学院，以促进其战争目标的实现。拿破仑宣称："数学的进步和完善，与国家繁荣息息相关。"法国数学家致力于解决弹道学和水力学问题。虽然大环境偏重于实际国家需求，但巴黎仍有部分享誉欧洲的顶尖纯粹数学家。

其中一位伟大的数学家便是阿德里安 – 马里·勒让德（Adrien-Marie Legendre），比高斯年长 25 岁。肖像画中的勒让德是一位圆脸的张狂绅士。不同于高斯，他出身富贵，却在法国大革命期间失却财富，只得依靠自己的数学才华谋生。他也对素数和数论非常感兴趣。1798 年，也就是小高斯的对数计算过了六年之后，勒让德宣布，他发现了素数和对数之间的实验关联。

虽然后来证实，高斯在这一发现上诚然要领先于勒让德，但勒让德也的确改进了对于 N 以内素数个数的估计。高斯猜想，N 以内大约有 $N/\log N$ 个素数。虽然已经很接近了，但随着 N 越来越大，它会逐渐偏离实际的素数个数。下图中，下面一条线是少年高斯的猜想，作为对比，上面一条线是实际的素数个数。

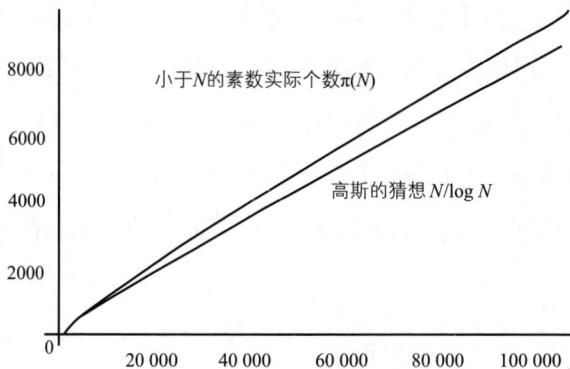

高斯的猜想和实际素数个数对比

由图可知，高斯已经有所发现，但似乎仍待改进。

勒让德的改进是将近似值 $N / \log N$ 替换为

$$\frac{N}{\log N - 1.083\ 66}$$

引入这一小小的修正，高斯的曲线就会上移，更加接近实际曲线。就函数
值而言，在当时的可计算范围内，难以区分 $\pi(N)$ 的图像和勒让德的估计图
像。勒让德沉浸于当时盛行的实用数学，乐于冒险对素数和对数的关系做
出预测。他敢于传播未经证明的想法，甚至是有缺陷的证明。1808 年，他
在一本与数论相关的书中发表了自己关于素数个数的猜想，书名为《数
论》（ *Théorie des Nombres* ）。

勒让德和高斯，究竟是谁最先发现了素数和对数的关系，该问题引起
了激烈争论。争论内容已超出素数范畴。勒让德甚至宣称，高斯构建谷神
星运动轨迹的方法是他先发现的。勒让德自称揭开某些数学真理时，常常
遭到高斯反驳。高斯会宣布那是他早已获取的宝藏。1806 年 7 月 30 日，
高斯在写给天文学同事舒马赫（Schumacher）的一封信中抱怨说："大概就
是这个命数吧，我几乎所有的理论工作都会跟勒让德撞上。"

高斯一生傲气，不愿意卷入高低之争。在他死后，人们查看其论文和
信件，才清楚地看到，荣誉属于高斯。直到 1849 年，世人才知晓，在素
数和对数关系的问题上，是高斯胜出。那年平安夜，在写给同事约翰·恩
克（Johann Encke），一位数学家和天文学家的信中，高斯透露了真相。

从 19 世纪初的可用数据来看，对于估计 N 以内的素数个数，勒让德
的函数优于高斯的函数。但因为 1.083 66 这个修正项实在太丑了，数学家
们相信，肯定有某种更顺眼、更自然的存在，可以捕捉素数的模式。

这么丑的数在其他学科中可能很常见，但数学世界与众不同，它喜欢
最美的结构。数学家们可以将黎曼假设解释成一种广义哲学的案例，正如

我们所见，大自然在丑陋与美丽之间，往往会选择后者。这一奇妙源泉塑造了众多数学家的眼光，数学就该是这样，这也解释了他们为何总是沉迷于数学之美。

似乎也没什么好惊讶的，高斯在晚年进一步完善了自己的猜想，得出了更加准确，也更为美丽的函数。还是在那封写给恩克的平安夜信件中，高斯解释了他是如何超越勒让德的改进的。他回顾了自己儿时最早的研究。他曾计算过，前 100 个数里有 1/4 是素数。当他计算前 1000 个数时，素数占比降至 1/6。高斯意识到，计数越高，遇见素数的概率就越小。

于是高斯的脑海中生成一张图，呈现出大自然如何决定一个数是否为素数。既然它们的分布看起来如此随意，那抛硬币是否为选择素数的好模型呢？正面是素数，反面不是，大自然会这么抛硬币吗？高斯想，可以将硬币正面朝上的概率由 1/2 看作 $1/\log N$。因此可以用 $1/\log 1\,000\,000$ 来表示 $1\,000\,000$ 是素数的概率，大概是 1/15。N 越大，N 为素数的可能性就越低，因为正面朝上的概率 $1/\log N$ 一直在变小。

这只是一种启发性论证，因为 $1\,000\,000$ 或者其他任何特定的数要么是素数，要么不是，抛硬币无法改变这一点。高斯心中构建的模型虽然无法判断素数，但有助于预测相对笼统的问题，它可以判定，随着计数增加，大约会出现多少素数。由此他就能估计抛出素数硬币 N 次后，能得到多少素数。抛一个正常的硬币，正面朝上的概率是 1/2，反面朝上的概率也应为 1/2。但素数硬币正面的概率会越抛越小。根据高斯的模型，可以预测出素数个数为

$$\frac{1}{\log 2}+\frac{1}{\log 3}+\cdots+\frac{1}{\log N}$$

其实高斯还进一步推导出了一个对数积分函数，用 Li(N) 表示。这个

新函数对上述概率之和做了微调，准确度惊人。

70 多岁时，高斯再度致信恩克，他已构建出上限为 3 000 000 的素数表。对其素数研究，他表示："我常常会花十五分钟的空闲时间，挨个在一千个数的区间内进行计算。"他用自己的对数积分估测出 3 000 000 以内的素数，误差仅为 0.07%。勒让德也调整了他的丑公式，使得 $\pi(N)$ 能适用于数值较小的 N。从当时可用的数据来看，似乎是勒让德的公式更胜一筹。但随着表格不断延伸，可以看出，对于 10 000 000 以上的素数，勒让德的估计愈发没了准头。布拉格大学（今捷克查理大学）的雅各布·库利克（Jakub Kulik）教授耗时二十年，独立构建出上限为 100 000 000 的素数表。1863 年，这项艰巨的工作完成了，成果共计八卷，虽从未出版，但被存放于维也纳的奥地利科学院的档案室里。即便遗失了第二卷，这些素数表还是能够表明，高斯基于 Li(N) 函数的方法又一次胜过了勒让德。现今的素数表清楚地展示了高斯的超凡直觉。比如说，对于 10^{16} 以内的素数个数，他的估计误差只有十亿分之一，而勒让德的误差为千分之一。勒让德试图让他的公式与可用数据相匹配，却被高斯的理论分析打败了。

高斯注意到，他的方法有一个奇怪的特点。基于对 3 000 000 以内素数的了解，他发现自己的公式 Li(N) 似乎总会高估素数的个数。他猜测，这种情况是普遍存在的。现今的数学证据在 10^{16} 范围内证实了高斯的猜想——谁又会反驳他的预感呢？在大部分实验室里，但凡有实验得出了 10^{16} 次相同的结果，就会被当作完美的证据，但在数学上不是这样。有那么一次，高斯靠直觉给出的某个猜想就是错的。虽然数学家们现已证明 $\pi(N)$ 的值最终一定会在某个节点超过 Li(N)，但尚未有人见证过这一时刻，因为我们目前还没法算到那么远。

由 $\pi(N)$ 和 Li(N) 的对比图可以看出，在很大范围内，几乎没法将这二者区分开来。我得强调一下，要是用放大镜查看这张图的任何一个部分，就会发现它们是不同的函数。$\pi(N)$ 的图像呈阶梯状，而 $\text{Li}(N)$ 则是平顺的，并无剧烈波动。

高斯揭示了大自然选取素数的抛硬币法则。这个硬币是加权的，N 这个数有 $1/\log N$ 的可能是素数。但他还是无法准确预测出抛掷结果。这就要靠新一代人的见解了。

高斯转换视角，发现了素数的某种规律。他的猜测被称为素数猜想。数学家们要想为高斯加冕，就必须得证明，随着计数增加，高斯的对数积分和实际素数个数的差距会越来越小。高斯已经见到了这座遥远的山峰，而后辈们要做的就是去证明它，找到那条登顶之路，或者揭穿这一虚假联系。

许多人抱怨说，谷神星的出现让高斯没法专心证明他的素数猜想了。在 24 岁的年纪一夜成名，这使他走向了天文学，而数学也就变得无足轻重了。1806 年，高斯的赞助人不伦瑞克公爵在拿破仑战争中去世，高斯不得不另谋生计。虽有圣彼得堡科学院向他示好，希望欧拉后继有人，但高斯还是选择了去德国下萨克森州的一座小型大学城——格丁根，担任天文台台长一职。他将时间投入对夜空的探索中，忙于追踪更多的小行星，还为汉诺威王国和丹麦王国进行土地调查。但他也一直在思考数学问题。他在绘制汉诺威的山脉地图时琢磨着欧几里得的平行线定理，回到天文台后还会继续扩展他的素数表。高斯听见了素数音乐的第一段主旋律，然而是黎曼，他为数不多的学生之一，真正释放了素数的全部力量——隐藏于杂音背后的和谐。

第 三 章

黎曼的虚数世界观察镜

你感觉不到吗？如此奇妙又温柔的旋律，只有
我听见了吗？

——理查德·瓦格纳，《特里斯坦与伊索尔德》

（*Tristan und Isolde*，第三幕第三场）

　　1809年，威廉·冯·洪堡（Wilhelm von Humboldt）在普鲁士担任教育部部长。1816年，他在写给歌德的一封信中提道："我在此投身于伟大的科学，却深感自己一直受旧时力量影响。我厌恶新事物……"不以科学为达成目的的手段，回归更为经典的传统，即追求知识本身，这是洪堡所支持的一项运动。先前的教育方针以培养公务员为导向，旨在实现普鲁士的无上荣耀。此后，教育的重心不再是国家，而是服务于个体需求。

　　洪堡以思想家和公务员的身份展开了一场影响深远的革命。在普鲁士大地上和汉诺威周边，新的学校，也就是文理中学（Gymnasium），被建立起来。最终，这些学校的老师并非来自旧教育体系的神职人员，而是在这一时期由新建的大学和理工学院培养出来的毕业生。

　　柏林大学（今柏林洪堡大学）开办于1810年法国占领期间，它是王冠上的珠宝，洪堡称其为"现代大学之母"。这所大学坐落在柏林菩提树下大街，依托于普鲁士海因里希亲王居住过的宫殿，首次推进科教并行。洪堡宣称："大学教育不仅要实现对科学的统一理解，还要推动科学的进一步发展。"洪堡虽怀古，但正是基于他的指导，这所大学率先引入新学科，与经典的法律、医学、哲学和神学并进。

　　在新中学与新大学里，数学首次成为重要课程。鼓励学生出于兴趣学习数学，而非仅仅将其视为其他学科的工具，这与拿破仑的教育改革截然不同。拿破仑眼中的数学被用以进一步实现法国的军事目标。1830年，柏林的卡尔·雅可比（Carl Jacobi）教授给身处巴黎的勒让德写信，谈及法国数学家约瑟夫·傅里叶（Joseph Fourier）曾经指责德国学派忽视了更为实际的问题：

　　诚然，傅里叶认为，数学的首要目标是服务于公共利益，并解释自然现象。但像他这样的哲学家也应清楚，科学的唯一目的在于人文精神的荣耀，基于这一观点，数论中的问题和人世间的问题同等重要。

　　拿破仑认为，教育终将摧毁**旧制度**的神秘规则。他相信，建设新法兰西的支柱就是教育，因此，一些闻名至今的学院在巴黎被建立起来。这些培养精英的院校除了招收各种背景的学生，还极其强调以科教服务于社会的理念。1794 年，法国大革命时期的一位地方官员给一位数学教授写信，称赞了他所开设的"共和国算术"课程："公民啊。大革命不仅提升了我们的道德水平，为我们与后世的幸福铺平了道路，甚至还解开了阻碍科学进步的枷锁。"

　　洪堡对待数学的态度和盛行于周边各国的功利主义哲学截然不同。德国的教育改革带来了一种解放，深刻影响着数学家们对其领域的多重理解。这使得数学家们可以去建立一种更为抽象的数学新语言。值得一提的是，这将彻底改变对素数的研究。

　　洪堡的倡议惠及不同城镇，其中之一便是汉诺威的吕讷堡。吕讷堡曾是繁荣的商业中心，而今正在衰落。鹅卵石铺就的狭窄街巷已然不复从前，早先几个世纪里，此间生意红红火火。然而，1829 年，吕讷堡矗立起一栋新楼，那就是新落成的约翰内斯文理中学（Gymnasium Johanneum），它位于三处哥特式教堂的高塔之间。

　　19 世纪 40 年代初是该校蓬勃发展之际。校长施马尔富斯（Schmalfuss）热切支持洪堡所倡导的新人文主义理念。从图书馆即可看出其开明思想：其中不仅收藏了古典文学以及当代德国作家的作品，还包括来自远方的书卷。值得一提的是，施马尔富斯成功获取了来自巴黎的书籍，巴黎在 19 世纪前半叶是欧洲文化活动重地。

　　施马尔富斯在约翰内斯文理中学招收了一名新生——伯恩哈德·黎曼。黎曼很害羞，不善交友。他曾就读于汉诺威的一所乡镇中学，和祖母住在一起。但在 1842 年，祖母过世，他只得搬到吕讷堡，寄宿在一位老师家。在同龄人都结交了伙伴之后，黎曼才来到这所学校，这让他的生活不太好过。他很想家，还会被其他小孩嘲笑。他宁可走很远的路去奎克博恩（Quickborn），回到父亲家，也不愿和同龄人玩耍。

　　黎曼的父亲是来自奎克博恩的牧师，对儿子抱有厚望。黎曼在学校过得并不开心，但还是刻苦认真，决意不让父亲失望。只是，由于自己近乎病态的完美主义，他只能苦苦挣扎。黎曼交不了作业，经常会让老师们感到失望。这个男孩以不完美为耻，接受不了任何低于满分的成绩。老师们开始怀疑，黎曼究竟能不能通过结业考试。

　　该如何培养这个年轻男孩，发扬其完美主义精神呢？施马尔富斯想出了一个方法。他早早就注意到黎曼的数学天分，并热切地想要激发其才能。他允许黎曼自由出入他的图书室。这个男孩沉浸于丰富的数学藏书，逃离了来自同学们的社交压力。这个图书室为黎曼打开了全新的世界，使他如鱼得水。突然间，他便置身于一个完美且理想的数学世界，有了证明，这个新世界绝不会崩塌，还能以数为友。

　　洪堡将科学教育从实用工具转换为基于兴趣，对知识之美的追求。施马尔富斯的课堂承继了这一理念。这位老师将黎曼带离尽是公式与法则，旨在满足工业发展的数学课本，并指导他阅读欧几里得、阿基米德和阿波罗尼奥斯（Apollonius）的经典著作。古希腊人根据自己的几何学，试图理解抽象的点线结构，并不拘泥于特定的几何公式。笛卡儿（Descartes）的几何分析著作中写满了方程和公式，当施马尔富斯将这个相对现代的文本拿给黎曼时，作为老师，他能看出，书中的机械化方法吸引不了黎曼，黎曼对于概念数学的兴趣正日益浓厚。后来，施马尔富斯在写给朋友的信中回忆道："那时他已成数学家，学识渊博，让老师自觉贫乏。"

　　施马尔富斯的书架上有一卷当代著作，是他从法国获取的。这本书就是阿德里安－马里·勒让德的《数论》，出版于 1808 年。素数计数函数和对数函数之间似乎存在着一种奇特的联系，而《数论》一书首次记录了这一观察。高斯和勒让德发现了这种联系，但仅有实验证据。我们完全不清楚，随着计数增加，素数个数是否总能接近高斯或勒让德的函数值。

伯恩哈德·黎曼（1826—1866）

黎曼如饥似渴地读完了这一厚达 859 页的四开本大书。仅过了六天，他就把书还给了老师，并以早熟的口吻宣称："这本书真棒，我已经了然于心。"他的老师简直难以相信。然而，在两年后的结业考试中，当遇到这本书中的内容时，黎曼给出了完美的回答。这标志着一位当代数学巨匠职业生涯的开端。感谢勒让德在少年黎曼的心中播下了一颗种子，可以在他往后的人生中热烈盛放。

充满活力的新兴大学正推动着德国的教育改革，完成了结业考试的黎曼迫不及待地想要加入其中的一所。但他的父亲另有想法。黎曼家境贫寒，父亲希望他能进入教会工作。牧师生涯将会为他带来稳定的收入，能够供养妹妹们。彼时，汉诺威王国只有格丁根大学能提供神学课程，但它成立于 1734 年，也就是一个多世纪以前，并非新建。因此，为达成父亲的心愿，黎曼在 1846 年去往那个潮湿的城镇——格丁根。

格丁根静静地坐落在下萨克森州的山谷之中。市中心有一座中世纪小镇，古老的城墙环绕周围。这就是黎曼所认识的格丁根，依然保留着原初的样貌。蜿蜒狭窄的街道两侧有铺着红瓦的砖木房屋。格林兄弟的好些童话故事就是在格丁根写的，你可以想象出汉塞尔和格莱特[①]在这些街上奔跑的场景。城镇中央矗立着中世纪的市政厅，墙上写有格言："格丁根外无生活。"在格丁根大学里确实会有这样的感受。学术生活是自我满足的。早些年，神学在大学中处于支配地位，然而席卷德国的学术变革之风激励着格丁根开设科学课程。到了1807年，高斯被任命为天文学教授和天文台台长时，格丁根已经不再以神学闻名，而是以科学著称。

施马尔富斯在少年黎曼心中点燃的那团数学之火依旧熊熊燃烧。依照父亲的心愿，他来到格丁根学习神学，但最初的一年里，在他身上留下印记的是伟大的高斯与格丁根的科学传统。希腊语和拉丁语课程迟早都要给迷人的物理课和数学课让路。黎曼惶惶不安地给父亲写信，说他想从神学系转到数学系。对黎曼来说，父亲的认可意义重大。收到父亲的祝福后，他松了一口气，随即投入大学时代的科学生活中。

格丁根很快就成了小庙，容不下这位青年才俊了。黎曼在一年之内就已穷极他能获取的一切资源。此时的高斯已步入晚年，与大学里的知识分子生活完全脱节。从1828年开始，他就一直住在天文台，只离开过一晚。他在大学里只教天文，主要是关于如何重新发现消失的谷神星，多年以前，他就是由此成名。黎曼必须另寻他处，受到激励，才能向前。他看得出，柏林是知识分子最为活跃的地方。

法国的科研机构，比如拿破仑创立的巴黎综合理工学院卓有成效，对柏林大学影响深刻，毕竟柏林大学是在法国占领期间建成的。杰出数学家彼得·古斯塔夫·勒热纳·狄利克雷（Peter Gustav Lejeune Dirichlet）是其中一位关键的数学大使。1805年，狄利克雷出生于德国，但祖籍为法国。1822年，他踏上寻根之旅，回到巴黎，在五年时间里，沉浸于学术型的知识分子活动。威廉·冯·洪堡的兄弟亚历山大（Alexander）是一位业余科学家，在旅途中遇见狄利克雷，印象深刻，所以承诺给他在德国安排一个

---

① 格林童话中的人物，出自《汉塞尔与格莱特》，也称《糖果屋》。——编者注

职位。可以说狄利克雷是一名叛逆者。或许是巴黎街头的氛围让他尝到了挑战权威的滋味，在柏林，面对那些特别古板的大学提出的陈旧传统，他都愉快地忽视了。当被要求自证拉丁语水平时，他向来也是不屑一顾。

格丁根大学和柏林大学为像黎曼这样的新兴科学家提供了截然不同的学术氛围。格丁根大学偏安一隅，与世隔绝，很少有外人来此参与研讨会。它是自给自足的，凭借内部资源创造出伟大的科学。而柏林大学却是受国外刺激才得以繁荣兴盛的。法国的理念，再加上具有前瞻性的德国自然哲学，形成了很是上头的新款鸡尾酒。

格丁根大学和柏林大学的不同学术氛围适合不同的数学家。有些人如果接触不到外界的新思想，就会始终一无所成；但独处可能会让另一些数学家找到一种内在的力量、新的语言和思维模式，从而取得成功。可以看出，黎曼就是那种通过接触新思想来实现突破的科学家，他知道，柏林就是他的归宿。

1847 年，黎曼前往柏林，在那里住了两年。这期间，他翻阅了高斯的论文。因为大师的沉默，这些论文在格丁根是找不到的。黎曼还参加了狄利克雷的讲座，后来，他在素数方面取得重大发现也曾受益于狄利克雷。总之，狄利克雷是一位鼓舞人心的讲师。一位数学家在参加完他的讲座后，给出了这样的描述：

> 狄利克雷的渊博学识和透彻见解，无人能及……他面朝我们，坐在高凳上，额前架着眼镜，两手托着脑袋……他像是能在手上瞧见一个假想的计算器，把结果读给我们听。我们听明白了，就好像我们也看到了那个计算器。我喜欢这样的演讲。

黎曼在狄利克雷的研讨会上结交了几位年轻的研究人员，他们都同样热爱着数学。

其他力量也在柏林活跃起来。1848 年的法国革命颠覆了君主制，席卷巴黎街头，波及大半欧洲。柏林街头也受到影响，彼时，黎曼正在此读书。根据当时的描述，这对黎曼产生了深远影响。他一生中很少参与学术圈外的活动，此次就是其中一次，他加入了学生军队，保卫身处柏林宫殿的国王。据说，他曾连续十六小时把守路障。

黎曼并未热烈回应巴黎学界传播的数学革命。柏林大学不仅接受了来自巴黎的政治宣传，还引进了鼎鼎有名的学术期刊和出版物，其中，《法国科学院报告》(*Comptes Rendus de l'Académie des Sciences*) 颇具影响力，黎曼收到最新一期后，就窝在房间里，认真研读起数学革命家奥古斯丁 - 路易·柯西 (Augustin-Louis Cauchy) 的文章。

柯西出生于法国大革命时期，就在 1789 年巴士底狱被攻陷的几周后。在那段食物匮乏的岁月里，柯西因为营养不良而身体虚弱。但比起体魄，他更愿意锻炼自己的头脑。数学世界以其优良传统为柯西提供了庇护。父亲数学界的朋友拉格朗日 (Lagrange) 看出了这个年轻男孩的宝贵天分，在一位同辈面前评价说："你看到那个男孩没？瞧着吧，我们这些数学家呀，全都会被他取代！"不过，拉格朗日给柯西父亲提出的建议很有意思："在 17 岁之前，不要让他接触数学书"，而是要去激发这个男孩的文学才能，这样，当他最终回归数学领域时，他就能写出自己的数学，而非复刻他人的声音。

事实证明，这条建议是明智的。当保护柯西免受外部侵扰的闸门被打开时，柯西的新声音势不可挡，倾泻而出。柯西太能写了，《法国科学院报告》只得对文章的页数加以限制，这一限制至今都被严格遵守。当时的一些数学家认为，柯西的数学新语言过于复杂。1826 年，挪威数学家尼尔斯·亨里克·阿贝尔 (Niels Henrik Abel) 写道："柯西是个疯子……他很棒，但写得太乱了。我一开始真的全都看不懂，现在能搞清楚一部分了。"阿贝尔继续留意着巴黎的每一位数学家。他发现，当别人都专注于磁学和其他物理学科时，唯有柯西从事"纯粹数学"，也唯有他知道，该如何做数学。

柯西将学生们带离了应用数学，这在巴黎引起了权威的不满。柯西在巴黎综合理工学院任教时，校长曾写信指责他对抽象数学的执着："大家都觉得，这所学院对纯数教学投入过深。这种多余的奢侈不利于其他分支学科的发展。"所以，青年黎曼会欣赏柯西的工作，大概也就不足为奇了。

黎曼沉迷于新思想，兴奋不已，几近遁世。在他研究柯西的成果之际，同伴们完全找不到他的踪迹。几个星期后，黎曼重新出现，他宣称："这是一门新数学。"虚数的力量正在显露，吸引着柯西与黎曼展开想象。

虚数：数学新景观

作为虚数的构成单元，负一的平方根似乎是一个自相矛盾的概念。有人说，只有数学家才会承认这种数存在。要想进入这片数学世界，就得有创造性的飞跃。乍看之下，它好像和物理世界没什么关系，物理世界似乎总是由平方为正的数构建而成的。然而虚数不仅是抽象游戏，它们是理解亚原子粒子动态的关键。从更大尺度上来看，如果工程师未曾探索过虚数世界，就不会有飞机升天。这片新世界带来了一种灵活性，这正是坚守普通数的人们所缺少的。

这些新数是如何被发现的呢？故事要从求解简单方程说起。正如古巴比伦人和古埃及人所认识到的，如果要将七条鱼分给三个人，等式里就会出现诸如 $-\frac{1}{2}$、$\frac{1}{3}$、$\frac{2}{3}$、$\frac{1}{4}$ 之类的分数。到了公元前 6 世纪，古希腊人在研究三角几何时发现，有时用分数也无法表示三角形的边长。勾股定理迫使他们发明出新数，那可不是用简单的分数就能表示的。比方说，毕达哥拉斯可以取一个直角三角形，设两条直角边长度为 1。由他的著名理论[①]可

[①] 毕达哥拉斯及其学派对勾股定理的证明与推广做出重要贡献，因此勾股定理在西方也称"毕达哥拉斯定理"。——编者注

知，斜边长度 x 是方程 $x^2 = 1^2 + 1^2 = 2$ 的解。换言之，长度等于 2 的平方根。

分数的小数部分是循环的，例如 $\frac{1}{7} = 0.142\,857\,142\,857\cdots$，或者 $\frac{1}{4} = 0.250\,000\,000\cdots$。相比之下，古希腊人可以证出 2 的平方根不同于分数，其小数部分无论算至多少位，都不会出现有规律的重复。2 的平方根的开头是 $1.414\,213\,562\cdots$。黎曼在格丁根时，没事就一直往后计算这些小数来打发时间。他的纪录是 38 位，在没有计算器的情况下，这很了不得。但或许，这也更多反映了格丁根的夜生活有多无趣。以黎曼腼腆的性格，这就是他的夜间娱乐。尽管如此，黎曼知道，无论算出多少位，他永远都无法写下完整的数，或者发现有规律的循环。

这些数只能用方程，比如 $x^2 = 2$ 的解来表示，否则无法定义。数学家们称其为**无理数**。这个名字反映了数学家们心中的不适，毕竟，他们无法准确写下这些数。尽管如此，这些数的真实存在是可以被感知的，它们可以被视为标注在直尺上的点，或是数学家们所说的数轴上的点。例如，2 的平方根就是 1.4 和 1.5 之间的某个点。如果作一个完美的勾股三角形①，令两条直角边长度为 1，那么，将斜边放在直尺上，标记出长度，即可确定无理数的位置。

类似地，人们在对 $x + 3 = 1$ 这样的简单方程求解时发现了负数。古印度数学家在公元 7 世纪就提出了这些新数②。在不断发展的金融世界中，负数大展身手，用于对债务的描述。欧洲数学家直到千年后才承认这些数的存在，他们称其为"虚拟数"（fictitious numbers）。在数轴上，负数位于零点左侧。

---

① 三边长均为整数的直角三角形，也称毕达哥拉斯三角形，其边长即构成一组勾股数。

——编者注

② 事实上，我国古代的《九章算术》中已出现负数概念。其成书时间并无定论，但普遍认为在西汉时期，显然远早于 7 世纪。——编者注

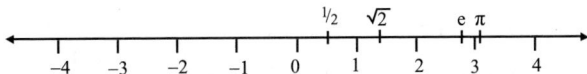

实数——每个分数、负数或者无理数，都可表示为数轴上的一个点

有了无理数和负数，我们便可求解各种方程。如果你不像费马那样，坚持要求 x、y 和 z 必须是整数，那么，他的方程 $x^3 + y^3 = z^3$ 的解会很有意思。比方说，我们令 $x=1$，$y=1$，z 是 2 的立方根，这个方程就解出来了。但仍有其他方程在数轴上的数中完全找不到解。

方程 $x^2 = -1$ 似乎无解。毕竟，一个数无论正负，它的平方始终为正。所以，但凡能够满足这个等式的数绝不会是普通数。但如果古希腊人能够想象出像 $\sqrt{2}$ 这样，用分数都无法表示的数，那么，数学家们也可展开想象，实现类似的飞跃，创造一个新的数，从而解出方程 $x^2 = -1$。对于每个学习数学的人来说，这一创造性的飞跃标志着一种概念性的挑战。这个新数，也就是 -1 的平方根，被称为**虚数**，用符号 i 表示。相应地，数学家们开始将数轴上存在的数称为**实数**。

这个方程的解似乎是凭空捏造出来的，像是在骗人。为什么不能接受这个方程无解呢？这也是一种往前走的办法。但数学家们好像挺乐观的。一旦我们接受了这个想法，将这个新数当作方程的解，迈出创造性的一步，那么，由此带来的优势就会让先前的不安变得微不足道。一旦命名，它的存在似乎就不可避免了。它不再像是人为创建的数，而是一直存在，直到我们提出正确的问题，才被观察到。18 世纪的数学家们并不乐意承认会有这样的数存在。19 世纪的数学家们足够勇敢，大胆支持新的思维模式，挑战了构成数学正统的公认观点。

事实上，-1 的平方根就和 2 的平方根一样，是一个抽象概念。两者都被定义为方程的解。但是，每当遇到新方程时，数学家们就非得创造出新的数不可吗？像$x^4 = -1$这样的方程怎么解呢？我们要不要使用更多字母命名一切新解法呢？请放心，高斯已于1799年在他的博士论文里证明，我们不需要新的数。数学家们用新数i就能解决任意方程。每个方程的解都是由普通实数（有理数和无理数）和这个新数i组合而成的。

已知有一条东西走向的数轴，上面的每个点都代表了一个数，高斯证明的关键就是扩展了这一认识。自古希腊以来的数学家们都熟知这些实数。然而，-1的平方根，作为一个虚数，并不在这条数轴上。因此高斯思考起了新方向。如果用北向数轴上的一个单位表示i，会怎样呢？求解方程的新数都是由i和普通数构成的，比如$1+2i$。高斯意识到，在这张二维地图上，每个可能的数都有一个对应的点。从原点向东移动一个单位，向北移动两个单位，就会抵达$1+2i$所对应的点。

高斯在他的虚数地图中将这些数解释为方向的集合。将$A+Bi$和$C+Di$这两个虚数相加，意即按两组方向依次前进。例如，$6+3i$和$1+2i$相加所得位置为$7+5i$（见下图）。

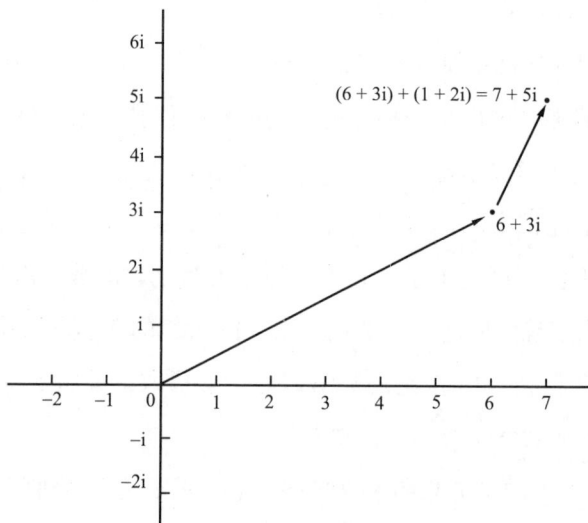

遵循方向：两个虚数相加

不过，高斯并未将这般厉害的地图展露人前。取得证明后，他随即拆除了这一图形脚手架，没有留下半点痕迹。他知道，数学图像在当时正受到质疑。高斯年轻时，法国数学传统占据主导地位，公式与方程才是通往数学世界的首选语言，那是一种与实用主义数学相辅相成的语言。对图像的厌恶，还有其他缘由。

几百年来，数学家们一直认为图像具有误导性。毕竟，引入数学语言是为了掌控物理世界。17世纪，笛卡儿曾试图将几何研究转化为关于数与方程的纯粹论述。他有一句名言："感觉的知觉是感官的欺骗。"黎曼在施马尔富斯的图书室里舒适惬意地读着笛卡儿的书，但这种对物理图像的否定让他感到不适。

19世纪初，数学家们因为一个错误的图解证明栽了跟头。它讲的是几何体的顶点、棱和面之间的数量关系。欧拉曾猜想，如果一个几何体有 C 个顶点、E 条棱和 F 个面，那么，C、E 和 F 就必须满足 $C - E + F = 2$ 这一关系。例如，一个立方体有8个顶点、12条棱和6个面。1811年，年轻的柯西基于图像直觉，构建出了"证明"，然而，这个公式并不适用于中空的立方体。对此，他深感震惊。

这条"证明"没有考虑到立方体中间可能有个洞。需在公式中添加新要素，从而确认几何体中有几个洞。图像会有一些隐藏视角，起初并不明显，柯西上当后，就转向了看似稳妥的公式。他所实现的革命是，创造出了一种新语言，让数学家们不必求助于图像，就能以严谨的方式探讨对称的概念。

高斯知道，他的虚数秘图会在18世纪末的数学家当中遭到厌恶唾弃，所以就在证明中省略了这张地图。数是用来做加法和乘法的，不是用来画图的。在约莫四十年后，高斯终于公开了他在博士论文中用到过的图像工具。

镜中世界

柯西和其他数学家并无高斯的地图，但也开始了探索：如果不拘泥于实数，而是将函数概念扩展到虚数新世界中，会怎样呢？数学世界中，有些部分看似无关，但这些虚数为它们开启了新的联结，令人惊叹。

就像执行计算机程序一样，你往函数中输入一个数，展开运算，就会得到另一个数。可以用一些简单方程来定义函数，比如 x^2+1。如果输入 2，函数就会计算 2^2+1，输出 5。其他函数则更为复杂。高斯对计算素数个数的函数很感兴趣。输入 x 这个数，函数就会告诉你，在 x 以内有多少素数。高斯将这个函数表示为 $\pi(x)$。该函数呈阶梯上升状（参见第二章 "高斯的猜想" 一节）。每当输入素数时，输出结果就会向上跳一级台阶。当 x 从 4.9 增加到 5.1 时，素数个数就会从 2 上升到 3，以此表示有了新素数 5。

数学家们很快就意识到，可以像输入普通数那样在一些函数中输入虚数，比如 x^2+1。如果在该函数中输入 $x=2\mathrm{i}$，就会得出 $(2\mathrm{i})^2+1=-4+1=-3$。在函数中输入虚数是从欧拉那一代人开始的。早在 1748 年，欧拉就在镜中世界的旅程中意外发现，数学中毫不相干的部分之间存在着奇怪的联系。欧拉知道，如果在指数函数 2^x 中输入普通数 x，就会得到一个快速上升的图像。但当他输入虚数时，他得出了意外的答案。他看到的不是上升的指数图，而是起伏的波浪，放到现在，我们会联想到声波。这个生成波浪的函数被称为**正弦函数**。正弦函数的图像类似于重复的曲线，以 360 度为周期。正弦函数现被应用于各种日常计算。例如，可以通过测量角度确定建筑高度。在欧拉时代，有人发现，这些正弦波浪也是重现乐音的关键。给钢琴调音时，像 A 这种用音叉敲出的纯音，就可用类似的波浪表示。

欧拉将虚数代入函数 2^x，惊讶地发现，由此产生的波动竟与特定的乐音相对应。欧拉表示，每个音的特性是由相应的虚数坐标决定的。越往北，音调越高；越往东，音量越大。欧拉的发现首次表明，或许，这些虚数在数学领域中开辟出了意想不到的新路径。继欧拉之后，数学家们开始踏足这片新发现的虚数之地，寻找新关联风靡一时。

1849 年，黎曼回到格丁根大学，想要完成博士论文，拿给高斯看。同年，高斯在写给朋友恩克的信中讲述了自己在儿时发现的素数与对数的关联。高斯可能和格丁根大学的同事们讨论过这一发现，但这会儿，黎曼还没有迷上素数。他满脑子都是巴黎的新数学，热切地想要探索奇特的新世界，将虚数代入函数。

继欧拉在这片新领域完成初步探索后，柯西开始着手将其发展为一门严谨的学科。法国人擅长运用方程和公式，但黎曼做好准备，要依靠德国的教育体系，回归到一种更加概念化的世界观。到了 1851 年 11 月，他的想法已经成形。他向格丁根大学的系委员会提交了论文。显然，高斯被这些想法打动了。他称赞黎曼的博士论文展现了"创新、活跃、诚挚的数学思想，以及丰富、闪耀的原创性"。

黎曼给父亲写信，迫不及待地讲述了自己的进展："因为这篇论文，我相信自己未来可期。我还希望，以后能学会更加高效流畅地写作，尤其是在步入社会以后。"但最初，格丁根大学的学术生活并未像在柏林大学那样愉悦。这是一所相对古板闭塞的大学，而黎曼又缺乏自信，不敢和前辈交流。他也接触不到多少格丁根的学生。他对旁人没有信任感，从来都没有在社交环境中真正放松过。同辈的理查德·戴德金（Richard Dedekind）写道："在这里，他是最奇怪的人，因为他觉得没人能受得了他。"黎曼患有抑郁症，情绪常常陷入低潮。他把脸藏在越来越长的黑胡须里，寻求安全感。他在经济上极度焦虑，靠六个学生的学费过活，后者是自愿交学费的，这份收入并不稳定。1854 年，工作与贫穷的双重压力让他一度崩溃。然而，当狄利克雷访问格丁根大学时，他又开心起来，那可是柏林大学的"数学之星"。

约 1854 年的格丁根大学图书馆

在格丁根大学的教授中，黎曼交到了一个朋友，他就是著名物理学家威廉·韦伯（Wilhelm Weber）。同在格丁根时期，韦伯与高斯合作过很多项目。他们成了科学界的夏洛克·福尔摩斯和华生医生，高斯提供理论支撑，韦伯则将其付诸实践。他们意识到，可以依靠电磁进行远程通信。这是他们最棒的发明之一。在高斯的天文台和韦伯的实验室之间，两人成功地搭建了电报线路，并且相互发送了信息。

高斯觉得，这不过是一项新奇的发明，而韦伯却清楚地看到这一发现的潜能。他写道："当铁路和电报线遍布全球时，这个网络就会像人体中的神经系统一样，提供运输服务，以光速传递思想与感知。"电报迅速普及，高斯发明的时钟计算器则被应用于计算机安全，这两件事让高斯和韦伯成为电子商务和互联网的奠基人。格丁根市矗立起二人的雕像，以此永久纪念他们的合作。

来格丁根拜访过韦伯的人描述了他的经典形象——一个有点儿疯的发明家："古怪矮小，嗓音尖锐又不讨喜，讲话一顿一顿的。他磕磕巴巴地讲个不停——没办法，你只能听着。有时候，他莫名其妙就笑了，你要是没抓住他的笑点，还会觉得抱歉。"相比于合作伙伴高斯，韦伯是有点"反骨"的。1837年，因为抗议汉诺威王国的专制统治，"格丁根七杰"暂被停职，韦伯便是其中之一。黎曼在完成论文后，给韦伯当过一段时间助理。见习期间，黎曼对韦伯的女儿萌生爱意，但他的追求并未得到回应。

1854年，黎曼给父亲写信："高斯病重，医生说他恐怕活不长了。"黎曼担心，可能没等自己拿到德国高校的教授资格，高斯就要过世了。但幸运的是，高斯又活了一段时间，他听到了黎曼讲述几何学与物理学的关系，而这些想法刚好诞生于高斯和韦伯合作期间。黎曼相信，仅凭数学就能解答物理学中的基本问题。随后几年，物理学的发展证实了他对数学的信心。黎曼为科学领域做出了许多重大贡献，他的几何学理论就是其中之一。后来，爱因斯坦在20世纪初发起科学革命时用到了这一理论。

一年后，高斯过世。这个人分明已经不在了，却让身后的好几代数学家都忙于研究他的思想。他提出了素数和对数函数的关系，作为猜想供后世思考。为了铭记伟大的高斯，天文学家们将一颗小行星命名为"Gaussia"。在格丁根大学的解剖收藏室里，你甚至能找到高斯的大脑，它被永久保存了下来。据说，在所有被解剖过的大脑中，这颗是最复杂的。

狄利克雷接替了高斯的职位，说起来，黎曼还曾在柏林参加过他的讲座。狄利克雷将为格丁根大学带来思想上的刺激，这正是黎曼在柏林时有过的愉快体验。这一时期，一位英国数学家来格丁根拜访狄利克雷，记录下了这样一番印象："他长得又高又瘦，留着几近花白的胡子，嗓音沙哑，耳朵也不太好使。一大清早，他还没洗漱，胡子也没刮，就穿着一身睡衣，趿拉着拖鞋，端着咖啡，抽着雪茄。"他看似不羁，心中却燃烧着对于严谨与证明的渴望，这在当时是一种无与伦比的追求。同一时代的卡尔·雅可比也来自柏林，他给狄利克雷的第一位赞助人亚历山大·冯·洪堡写信说："不是我，不是柯西，也不是高斯，唯有狄利克雷才知道什么是严谨的证明，而我们也只能向他学习。如果高斯说他证明出了什么，我会觉得挺有可能；如果是柯西这么说，大概有一半把握；要是换成狄利克雷，那肯定是对的。"

狄利克雷的到来令格丁根的社交氛围漾起了涟漪。狄利克雷的妻子丽贝卡（Rebecka），是德国作曲家费利克斯·门德尔松（Felix Mendelssohn）的妹妹。丽贝卡很讨厌格丁根枯燥的社交生活。离开柏林是情非得已，她怀念从前的沙龙氛围，于是在格丁根举办了多场派对。

狄利克雷不太看重教育中的等级制度，所以黎曼可以和这位新教授公开探讨数学问题。从柏林回到格丁根后，黎曼就一直独来独往。晚年的高斯严肃刻板，而黎曼又很腼腆，所以他几乎没怎么和这位大师交流过。相比之下，狄利克雷那种自在放松的态度最是能让黎曼敞开心扉，进行有效交流。黎曼给父亲写信，谈及这位新导师："第二天早上，狄利克雷和我一起待了两小时。他通读了我的论文，对我极其友善。这真是我从未期待过的，毕竟我们的地位如此悬殊。"

相应地，狄利克雷欣赏黎曼的谦逊，也看得出他的工作具有独创性。有时狄利克雷甚至会把黎曼从图书馆里揪出来，陪他一起在学校周边的乡间散步。黎曼几乎带着歉意给父亲写信，解释说，比起在家埋头苦读，暂时逃离数学反倒给他的科研带来了更大帮助。他们走在下萨克森州的树林里讨论问题，其中一次，狄利克雷激励黎曼更进一步，这在后来开启了素数认知的全新视角。

ζ函数：音乐与数学的对白

19世纪20年代，在法国巴黎期间，狄利克雷被高斯年轻时的著作《算术探索》深深吸引。高斯的书标志着数论开始成为一门独立的学科。但此书晦涩难懂，很少有人能理解高斯喜欢的那种极简风格。而狄利克雷却欣喜地挑战着一个又一个艰深的段落，到了晚上，他就把这本书放在枕头下面，盼着第二天早上读起来能豁然开朗。高斯的著作被称为"七印之书"，但幸而有狄利克雷努力追梦，这些封印才被打破，其中的珍宝也传于世间。

狄利克雷对高斯的时钟计算器颇有兴趣。根据费马发现的规律得出的那个猜想，尤其让他着迷。假设有一个 N 小时制时钟，根据费马猜想，输入素数后，这个时钟会无数次指向 1 点。以 4 小时制时钟为例，根据费马猜想，除以 4 之后余数为 1 的素数有无穷多个。这个数列是 5, 13, 17, 29, ⋯。

1838 年，33 岁的狄利克雷证明了费马的直觉是正确的，在数论领域留下了自己的印记。各类数学领域的思想看起来互不相干，却被他糅合在一起。他没有像欧几里得那样，用一个简单的论点就巧妙地证明有无穷多个素数。他所采用的函数非常复杂，最早出现于欧拉时代，被称为 ζ 函数，用希腊字母 ζ（zeta）表示。狄利克雷根据下式中的规则，输入 x 这个数，就能计算出 ζ 函数的值。

$$\zeta(x) = \frac{1}{1^x} + \frac{1}{2^x} + \frac{1}{3^x} + \cdots + \frac{1}{n^x} + \cdots$$

为了计算函数在参数为 x 时的值，狄利克雷需要进行三个数学步骤。第一步是计算出指数 $1^x, 2^x, 3^x, \cdots, n^x, \cdots$ 的值。下一步是对第一步中得到的数取倒数。（2^x 的倒数是 $\frac{1}{2^x}$。）最后要对第二步的结果求和。

这个方法很复杂。1, 2, 3, ⋯，每个数都对定义 ζ 函数起到了作用，这一事实对数论家是有用的。缺点在于，要计算无穷多个数的总和。哪有数学家能够预知，这个函数会成为强有力的工具，成为研究素数的最佳方式？这几乎就是偶然发现的。

数学家们对无穷和的兴趣源于音乐，这可以追溯到古希腊人的一项发现。毕达哥拉斯最先发现了数学和音乐之间的基本联系。他在瓮中装满水，用锤子敲出乐音。当他倒掉一半的水再敲瓮时，音就升高了一个八度。再多倒出一点，瓮中留下三分之一的水，然后是四分之一，敲出的音和最初的音听起来是和谐的。而其他水量时敲出的音都无法与最初的音相和谐。这些分数有着某种可以被听见的美。毕达哥拉斯在 $1, \frac{1}{2}, \frac{1}{3}, \frac{1}{4}, \cdots$ 这些数中所发现的和谐让他相信，音乐掌控着整个宇宙，这就是为什么他会提出"诸天音乐"（也称"天体音乐"）的说法。

自从毕达哥拉斯发现了数学与音乐之间的算术关联，人们就一直在比较这两门学科的共同审美与外在特性。1722 年，法国巴洛克作曲家让 - 菲利普·拉莫（Jean-Philippe Rameau）写道："长久以来，我在音乐领域积累了许多经验，但必须承认，只有在数学的帮助下，我才能有清晰的思路。"欧拉致力于让乐理成为数学的一部分，有理有序地进行推导，从而使音调和谐相融，发出悦耳的声响。欧拉相信，素数就藏于某种美妙的音符组合背后。

很多数学家天生就喜欢音乐。欧拉辛辛苦苦做完一天的计算工作后，就会弹奏他的键盘乐器来放松身心。数学系总能轻而易举地组建出一支管弦乐队。两者都以计数为基础，因而有着明显的数值关联。正如莱布尼茨（Leibniz）所描述的："人们在不自觉的计数中感受到了音乐的美好。"不过，这两门学科之间的共鸣远深于此。

数学是一门美学，漂亮的证明和巧妙的解法随处可见。要想在数学上有所发现，须具备独到的审美感知。数学家们所渴望的灵光乍现就好像在钢琴上敲击音符时，突然发现了某串与众不同的组合，其间流淌着一种内在和谐。

哈代曾写道，他"只对作为创造性艺术的数学感兴趣"。哪怕是在拿破仑创立的研究院里，那些法国数学家所追逐的也都是数学的内在美，而非实际应用。做数学与听音乐有着许多相似的美学体验。就好像，当你翻来覆去地听同一段音乐时，你就会发现先前错过的新共鸣。数学家们很喜欢反复阅读证明，因为那些轻轻松松交织在一起的细枝末节会逐渐浮现出来。哈代相信，要想确认一个数学证明是真的很好，就得看"它的思路是否融洽地组合在了一起。美是第一准则：这世上，难看的数学终将站不住脚"。对哈代而言，"数学证明就应该像是简明的星座，而非散乱的银河"。

数学和音乐都有其符号，作为一种技术语言，用以描述我们所创造或发现的规律。音乐不仅是跳动在五线谱上的音符。同样，只有在进行数学思考时，数学符号才能活跃起来。

正如毕达哥拉斯所发现的，数学与音乐不仅在美学上有共通之处。音乐的物理根基在于数学。如果你对着瓶口吹气，你会听到一个音。稍微加点儿技巧，吹得更用力，就会听见更高的音，这便是额外的谐波——泛音。当音乐家用乐器演奏音符时，会产生无尽的额外的谐波，就像你在瓶口吹气那样。每种乐器都有自己独特的声响，正是因为这些额外的谐波。基于每种乐器的物理特性，我们可以听到各样的谐波组合。除基音外，单簧管只能演奏出基于奇分数的谐波，即 $\frac{1}{3}$，$\frac{1}{5}$，$\frac{1}{7}$，…；而小提琴的琴弦振动时所发出的谐波全都是毕达哥拉斯用他的瓮敲出来的那些，对应的分数是 $\frac{1}{2}$，$\frac{1}{4}$，$\frac{1}{6}$，…[①]。

小提琴的琴弦振动时所发出的声响，是基音与所有可能的谐波加起来的总和，于是数学家们对相关数学产生了兴趣。1，$\frac{1}{2}$，$\frac{1}{3}$，$\frac{1}{4}$，… 这一无穷

---

① 此处提到的乐器的泛音，即谐波，其频率是基音频率的整数倍，如 $2f$，$4f$，$6f$，…，波长则对应为 $\frac{1}{2}\lambda$，$\frac{1}{4}\lambda$，$\frac{1}{6}\lambda$，…。这种音的变化可类比为逐渐减少瓮中的水量，或剪短琴弦。联系后文可见，对一些乐器的泛音的研究促进了人们对调和级数的认识。——编者注

和被称为**调和级数**。欧拉将 $x = 1$ 代入 ζ 函数得出的结果也是这个无穷和。虽然随着项数增加，这个总和增长得很慢，但早在 14 世纪，数学家们就已知道，它最终肯定会变成无穷大。

因此，当输入 $x = 1$ 时，ζ 函数肯定会得出一个无穷大的结果。然而，如果欧拉输入的不是 1，而是一个大于 1 的数，那么结果就不会是无穷大了。例如，$x = 2$ 时，所得调和级数为

$$\frac{1}{1^2} + \frac{1}{2^2} + \frac{1}{3^2} + \frac{1}{4^2} + \cdots = 1 + \frac{1}{4} + \frac{1}{9} + \frac{1}{16} + \cdots$$

这个数并不包含 $x = 1$ 时所有可能的分数，所以相对小些。我们现在只是将其中一些分数相加，欧拉知道，这一较小的总和不会无限增大，而是会趋向某个特定的数。在欧拉时代，要想求出 $x = 2$ 时的无穷和精确值，的确是个挑战。最准确的估计是，这个值在 $\frac{8}{5}$ 附近。欧拉在 1735 年写道："已经为这个级数做了这么多工作，但好像还是很难有什么新突破……我反复努力过，但也只能得出近似值。"

不过，早先的发现还是让欧拉受到了鼓励，开始摆弄起这个无穷和。他就像玩魔方一样，转动着这个级数，陡然发现了其中的变化。这些数就像魔方上的颜色，慢慢汇聚到在一起，形成了和起初截然不同的模式。正如他接下来所描述的那样："但现在，真是出乎意料，我根据圆的面积得出了一条巧妙的公式。"按照现在的说法，也就是一条基于 π 的公式。

经过大胆分析，欧拉发现，这个无穷和就等于 π 的平方的六分之一：

$$1 + \frac{1}{4} + \frac{1}{9} + \frac{1}{16} + \cdots = \frac{1}{6}\pi^2$$

$\frac{1}{6}\pi^2$ 的小数部分展开后，和 π 一样，是完全没有规律、不可预测的。

直到今天，$\frac{1}{6}\pi^2$ 这个数中隐藏的秩序，依然是数学领域中最让人着迷的

发现之一，这在欧拉时代的科学界也引起了轩然大波。谁能想到，对

$1+\frac{1}{4}+\frac{1}{9}+\frac{1}{16}+\cdots$ 的纯粹求和，可以同无序的 π 联系起来。

这一成果激励着欧拉对 ζ 函数的力量展开进一步探索。他知道，如果

在 ζ 函数中输入任何大于 1 的数，就会得到某个有限数。独自研究了几年

后，他确定了 ζ 函数在参数为偶数时的结果，但还是有些不尽如人意的地

方。当欧拉在 ζ 函数中输入小于 1 的数时，得出的结果始终都是无穷大。

例如，当 $x = -1$ 时，得出的就是无穷和 $1+2+3+4+\cdots$。该函数只适用于

参数大于 1 的情况。

欧拉给出了简单的分数 $\frac{1}{6}\pi^2$，这一发现首次表明，对于数学领域中看

似不相干的部分，ζ 函数或许会揭开意想不到的联系。欧拉还有第二个发

现，这一奇特的联系和一个更加难以预测的数列有关。

重写古希腊人的素数故事

欧拉对 $\frac{1}{6}\pi^2$ 的分析并不完善，当他试图为此寻找牢靠的数学基础时，

他便撞见了素数。他在探究无穷和时想起了古希腊人的发现，每个数都能

用素数相乘来构建。于是他意识到，ζ 函数还有一种写法。他发现，调和

级数中的每一项都可被分解为素数分数模块，比如 $\frac{1}{60}$，可以写成

$$\frac{1}{60} = \frac{1}{2} \times \frac{1}{2} \times \frac{1}{3} \times \frac{1}{5} = \left(\frac{1}{2}\right)^2 \times \frac{1}{3} \times \frac{1}{5}$$

欧拉并未将调和级数写成无穷多个分数相加，而是拆解为一个个素数构成的分数，如 $\frac{1}{2}$、$\frac{1}{3}$、$\frac{1}{5}$、$\frac{1}{7}$……然后相乘。我们现在把这个表达式叫作**欧拉乘积**，它将加法和乘法联系在了一起。新的等式两边分别是 ζ 函数和关于素数的因式。由该等式可见，每个数都可被写成关于素数的乘积：

$$\zeta(x) = \frac{1}{1^x} + \frac{1}{2^x} + \frac{1}{3^x} + \cdots + \frac{1}{n^x} + \cdots$$

$$= \left(1 + \frac{1}{2^x} + \frac{1}{4^x} + \cdots\right) \times \left(1 + \frac{1}{3^x} + \frac{1}{9^x} + \cdots\right) \times \cdots \times \left(1 + \frac{1}{p^x} + \frac{1}{\left(p^2\right)^x} + \cdots\right) \times \cdots$$

乍一看，我们要想理解素数，欧拉乘积好像没什么用。这不过就是换一种方式去表述古希腊人在两千多年前提出的东西。欧拉再现了素数的性质，但其实，他自己也没能充分意识到，他的重新书写意味着什么。

又过了百年，伴随着狄利克雷与黎曼的发现，人们才认识到欧拉乘积的重要性。转动着这颗古希腊宝石，以 19 世纪的眼光端详，一个古希腊人难以想象的数学新视野就此出现了。欧拉用 ζ 函数来表述素数的重要性质。还在柏林的时候，狄利克雷就对此深感好奇，这可是古希腊人在两千年前就证明出的性质。欧拉将 1 代入 ζ 函数，其结果 $1 + \frac{1}{2} + \frac{1}{3} + \frac{1}{4} + \cdots$ 趋向无穷大。他注意到，当且仅当有无穷多个素数时，所得结果才会趋向无穷大。这一发现的关键就在于欧拉乘积，它将 ζ 函数和素数联系在了一起。虽然古希腊人在很久之前就证明了有无穷多个素数，但欧拉的新证明所涉及的概念和欧几里得所运用的截然不同。

有时候，熟悉的事物需以新语言表达。狄利克雷受欧拉的新公式激励，用 ζ 函数证出了费马的猜想，即会有无穷多个素数指向时钟计算器上

的 1 点。欧几里得的想法对于验证费马的直觉并无助益。而欧拉的证明却
让狄利克雷有所变通，只专注于那些指向 1 点的素数——奏效了。狄利克
雷率先采用欧拉的理念，取得了关于素数的新发现。对于理解这些特别的
数，这已然是一大步；但想要摘取圣杯，仍有漫漫长路。

　　狄利克雷搬到格丁根后，他对 ζ 函数的兴趣自然而然地影响到了黎曼。
狄利克雷或许曾与黎曼聊过这些无穷和有多厉害。但那会儿，黎曼满心满
眼都是柯西的虚数异界。对他来说，ζ 函数不过就是另一个好玩的函数，
除了大家熟知的普通数，还能代入虚数。

　　奇异的新景象逐渐呈现在黎曼眼前。书桌上的稿纸越积越多，他也愈
发兴奋起来。他觉得自己被吸进了一个虫洞，从虚数函数的抽象世界
穿越至素数世界。高斯为什么能够准确预测出素数的个数呢？对此，
他好像豁然开朗了。似乎就是 ζ 函数让黎曼掌握了高斯素数猜想的关键所
在。高斯的直觉得到了确切的证明，这正是他本人孜孜以求的。数学家们
后来终于确认，高斯的对数积分和实际素数个数之间的百分比差距会越来
越小。黎曼的发现并未止步于此。他发现，自己正以全新的视角观察素
数。ζ 函数意外奏响的乐章有望揭开素数的秘密。

　　学生时代的黎曼受困于完美主义，几乎没法记录下任何发现。高斯坚
信，只有完美无瑕、毫无漏洞的证明才能拿去发表，这一观点影响着黎
曼。即便如此，黎曼还是迫切地想要对自己听到的新乐章做出一些解释。
他刚刚入选柏林科学院，而新成员们需要汇报自己的科研近况。这就给了
他一个截止日期，要将这些新想法写成论文。这也是向科学院表达感激之
情的一个契机。在柏林大学的两年来，他一直受到狄利克雷的影响与指
导。而且，正是在柏林，黎曼初次了解到，虚数能够开辟崭新的前景。

　　1859 年 11 月，黎曼在柏林科学院的月刊上发表了自己的研究成果。
在素数问题上，黎曼只发表过这十页复杂的数学运算，然而这篇论文却从
根本上改变了人们对于素数的认知。ζ 函数给黎曼提供了一面镜子，呈现

出素数的另一种面貌。就像《爱丽丝梦游仙境》一般，黎曼的论文带领数学家们从熟悉的数的世界穿过兔子洞，进入一个常与直觉相悖的数学新世界。接下来的几十年里，数学家们逐渐理解了这一新视角，他们看到了黎曼思想的必然性与闪光点。

这篇十页纸的论文虽然具有前瞻性，但也挺让人失望的。黎曼和高斯一样，总是会隐藏自己的思路，不留痕迹。对于那些让人心痒难耐却仅有结果的声明，黎曼说自己证得出来，但还没准备好发表。虽有漏洞，他还是把素数论文写了出来，可以说，这就是个奇迹。要是他再拖下去，我们大概也就错过这一猜想了，因为连黎曼都得承认自己证不出来。这十页纸里隐藏着一个几乎难以察觉的问题，其解答价值百万，它就是黎曼假设。

不同于论文中的其他声明，面对这一假设，黎曼坦然接受了自己能力有限："大家肯定希望有一个严谨的证明，但几经失败后，我就选择了放弃，因为我目前的研究目标并不是必需这么一个证明。"这篇出自柏林的论文主要是为了证实，随着计数增加，高斯函数的结果会愈加接近素数个数。这是个难以企及的目标，但黎曼最终还是凭借自己的发现，证实了高斯的素数猜想。黎曼或许没能提供所有的答案，但他的论文为这一主题指出的新方法，确立了数论发展至今的方向。

1859 年 5 月 5 日，就在发表这篇论文的几个月前，狄利克雷去世了，要不然，他肯定会为黎曼的发现兴奋不已。黎曼的工作得到了回报。既然接替高斯的狄利克雷也过世了，空出来的大学教授职位便由黎曼继任。

第 四 章

黎曼假设：
从随机素数到有序零点

黎曼假设是一个数学命题，它能将素数谱写成音乐。素数的乐章是对数学定理的诗意描述。只不过，它是一种相当后现代的音乐。

——迈克尔·贝里，布里斯托大学

黎曼发现了从大家熟悉的数的世界通向另一种数学的道路。古希腊人似乎对此一无所知,他们可是早在两千多年前就研究起了素数。黎曼就像数学炼金术士一样,随手将虚数和ζ函数结合起来,便从这一混合物中发现了数学珍宝,那可是好几代人都孜孜以求的。他将自己的想法压缩成了一篇十页纸的论文,他倒也清楚地知道,这些想法会为素数开辟出崭新的前景。

在柏林的那些年里,还有后来在格丁根读博期间,黎曼取得了重大发现,因而能将ζ函数的力量发挥得淋漓尽致。高斯在审阅黎曼的论文时,被其强大的几何直觉所惊艳,这位年轻的数学家将虚数代入了函数。要知道,高斯之前是借助自己头脑中的图像才绘制出了这些虚数,然后还得把所谓的脚手架拆除。黎曼则是基于柯西的研究,进而得出了虚数函数的理论。柯西认为,函数是由方程所定义的。虽然方程才是起点,但此时,黎曼产生了新的想法,真正重要的其实是由方程所定义的几何图形。

问题在于,完整的虚数函数图像是画不出来的。黎曼只有进入四维空间,才能阐明其图像。数学家们所说的第四维是什么意思呢?要是读过斯蒂芬·霍金等宇宙学家的作品,你可能会回答,是"时间"。其实,我们会用维度来追踪任何我们可能感兴趣的事物。物理学中的空间有三个维度,第四维是时间。经济学家在探究利率、通胀、失业率和国债之间的关系时,可以从四维空间的角度解读经济现象。当利率上升时,他们可以探究其他经济维度的动向。我们虽然没法画出这个四维经济模型,但仍可对这方土地上的丘陵与低谷加以分析。

黎曼认为,ζ函数与四维空间里的一方水土相类似,其中两个维度负责确定输入ζ函数的虚数坐标。第三和第四维被用以确认代入该虚数后,函数输出结果的坐标。

问题在于,我们人类生活在三维空间里,所以无法从视觉上感知这一崭新的"虚数图像"。数学家们借助数学语言锻炼自己的想象力,想要

"看见"这种四维结构。如果你没有这样的数学镜片，也可用其他方法帮助自己理解高维世界。观察影子就是其中一个最佳方法。我们的身体是三维的，影子就是与之对应的二维图像。从某些角度来看，影子提供的信息很少，侧面的轮廓却给出了充足的三维信息，可用以识别人脸。对于黎曼用ζ函数构建出的四维景象，我们同样可以绘制出三维的"影子"，从而充分理解黎曼的想法。

高斯绘制出了虚数的二维地图，我们正是要将这些虚数代入ζ函数。南北轴表示虚数方向上的位移，东西轴则表示实数方向上的位移。我们可以将这张地图摊在桌子上。我们想要做的就是在地图上方的空间里创造出一片自然景观。而后，ζ函数的影子转化为实体，我们便可探索其中的丘陵与低谷。

将地图上的每个虚数代入ζ函数，所得结果就是虚数的高度。正如三维物体的影子能够给出的细节有限，绘制这片图景时，有些信息难免就遗失了。转动物体时，我们会看到不同的影子，它们呈现出了这个物体的各个方面。同样，对于桌上这张地图里的每个虚数，我们有很多方法去确认它在这片图景中的高度。不过，只有选择信息充分的那个"影子"才能帮助我们去理解黎曼的启示。黎曼的镜中世界之旅便是得益于此。那么，ζ函数的三维影像长什么样子呢？

黎曼在探索这片图景之初，便发现了许多关键特征。站在这片土地上向东看去，ζ函数就是一片平原，比海平面高了1单位。要是黎曼回过头往西走，就会看见由北至南的连绵山丘。山顶都位于经过数1的东西轴上方。在交会点数1处，有一座高耸的山峰，直冲云霄。这座山峰其实有无穷高。如欧拉所知，将数1代入ζ函数后，输出结果趋向无穷大。在这座巨峰的南北方向上，黎曼看到了其他山峰。然而，这当中没有一座是无穷高的。向北走不到十步，也就是虚数$1+(9.986\cdots)i$处，就会遇到第一座山峰，高度只有1.4单位。

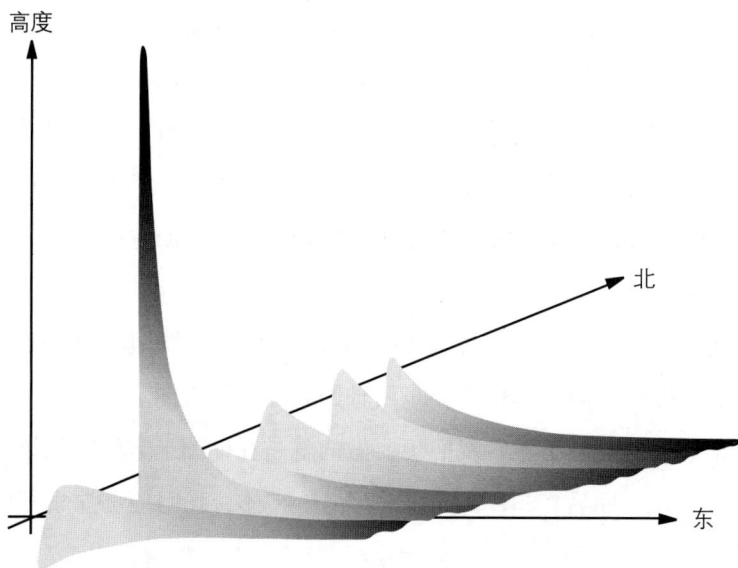

ζ 函数图景：黎曼发现了如何将此图向西延伸

如果黎曼将这片图景翻转过来，面朝经过数 1 的南北轴线，绘制出沿途群山的横截面，那么看起来大概就是这样：

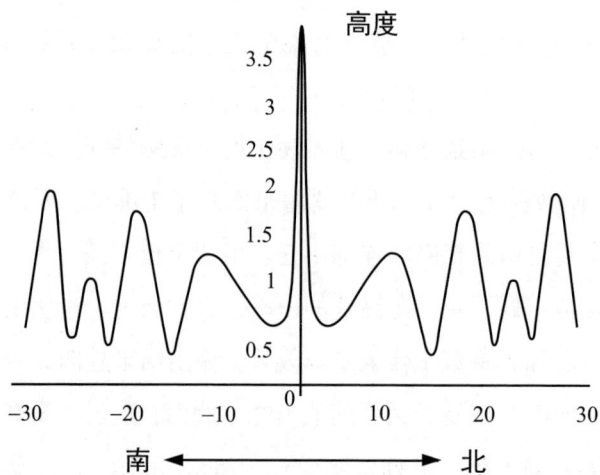

以东西轴上东侧 1 单位处的点为轴心，南北方向上的山脉横截面

　　黎曼在这片景观中注意到了一个关键：ζ 函数似乎无法构建出这片山脉西侧的景象。欧拉将虚数代入 ζ 函数时，也遇到过同样的问题。每当代入东侧 1 单位以西的点时，ζ 函数的结果就会趋向无穷大。在此虚数景观中，数 1 上方是无穷高的巨峰，但南北两侧的其他山峰是可见山顶的。

　　如果不看 ζ 函数的结果，为什么这些山峰就不能继续延绵下去了呢？这条南北分界线当然不是这片景观的终点。边界以西真的就什么都没有了吗？如果你只信得过方程的话，可能会以为，只有数 1 的东边才能有风景。如果代入数 1 西侧的数，这个方程就没有意义了。黎曼能够给出完整的景观吗？怎样才能做到呢？

　　幸好，ζ 函数看似棘手，但并未击垮黎曼。黎曼所接受的教育赋予了他法国数学家所没有的视角。他相信，方程在这片虚数景观中是次要的，实际的四维地貌才是首要的。虽然方程没用了，但这一景观在几何学上仍有意义。黎曼成功找出另一个公式，可以构建出缺失的西侧景观。他的新景观与原先的景色完美地融为一体。现在，当虚数探索者穿过欧拉公式所定义的这片土地，畅通无阻地来到黎曼的新公式所定义的新世界时，他完全不会意识到自己跨越了一条边界。

　　黎曼获取了完整的景观，所有的虚数都在其中。此时的他准备再进一步。博士期间，黎曼发现，在虚数问题上，有两个非常重要又特别反直觉的现象。首先，他注意到，虚数景观有着极其精确的几何结构。只有一种方法可以将这片景观扩展开来。向西延伸会有怎样的景观，这完全是由景观的东部所决定的。黎曼并不能随心所欲地构建山脉，调整他的新图景。任何改变都会使得这两处风景之间出现裂缝。

　　这片虚数景观是不容变更的，这样的发现让人惊奇。一旦绘制出了虚数景观中的一小片土地，就足以重现其余景观。黎曼发现，根据一个区域中山丘、峡谷给出的信息，便可了解完整的地形。这一点确实不太合理。在现实中，我们不会指望有哪个制图师在绘制出牛津周边的地图后，就能推断出不列颠群岛的全貌。

在这个新奇的数学领域里，黎曼还有一项重大发现。这一发现可被称为虚数景观的 DNA。任何一个数学制图师，但凡知道怎么在二维虚数地图上画出这片景观投射在海平面上的点，就能重现全景。这张地图是虚数景观的藏宝图，标出了所有的点。这是一个震撼人心的发现。现实中，一名制图师就算知道了海平面上所有点的坐标，也没法构建出阿尔卑斯山脉。但在虚数图景中，函数结果为零时的所有虚数坐标都会向你提供重要信息。这些坐标被称为 ζ 函数的**零点**。

不必亲身去到遥远的行星，就能推断出它们的化学成分，这便是天文学家们的工作常态。天体发出的光包含着充足的信息，通过光谱分析就能知道组成该行星的化学物质。这些零点就像化合物所发出的光谱一样。黎曼知道，他只需在地图上标出 ζ 景观中所有高度为零的点就可以了。有了海平面上的点坐标，他就能构建出高于海平面的山丘与峡谷。

黎曼没有忘记自己是从哪里出发的。欧拉的公式，也就是根据欧拉乘积，用素数构建出的 ζ 函数，可被视为宇宙大爆炸式的起点，黎曼正是由此打造出了 ζ 景观。黎曼意识到，如果素数和零点构建出了同样的景观，那么两者之间一定存在着某种关联。两种方式构建出了同一事物。黎曼的绝妙之处就在于，他发现这两者位于同一方程的两边。

素数与零点

黎曼发现，素数与零点，也就是 ζ 景观中位于海平面上的点，这两者之间，有着最为直接的关联。高斯曾经想要估计出 N 以内的素数个数。而黎曼却给出了精确的公式，根据零点坐标，就能知道 N 以内的素数个数。黎曼构造的公式有两个关键部分。首先是新函数 $R(N)$，用以估计 N

以内的素数个数，大大改进了高斯的第一个猜想。相比高斯，黎曼的新函数同样存在误差，但从计算来看，他的误差要小很多。例如，用高斯的对数积分预测 1 亿以内的素数个数，会比实际值多出 754 个。而用黎曼的改良版函数预测，只多出了 97 个，误差约为十万分之一。

下表中，黎曼的新函数更为准确地预测出了 N 以内的素数个数，在这里，N 的取值范围是 10^2 到 10^{16}。

N	N 以内的素数个数 $\pi(N)$	黎曼函数 $R(N)$ 的高估误差	高斯函数 $Li(N)$ 的高估误差
10^2	25	1	5
10^3	168	0	10
10^4	1229	-2	17
10^5	9592	-5	38
10^6	78 498	29	130
10^7	664 579	88	339
10^8	5 761 455	97	754
10^9	50 847 534	-79	1701
10^{10}	455 052 511	-1828	3104
10^{11}	4 118 054 813	-2318	11 588
10^{12}	37 607 912 018	-1476	38 263
10^{13}	346 065 536 839	-5773	108 971
10^{14}	3 204 941 750 802	$-19\,200$	314 890
10^{15}	29 844 570 422 669	73 218	1 052 619
10^{16}	279 238 341 033 925	327 052	3 214 632

相比高斯，黎曼的新函数已有改进，但仍有误差。然而，黎曼在对虚数世界的探索中遇到了消除误差的方法，这是高斯从未想象过的。黎曼意识到，根据 ζ 景观在海平面上的位置，也就是标注在虚数地图上的这些点，他就能消除误差，用公式准确计算出素数个数。这就是构建出黎曼公式的第二个关键。

欧拉曾将虚数代入指数函数，得出了正弦波。这一发现令人惊奇。指数函数一般呈现为快速上升的图像，但在代入这些虚数后，就成了起伏波动的图像，和声波尤为相似。他的发现带动了一股热潮，人们相继探究起虚数带来的奇特关联。黎曼明白，借助虚数景观的零点地图，就能让欧拉的发现更进一步。黎曼在镜中世界中看到，ζ 函数是如何将每个点都转化为特定的波的。每道波就像是由起伏波动的正弦函数图像变异所得。

　　每道波的特征取决于相应零点所处的位置。在海平面上，零点越是靠北，相应的波就振荡得越快。如果我们把它想象成声波，那么，在 ζ 景观中，零点越是靠北，对应的音调就越高。

　　这些波或者音符怎么就能用于计算素数个数呢？黎曼给出了一个绝妙的发现，如果对波的高度进行编码，就能修正预测中的误差。他的 $R(N)$ 函数在计算 N 以内的素数个数时表现得相当好。他发现，将预测值与数 N 对应的波高相加，即可得出实际素数个数。误差被完全消除了。黎曼挖掘出了高斯所寻找的圣杯：一个精确的公式，能够算出 N 以内的素数个数。

　　如果要用一个等式来描述这个发现，可以简单总结为"素数 = 零点 = 波"。黎曼的公式用零点表示出了素数个数，对于一个数学家来说，其惊喜程度不亚于爱因斯坦的方程 $E = mc^2$，它给出了质量与能量的直接关系。这个方程里，有关联，也有转变。黎曼逐步见证了素数的变化。素数打造出了这片 ζ 景观，而海平面上的这些点就是揭秘的关键。接着，新的关联出现了，海平面上的每个点都会形成一道波，就像音符一样。黎曼绕了一圈，终于展示了如何用这些波得出素数个数。神奇地折腾了这么一圈，黎曼定然会为自己的成果感到惊喜。

　　黎曼知道，在 ζ 景观中，海平面上的点就和素数一样，是数不清的。那么相应地，控制误差的波也有无数道。从图中可以非常直观地看到，加上每道波之后，黎曼的函数就能更好地计算出素数个数。在添加与零点对应的波之前，黎曼的 $R(N)$ 函数图像（下页第一张图）完全不同于阶梯形的素数计数图像（第二张图）。一个是光滑的，而另一个是锯齿状的。

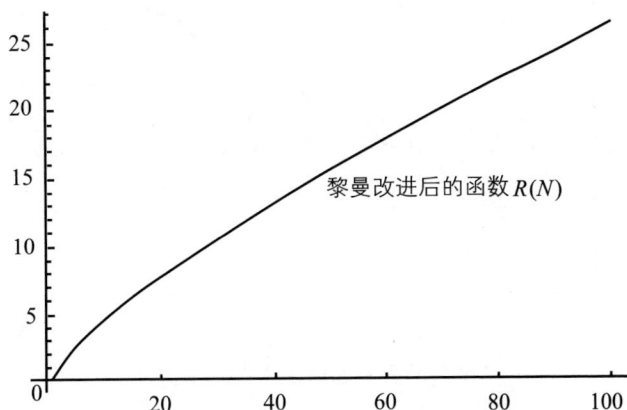

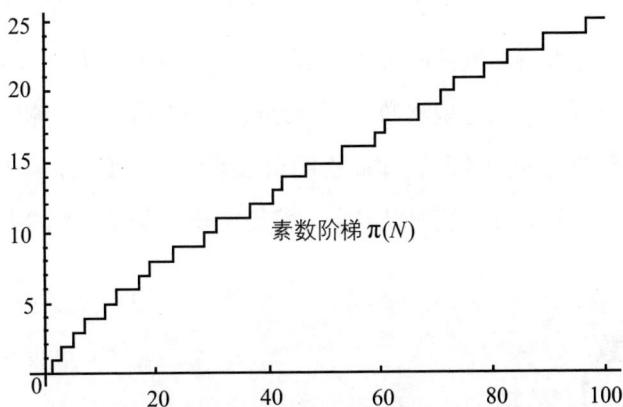

挑战：由黎曼的光滑图像得出计算素数个数的阶梯图

　　当我们在这片景观中向北前进时，只要给前三十个零点补上前三十道波所对应的误差，就会带来戏剧性的效果。原本平顺的 $R(N)$ 图像发生了转变，和用于描述素数个数的阶梯图愈发相像（见下页图）。

　　每道波都使原先光滑平顺的图像稍显扭曲。黎曼一路向北，走过这片 ζ 景观，每遇到海平面上的一个点，就加上相应的波，他意识到，在无数次相加后，所得图像就是一个精准的素数阶梯图。

25

20

15

10

5

0   20   40   60   80   100

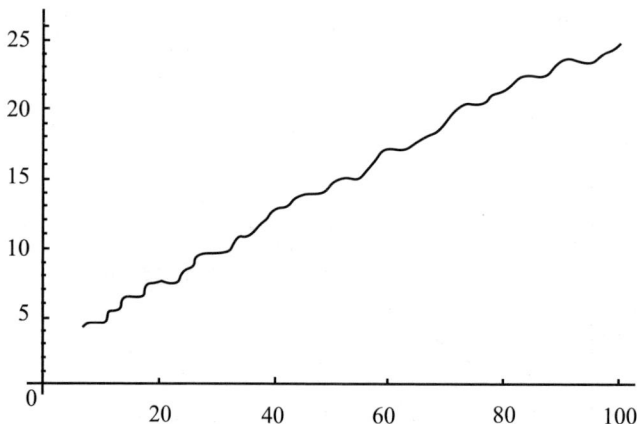

给黎曼的光滑曲线加上前三十道波

老一辈里，高斯发现了大自然在选择素数时所抛掷的那枚硬币。而黎曼发现的波正是大自然抛掷硬币所得出的结果。在数 N 处，每道波所对应的高度都能预测出，当这块素数硬币落地时，正反哪一面会朝上。高斯发现了素数和对数之间的关联，由此推断出素数的平均变化；而黎曼的发现则是在微小的细节上对素数加以限定。黎曼揭开了素数彩票的中奖号码。

悠扬的素数

几个世纪以来，数学家们一直都在聆听素数，却只听见混乱的噪声。这些数就像是随意点在数学五线谱上的音符，没什么旋律。而今，黎曼发现了新耳朵，能够听出这些神秘的音调。黎曼根据 ζ 景观中的零点构造出了类似于正弦的波，从而揭示出某种隐秘的和谐。

毕达哥拉斯敲响他的瓮，揭开了隐藏于一串分数背后的音韵和谐。梅森和欧拉都是素数领域的大师，并致力于和声的数学理论，但他们都没能察觉到音乐和素数是直接相关的。聆听这支曲子，需要的是 19 世纪数学家的耳朵。黎曼在虚数世界中构造出了简单的波，将这些波连在一起便可重现素数背后的微妙和谐。

在一众数学家里，约瑟夫·傅里叶（如果在世）应该最能看出，黎曼是如何用他的公式捕捉到隐藏在素数背后的音乐的。傅里叶是个孤儿，曾在本笃会修道士开办的军校里上学。这样一个"野孩子"，在 13 岁时迷上了数学。如果按照原先的人生轨迹走下去，傅里叶注定会成为修道士，但 1789 年的法国大革命改变了命运对他的期盼。现在，他可以尽情投身于数学和军事了。

热切支持大革命的傅里叶很快就引起了拿破仑的注意。这位君主正在创办科学院，希望能够培养出教师和工程师，来帮助他推动文化与军事革命的进程。傅里叶不仅是杰出的数学家，在教学方面也非常优秀，得到了拿破仑的认可，因而被指派负责巴黎综合理工学院的数学教育。

拿破仑对傅里叶的成就赞赏不已，故将其编入自己的文化军团。而法国建立这支军团是为了在 1798 年入侵埃及后，将其"文明化"。拿破仑的本意是要打破英国日益坚固的殖民霸权，但他也抓住了这次机会，着手进行对古代世界的研究。这支智囊军登上拿破仑的"东方号"旗舰，向北非启程，随即就展开了工作。每天早上，拿破仑都会宣布一个主题，希望到了晚上，这些学术大使能够向他展示成果。船员们忙着扬帆起航时，甲板下的傅里叶和同事们就忙着满足拿破仑的各种兴趣，比如地球有多少岁，有没有外星人。

抵达埃及后并未诸事顺遂。拿破仑在 1798 年 7 月的金字塔战役中凭借武力占领了开罗，却失望地发现，埃及人对傅里叶等人强行灌输的文化似乎并不感兴趣。当三百名战士被一夜割喉时，拿破仑决定及时止损，回到时局动荡的巴黎。他放弃了自己的智囊军，瞒着他们所有人，悄悄启程。傅里叶被困在了开罗，因为军衔不够高，他要是逃跑，可能会遭到枪决，所以他被迫留在了沙漠里。当法国决定将埃及的"文明化"托付给英国后，傅里叶才终于在 1801 年成功回到法国。

　　傅里叶在埃及逐渐爱上了沙漠的炽热。回到巴黎后，他的房间一直保持高温，以至于被朋友们比作地狱的火炉。他相信极端的高温可以保证自己的身体健康，甚至治愈一些疾病。朋友们发现，他把自己裹得像埃及的木乃伊，待在房间里大汗淋漓，屋子里热得像撒哈拉沙漠。

　　傅里叶将他对高温的偏爱延伸到了学术工作中。借助对热传导的分析，他为自己在数学史上赢得了一席之地。英国物理学家开尔文勋爵（Lord Kelvin，即威廉·汤姆孙，William Thomson）将这项工作称为"伟大的数学诗歌"。法国科学院曾宣布，谁能揭开热量在物质中传递的奥秘，谁就能获得 1812 年的数学科学大奖。受此激励，傅里叶加倍努力，凭借一个新颖的核心观念得到了认可，被授予这一奖项。然而，他也不得不接受来自勒让德等人的批评。这一大奖的评委指出，他的论文中有不少错误，而且他的数学解释一点也不严谨。傅里叶对科学院的批评非常不满，但也意识到，仍有许多工作要做。

　　傅里叶在着手更正其分析中的错误时，试图去理解物理现象在图像中呈现出的本质，比如，一段时间内的温度变化图，或者声波图。他知道，在声波图中，横轴代表时间，纵轴则决定着每一时刻的音量。

　　傅里叶从最简单的声波图开始研究。一个音叉振动时，对应的声波图便是一个完美的正弦波。傅里叶开始思考，这些正弦波是怎么组合在一起，形成更为复杂的声音的。用小提琴演奏和音叉相同的音，所发出的声音截然不同。我们知道（见第三章"ζ函数：音乐与数学的对白"一节），小提琴的琴弦并非简单按照弦长对应的基本频率来振动，还有其他音，也就是谐波（泛音），与弦长的简单分数相对应。这些附加音的声波图仍是正弦波，但频率更高。这些纯粹的音组合在一起，以最低的基音为主，构成了小提琴的声音，其图像呈锯齿状。

　　为什么单簧管和小提琴在演奏同一音时，会发出截然不同的声响呢？单簧管的声波图看上去就像是一个方波函数，不是小提琴的那种尖峰图，而更像城墙上的齿状垛口。产生这一差别的原因在于，单簧管的一端是开放的，而小提琴的琴弦两端都是固定的。这意味着，单簧管发出的谐波不同于小提琴，因此，单簧管的声波图是由振荡频率各异的正弦波组成的。

傅里叶意识到，即便是描绘整个管弦乐团的声波图，也可拆解成简单的正弦波，同每种乐器的基频与谐波对应。音叉可以呈现各种纯粹的声波，因此，傅里叶证实，只要同时演奏许许多多的音叉，就能创造出整个管弦乐团的声音。蒙上眼睛很难分辨，这是一支真正的管弦乐团还是成千上万个音叉。这一原理就是数字音频文件编码声音的核心所在：文件指引扬声器发出振动，形成所有的正弦波，从而组成乐声。这些正弦波组合在一起，会带给你神奇的错觉，像是有一支管弦乐团或是一支乐队正在你家客厅里进行现场演奏。

将不同频率的正弦波组合在一起，不仅能呈现出乐器的声音。比如收音机没调谐时发出的静态白噪声，或是水龙头的流水声，都可用无穷多个正弦波来表示。不同于模拟管弦乐团时所需的特定频率，生成白噪声需要的是一串连续范围内的频率。

傅里叶的革命性见解并不局限于对声音的呈现。他开始明白如何用正弦波图像描绘其他物理或数学现象。那时候，很多人都表示怀疑，一个简简单单的正弦波图像怎么就能被当作基石，构建复杂的图像，从而呈现出一支管弦乐团或是流动的水龙头发出的声响？事实上，有一众杰出的法国数学家都对傅里叶的理念表示强烈反对。然而，傅里叶和拿破仑关系匪浅，所以他鼓起勇气，大胆挑战权威。正如他所展示的，正弦波以各样合适的频率振荡，即可生成一系列复杂图像。将正弦波的高度相加，即可表示出这些图像的形状。数字音频文件便是以同样的方式，将音叉发出的纯音结合在一起，从而呈现复杂的乐声。

黎曼在他那篇十页纸的论文里所实现的也是同理。黎曼根据 ζ 图景中的零点推导出了波函数，将该函数的相应波高组合在一起，以此方式构建出了关于素数个数的阶梯图。这就是为什么傅里叶如果在天有灵应当会认同黎曼的公式。这一公式揭示了谱写素数之声的基本音调，给出了素数个数。借助阶梯图便可呈现这一复杂的乐声。黎曼根据海平面上的零点构造出了波，它们就像是音叉发出的声音，单一而清晰，没有谐波。当这些波被同时奏响时，所上演的便是素数的乐声。所以，黎曼的素数音乐听起来如何呢？是管弦乐团的声音吗？或是类似于水龙头流水的白噪声？如果黎曼的音是在连续的范围内振动，那么素数发出的就是白噪声。但如果它们是孤立的音，那么素数之声听起来就像是管弦乐团的演奏。

因为素数的随机性，我们大概会以为，用黎曼图景中的零点演奏出的这串音符组合，肯定是噪声。南北轴上，每个零点坐标都决定着各自的音高。如果素数的声音真是噪声，那么，ζ图景中的零点肯定会集中在一起。从黎曼交给高斯的论文可知，如果海平面上的点集中在一起，就会让整个图景都落在海平面上。这显然并非事实。素数之声绝不是白噪声。海平面上的点必须是孤立的，因此，它们所生成的音符也必须是孤立的。大自然将某段数学管弦乐隐藏在了素数中。

黎曼假设：混沌中的秩序

黎曼从虚数地图中将海平面上的点都提取了出来。他为所有的点都构建了一道波，每道波就像是某个数学乐器流淌出的音符。他将这些波组合在一起，就拥有了一支管弦乐团，可以演奏出素数的音乐。海平面上的每个点在南北轴上的坐标都决定着波的频率，也就是相应的音听起来有多高。相比之下，如欧拉所知，东西轴上的坐标则决定着每个音的音量。音量越大，在波形图中呈现出的起伏就越大。

黎曼开始好奇，是不是零点上的乐声要比别处更为响亮。要是零点处生成的波比别处更高，那么零点也就更能反映出素数个数。毕竟，这些波的高度决定着高斯的猜想与实际素数个数之间的差异。在素数个数的管弦乐团中，有没有什么乐器能够演绎出响于其他乐声的独奏呢？海平面上的零点越是往东，其音就越是响亮。为实现管弦乐团的平衡，黎曼必须往回走，去看看每个零点在虚数地图上的坐标。

令人惊奇的是，黎曼不必知道每个点在海平面上的位置，便可展开分析。他知道，有些向西延伸的点比较容易定位，但因为没有音调，所以对素数的乐声没什么影响。后来，数学家们就没有把这些零点当回事，还把它们叫作平凡零点。黎曼所要探究的是其余零点的位置。

他在探索这些点的确切位置时，有了一个相当意外的发现。这些点并不是随意分布在地图上的，其音量并非有大有小，根据他的计算，它们似乎神奇地在这片图景中连成了一条南北走向的直线。海平面上的每个点在东西轴上的坐标似乎都是 $\frac{1}{2}$。要是这样的话，那就意味着相应的波呈现出了完美的平衡，不存在音量上的差异。

黎曼计算出的第一个零点坐标是 $\left(\frac{1}{2}, 14.134\ 725\cdots\right)$：往东走半步，然后往北走大约 14.134 725 步。下一个零点的坐标是 $\left(\frac{1}{2}, 21.022\ 040\cdots\right)$。（他是如何计算出零点位置的，多年来始终成谜。）他计算出的第三个零点坐标是 $\left(\frac{1}{2}, 25.010\ 856\cdots\right)$。这些零点并非随机分布。黎曼的计算表明，它们排列整齐，像是沿着某条神秘力量线穿过了这片图景。黎曼推测，他计算出的这几个零点呈现出的规律并非巧合。他相信，海平面上的每个零点都会落在这条直线上。这就是著名的**黎曼假设**。

数的世界和 ζ 图景被一面镜子隔开，黎曼从中注视着素数。他观察到，

虚数方向　　　　黎曼的神秘力量线

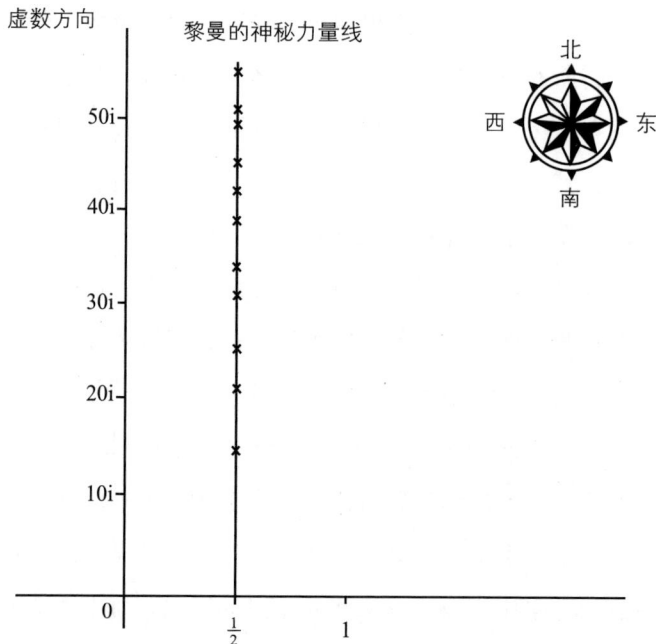

黎曼的素数宝藏图："×"表示ζ图景中海平面上各点的位置

素数在镜子的一边，是混乱无序的，而在另一边，却成了井然有序的零点。几个世纪以来，数学家们一直都在凝视素数，想要看出其中的规律，而最终，黎曼找出了这个神秘的规律。

能够发现这一规律，完全是意外之喜。在对的时间、对的地点，黎曼刚好就是那个幸运的人：他事先并不知道镜子的另一边有什么在等着他。但那里的发现竟彻底颠覆了理解素数奥秘的任务。现在，数学家们要探索新图景了。如果他们能在ζ图景中找到方向，绘制出海平面，那么素数大概就会揭开自身的秘密了。黎曼还发现了一条贯穿这片图景的神秘力量线，它存在的意义直击数学核心。现在，黎曼的神秘力量线被数学家们称为**临界线**（critical line[①]），其重要性可见一斑。突然间，大家不再纠结于现实世界中的素数为何是随机的，转而开始探究镜中的虚数图景呈现出的和谐。

①　字面上也有"关键线"的意思。——编者注

但毕竟有无穷多个零点，所以黎曼发现的这点蛛丝马迹并不足以支撑起一个理论。不过黎曼明白，那条神秘力量线意义非凡。根据已知情况，东西轴就是这片 ζ 图景的对称轴。北边的一切变化都会在南边重现。黎曼展开进一步的探索，取得了更为重大的发现。还有一条重要的对称线，经过点 $\frac{1}{2}$，贯穿南北。大概就是因为这样，黎曼有理由相信，大自然正是借助这条对称线来排列零点的。

在和黎曼的重大发现相关的事件中，非常传奇的一点在于，那篇被提交给柏林科学院的论文，虽然内容丰富，却完全没有提到他是怎么计算出前几个零点坐标的。事实上，在他发表的论文中，几乎很难找到对这一发现的论述。他是这么写的：好多零点都出现在了这条直线上，那么"很可能"所有的零点都在这条线上。但黎曼承认，他在这篇论文中并未尽力证明自己的假设。

毕竟，黎曼正忙于证明高斯的素数猜想，那才是更为迫切的目标。他想要展示出，为什么随着计数增加，高斯的素数猜想愈发准确。虽然这个证明也是不清不楚的，但黎曼意识到，如果那条神秘力量线真的存在，也就意味着高斯是对的。按照黎曼的发现，用每个零点的坐标即可描述出高斯公式中的误差。零点越往东，波动就越大；波动越大，误差也会越大。这就是为什么黎曼对零点的预测有着极为重要的数学意义。如果他是对的，零点确实都分布在他那条神秘力量线上，也就意味着，高斯的猜想一直都是非常准确的。

黎曼在发表了那篇十页纸的论文后，度过了一段短暂的幸福时光。他有幸接任了导师高斯和狄利克雷曾经担任过的职位。1857 年，黎曼的兄长去世，妹妹们失去了庇护，所以来格丁根投奔黎曼。家人的陪伴激起了他的斗志，他不再像过去一样时常陷入消沉。教授的收入让他不必再承受学生时代的贫穷。他总算付得起房租了，还能雇一个管家，可以专心投入到那些跳跃在脑海中的奇思妙想里。

然而，他此后再未关注素数。黎曼追逐着自己的几何直觉，建立了几何空间的概念，这在后来成为爱因斯坦相对论的基石之一。这段幸运的好时光在 1862 年达到了顶峰，他和妹妹们的朋友埃莉泽·科赫（Elise Koch）结婚了。然而，没过一个月，他就患上了胸膜炎。从此以后，他就一直疾病缠身，常常躲在意大利的乡村休养。他很喜欢比萨这个地方，1863 年 8 月，他唯一的孩子伊达（Ida）就出生在那里。意大利的温和气候和学术氛围都让黎曼感到幸福快乐；终其一生，要数意大利的数学界最能够接受他的革命性理念。

他最后一次来意大利不是为了逃离格丁根的压抑氛围，而是为了躲避军队。1866 年，汉诺威和普鲁士的军队在格丁根爆发了冲突。城墙外有高斯的老天文台，黎曼就住在那里，他发现自己被困住了。从离开的状况可以看出，黎曼是在仓促间逃往意大利的。本就虚弱的他备受打击。发表完关于素数的论文之后，又过了七年，年仅 39 岁的黎曼死于肺结核。

管家在处理黎曼留下的一片狼藉的遗物时，销毁了不少尚未发表的手稿，而格丁根的教职人员姗姗来迟，阻止不及。剩下的论文被交给了黎曼的遗孀，消失了好多年。令人好奇的是，如果黎曼的管家没有急着清理他的书房，我们会有怎样的发现呢？黎曼在他那篇十页纸的论文中提到过，他确信自己能够证明出大部分零点都在那条神秘力量线上。作为一个完美主义者，他没有给出详细的解释，只是简单写道，他的证明尚不适合公开。但是在他尚未发表的论文中，完全找不到这个证明。到如今，数学家们也没能给出答案。消失的黎曼文稿就像费马证出大定理的声明一样令人着迷。

一些未曾发表的笔记在管家的那把火中幸存了下来，并在五十年后重见天日。从中可见，黎曼确实证明过很多东西，远超他曾发表的。根据黎曼的说法，他曾在论文中详细解释过自己对一些结果的理解，但遗憾的是，它们永远消失了，很可能就是在热心管家在厨房里放的那把火里灰飞烟灭。

第 五 章

数学接力赛：
实现黎曼的革命

数论中的问题就如同真正的艺术作品，世代长存。

——大卫·希尔伯特，

参见利·威尔伯·里德《代数数论要素》

(*The Elements of the Theory of Algebraic Numbers*)

引言

亚历山大的欧几里得，圣彼得堡的欧拉，格丁根的高斯、狄利克雷和黎曼，一代又一代人相继接过素数问题的接力棒。一路走来，每一代人都开启了各自的新视角，掀起新浪潮。数学家们激起的每一道浪花都在素数研究中留下了独特的印记，展现出每个时代在数学世界中特有的文化面貌。而黎曼的贡献让他在这个领域中遥遥领先，直到三十年后，才有人能够对他的新理念加以应用。

到了 1885 年，不知怎的，这场接力赛似乎是要结束了。那时候的文字传播速度可要比邦别里在一个世纪之后发出的愚人节邮件慢多了，但消息还是传开了，据说有人不仅接过了黎曼的接力棒，甚至还越过了终点线。他就是荷兰数学家托马斯·斯蒂尔切斯（Thomas Stieltjes）。彼时默默无闻的他自称证出了黎曼假设，确认了在黎曼那条穿过 $\frac{1}{2}$ 的临界线上，分布着所有的零点。

斯蒂尔切斯可并不像个赢家。他的父亲是荷兰国会的议员，还是负责建造鹿特丹港的知名工程师，他对这个大学时期挂了三次科的儿子相当失望。但斯蒂尔切斯并非因为懒惰而挂科。相比于考前突击刷题，泡在莱顿大学图书馆里阅读真正的数学可要快乐多了。他就这么分了心。

斯蒂尔切斯最喜欢的作者是高斯，这位荷兰人热切地想要追随大师的脚步。他在荷兰莱顿的天文台任职，就像高斯曾在格丁根的天文台工作一样。斯蒂尔切斯之所以神奇地得到了这份工作，要多亏他那位厉害的父亲向天文台台长打过招呼，但他自己从来都不知道父亲曾伸出援手。当他将望远镜对准天空时，他满脑子都是关于天体运动的数学问题，而非寻找没见过的星星在哪里。他的想法日渐成熟，于是决定给夏尔·埃尔米特（Charles Hermite）写一封信，这是一位杰出的数学家，来自知名的法国科学院。

埃尔米特出生于 1822 年，比黎曼年长四岁。此时的他六十出头，非常支持柯西和黎曼对于虚数函数的研究工作。柯西对埃尔米特的影响远超数学。埃尔米特年轻时是个不可知论者，但后来重病缠身，一度脆弱，是虔诚的天主教徒柯西来到他身边，还引领他皈依了天主教。一种神奇的数学神秘主义就这样诞生了，有点像毕达哥拉斯学派。埃尔米特相信，数学是某种超自然的存在，凡人数学家们只能偶尔瞥见其真貌。

也许这就是为什么埃尔米特会热情地回复斯蒂尔切斯的来信。斯蒂尔切斯只是莱顿天文台的一名小助理，但埃尔米特相信，这位天文学家有着超常的数学洞察力。他们很快就成了数学笔友，热切地交流了12年，往来信件多达432封。虽然斯蒂尔切斯没有学位，但埃尔米特很欣赏这个荷兰小伙的想法，并帮助他获得了法国图卢兹大学的教职。在一封关于工作的信中，埃尔米特向斯蒂尔切斯表示："总是你对我错。"

斯蒂尔切斯在通信期间发出了不起的声明，他说自己证出了黎曼假设。埃尔米特非常信任自己的这位年轻门生，完全没有怀疑他的证明。毕竟，对方已在数学的其他分支中做出了巨大贡献。

那时的黎曼假设还不似如今，令人深觉棘手，所以斯蒂尔切斯的声明并未掀起太大风波。但要是放在今天，可就不同了。黎曼未曾大肆宣扬自己凭直觉做出的零点猜想，而是把它藏在了那篇十页纸的论文里，并且几乎没有给出任何论据。这就需要新一代人去领悟黎曼假设的重要性。不过，斯蒂尔切斯的声明依然令人兴奋，因为有了黎曼假设的证明，就能证出高斯的素数猜想，那可是当时的数论圣杯。对于100万以内的数，高斯猜测的素数个数有0.17%的误差；而对于10亿以内的数，误差会降到0.003%。高斯相信，数值越大，误差就会越小。到了19世纪末，高斯的猜想已经走过漫长岁月，可以想见，攻克它的人将会赢得多大荣誉。足以支撑起高斯的直觉的论据必定令人叹服。

19世纪50年代，在斯蒂尔切斯向埃尔米特提及自己的证明之前，在欧拉奋斗过的圣彼得堡，已经有人实现了对高斯猜想的重大突破。他就是帕夫努季·切比雪夫（Pafnuty Chebyshev）。这位俄国数学家虽然无法证明高斯的猜测和实际素数个数的差距会越来越小，却成功证明，对于 N 以内的素数，不管 N 有多大，误差绝不会超过 11%。对于 10 亿之内的素数个数，高斯猜想的误差率大概是 0.003%，而 11% 听起来可就要差远了。不过，切比雪夫的成果很重要，原因在于，他能保证不管计数范围有多大，误差都不会突然变得高不可估。在切比雪夫之前，人们对于高斯猜想的研究仅是基于少量的实验证据。切比雪夫通过理论分析，率先给出了实际的支持，确认了对数和素数之间存在某种关联。然而，要想证明这种关联就像高斯猜想的那样紧密，还有很长的路要走。

切比雪夫用最基础的方式，成功确认了误差的可控性。而远在格丁根的黎曼正研究着复杂的虚数图景，他对切比雪夫的工作也略知一二。有迹象表明，他准备给切比雪夫写信，分享自己的工作进展。从幸存的黎曼笔记中可以看到，他反复尝试"切比雪夫"这个俄语名字的拼写。黎曼最终有没有把信寄给切比雪夫，就不得而知了。不管有没有这封信，切比雪夫都再也没能完善他对素数计数误差的估算。

这就是为什么那时候的数学家们仍会因斯蒂尔切斯的声明而欣喜。大家虽然还没开始关注黎曼假设有多难证，却有一个共识：证出高斯猜想会是一项伟大的成就。埃尔米特迫不及待地想要看到斯蒂尔切斯给出的详细证明，但这位年轻人却表现得相当沉默。这个证明还没有完全准备好。在接下来的五年里，斯蒂尔切斯不断被追问，却拿不出任何东西支持自己的说法。对方不愿意解释自己的想法，这让埃尔米特愈发失望，于是他想出了一条妙计，可以让这个证明公之于世。埃尔米特提议，法国科学院可以将 1890 年的数学科学大奖颁给高斯素数猜想的证明。埃尔米特这下可以安心了，他相信自己的朋友斯蒂尔切斯将荣获这一奖项。

埃尔米特的计划是这样的：斯蒂尔切斯不必重磅宣称自己攻破了黎曼假设，他只要画出虚数图景中的一小部分就能获奖。这一小部分指的是欧拉的图景和黎曼的拓展图之间的边界。只要证明出在那条经过数 1、贯穿南北的线上没有零点，就足够了。根据黎曼的图景中零点的位置，就能判断出高斯公式中的误差。零点越往东，误差就越大。如果黎曼假设是正确的，误差就会变得非常小；反之，高斯的猜想仍然成立，前提是所有的零点都分布在那条经过数 1 的边界线西侧。

直到截止日期已过，斯蒂尔切斯还是没有吱声。但埃尔米特也没有完全失望。没想到他的学生雅克·阿达马（Jacques Hadamard）提交了作品。阿达马并没有在论文中给出完整的证明，但他的观点足以让他获奖。受此激励，他在 1896 年成功弥补了早期观点中的不足。虽然证明不了所有的零点都在黎曼那条穿过 $\frac{1}{2}$ 的临界线上，但他可以证出，在那条经过数 1 的临界线东侧没有零点。

在高斯发现素数和对数函数之间的关联后，经过了一个世纪，数学家们才终于证出高斯的素数猜想。从此以后，这一猜想就不再是猜想，而成了素数定理。自古希腊人发现有无穷多个素数以来，这一证明便是素数领域中最为重要的成果。虽然我们永远无法抵达数的尽头，但阿达马让我们看到，勇敢的旅人是不会遭遇什么变故的。当初高斯发现的实验证据并非大自然用来忽悠人的把戏。

要不是有黎曼的早期研究，阿达马根本没法取得这样的成就。黎曼对 ζ 图景的分析深刻影响着他的论证思路，但他距离证出黎曼假设还是差得很远。在解释该证明的论文中，阿达马承认，自己的研究比不上斯蒂尔切斯的成果，要知道，后者在 1894 年过世之前，一直都坚称自己证出了黎曼假设。许多值得信赖的数学家都曾宣称自己取得了证明，却都没能兑现，斯蒂尔切斯便是其中第一位。

阿达马很快就听说，他需要与人共享荣誉。同一时期，比利时数学家夏尔·德拉瓦莱普桑（Charles de la Vallee-Poussin）也证出了素数定理。他们的伟大成就开启了一段新旅程，一直延续到 20 世纪。到了今天，数学家们依然渴望继续探索黎曼的图景。他们建立起预备营，想要征服黎曼的临界线。就是在这一时期，这个问题成为数学界的珠穆朗玛峰，不过讽刺的是，只有找到 ζ 图景中的最低点，才能取得相应的证明。确认了高斯的素数定理之后，该轮到黎曼的重磅问题登场了，它就深藏在那篇复杂的柏林论文里。

　　同样住在格丁根的希尔伯特让全世界都关注到了黎曼的独到见解。这位富有魅力的数学家为推动 20 世纪对黎曼假设的终极追求，做出了最为卓越的贡献。

希尔伯特："数学魔笛手"

　　1735 年，欧拉解决了哥尼斯堡七桥问题，因而令 18 世纪的数学界认识了普鲁士的哥尼斯堡。19 世纪末，大卫·希尔伯特就出生于此，这位 20 世纪的数学伟人让哥尼斯堡再一次出现在了数学地图上。

大卫·希尔伯特（1862—1943）

虽然希尔伯特深爱自己的家乡，但他看到，格丁根的城墙内正燃烧着最为炽热的数学之火。凭借高斯、狄利克雷和戴德金留给人类的财富，还有黎曼的伟大贡献，格丁根成为数学圣地。或许，希尔伯特要比同时代的任何人都更能体会到黎曼带来的巨变。黎曼意识到，比起关注公式和枯燥的计算，去理解那些支撑起数学世界的结构和规律，才能有更大收获。数学家们开始以新的方式聆听数学的管弦乐。他们不再纠结于单个音符，而是开始听到潜藏在研究对象深层的音乐。黎曼开启了数学思想的复兴，这在希尔伯特的时代蔚然成风。正如希尔伯特在 1897 年所写，他希望可以遵循黎曼的原则，通过独立思考而非计算来推动证明的实现。

希尔伯特就是通过这样的方式在德国学术界留下了自己的印记。他在儿时便知晓，古希腊人已经证明，要想构建出所有的数，就要用到无穷多个素数。他在学生时代读到，如果考虑方程而非数本身，情况就会有所改变。不同于素数，用有限多个方程即可构建出无穷多个方程组，证明这一点成了 19 世纪末的一项挑战。希尔伯特时代的数学家们锲而不舍地构造方程，想要完成这一证明。希尔伯特虽然构造不出方程，但证明了那些数量有限的基本模块是一定存在的，由此震惊众人。当少年高斯对 100 以内的整数巧妙求和时，他的老师感到难以置信。同样，希尔伯特的前辈们也会疑惑，如果不是付出了极大的努力，怎么可能解释得了这个方程理论？

这对当时的数学正统提出了挑战。虽有确凿的证明，但如果不能亲眼看到这个有限的列表，就很难接受它的存在。传统观念相信方程和清晰的公式，而有些东西虽眼不能见，但真实存在，这样的说法是令人困惑的。作为该领域中的专家，保罗·戈丹（Paul Gordan）这样评价希尔伯特的研究：“这不是数学，这是神学。”但年仅 20 多岁的希尔伯特依然坚持自己的观点。希尔伯特最终得到了认可，甚至戈丹也做出了让步：“我不得不相信，神学也是可取的。”此后，希尔伯特转向了数的研究，他称其为“一座建筑，有着罕见的美与和谐”。

1893 年，德国数学学会邀请希尔伯特写一篇文章，讲一讲数论在本世纪末的研究进展。对于一个才三十出头的年轻人来说，这是一项艰巨的任务，这样一门学科在百年前还没有形成连贯的整体。1801 年，高斯出版了他的《算术探索》，从中可以看出，到了 19 世纪末，数论这片沃土已经发展得相当繁荣，甚至是过度繁荣。为实现这一学科的正常发展，希尔伯特与老友赫尔曼·闵可夫斯基（Hermann Minkowski）展开合作。他们在哥尼斯堡一起上学的时候就相互认识了。闵可夫斯基 18 岁时便赢得数学科学大奖，在数论领域奠定了自己的声名。能够在研究中揭开"隐藏在强大音乐中的旋律"让他感到无比快乐。闵可夫斯基声称，素数将在他们的聚光灯下"旋转跳跃"。正是他们的合作激起了希尔伯特对素数的热情。

希尔伯特凭借他的"神学"在一众颇具影响力的欧洲数学家中赢得了尊重。1895 年，其中一位教授费利克斯·克莱因（Felix Klein）给希尔伯特寄了一封信，邀请他来神圣的格丁根大学任职。希尔伯特毫不犹豫地接受了邀约。在是否要聘用他的讨论会上，全体教员都对克莱因的支持表示质疑，觉得他想要任命一个德不配位的人。克莱因向他们保证，恰恰相反，"我所邀请的是最不会让大家失望的人"。那年秋天，希尔伯特来到这座城市。他的精神导师黎曼就曾在此任教，并希望进一步推动数学革命。

大家很快就注意到，希尔伯特想要挑战的不仅是数学正统。教授们的妻子都对这位新教员的行为感到震惊。有人写道："他正把这里的局势搅得一团乱。我听说某天晚上，有人看到他在后屋跟学生打台球。"此后，希尔伯特逐渐在格丁根赢得了女士们的芳心，成为有名的"花花公子"。在他 50 岁的生日派对上，学生们唱了一首歌，字字句句都在讲述其情感史。

这位放荡不羁的教授买了一辆自行车，而且喜欢得很。他常常骑着车，穿行在格丁根的街道上，捧着从自家花园里摘来的花，去见某位情人。他会穿着衬衫去上课，这在当时简直闻所未闻。在餐厅吹着风时，他会向用餐的女士借羽毛围巾。我们也不清楚希尔伯特是有意要引发争议，还是仅仅为了给所有的问题寻找最明确的解决方案。不过显然，比起这些社交细节，他还是关注数学多一点。

希尔伯特在他的花园里放了一块 20 英尺 [1] 长的黑板。在照料花圃和花式骑车之余，他就忙着数学演算。他喜欢派对，总是选择最大的留声机唱针，将音乐声开得很大。终于在听到卡鲁索 [2] 的演唱会时，他感到相当失望："卡鲁索的唱针太小了。"但希尔伯特的数学成就远远盖过了他的古怪行为。1898 年，他将目光从数论转向几何。19 世纪，一些数学家提出的新几何与古希腊人的一条基本几何公理相悖，这让他产生了好奇。他非常相信数学的抽象力量，所以并不关心物理现实，而是开始研究新几何背后的关联与抽象结构。物体间的关系才是重点。希尔伯特曾宣称，如果用桌子、椅子和啤酒杯来替代点、线、面，几何理论依然成立。这个说法非常有名。

一个世纪前，高斯就曾考虑过这些新几何模型会带来的挑战，却克制自己，并未讲出如此异端的想法。古希腊人怎么可能出错呢？不过，他还是开始质疑起平行线的存在，这是欧几里得提出的一条基本几何公理。欧几里得考虑过这样一个问题：画出一条直线和线外一点，会有多少条经过该点与该直线平行的线呢？他认为，显然有且只有一条。

16 岁的高斯就已开始推测，也许存在着同样一致且有效的几何学，其中并不存在诸如平行线之类的东西。除了欧几里得的几何学和这种没有平行线的新几何，也许还有第三种几何学，其中存在不止一条平行线。如果这样的话，三角形的内角之和就不再是 180 度了，这在古希腊人看来是不可能的。高斯想知道，如果有多种几何，其中哪一种最能描述现实世界呢？古希腊人曾笃信，他们用自己的模型对现实世界做出了数学描述。高

---

① 英美制长度单位，1 英尺合 0.3048 米。——编者注

② 恩里科·卡鲁索（Enrico Caruso，1873—1921），意大利著名男高音歌唱家，以音质独特、表现力强、声音洪亮闻名。——编者注

斯对此存疑。

晚年的高斯在丈量汉诺威的土地时，用到了一些在隔壁格丁根时用过的方式，希望能知道，光束形成的三角形，其内角之和是否有悖于欧几里得的理念，并不等于180度。高斯认为，光线会在空间中发生弯曲。也许三维空间里的弯曲和地球的二维表面是同样的道理。他考虑到了所谓的大圆，比如沿着经线，就能测量出地球表面两点之间的最短距离。在二维几何中，经线是没有平行线的，因为它们全都汇聚在极点。当时还没有人想到，三维空间中也会发生弯曲。

我们现在知道，相比于欧几里得的视角，高斯是在极小的尺度上展开研究的，所以观察不到任何明显的空间弯曲。1919年，阿瑟·爱丁顿（Arthur Eddington）在日食期间确认了星光是弯曲的，这印证了高斯的直觉。也许是因为这样的新几何与数学任务不符，并非要呈现物理现实，所以高斯从未公布过自己的想法。他确实和朋友们提过，但也请求他们保密。

最终，在19世纪30年代，俄国的尼古拉·伊万诺维奇·洛巴切夫斯基（Nikolai Ivanovic Lobachevsky）和匈牙利的亚诺什·波尔约（János Bolyai）将这些新几何观公之于众。高斯等人将这一发现称为非欧几何，它并未像高斯所害怕的那样，动摇数学的根基，而是因为太抽象被放弃了。因此，在很多年的时间里，它都无人问津。不过，到了希尔伯特的时代，它又重新出现了。希尔伯特借此完美表达了自己对数学世界抽象的处理方式。

一些数学家声称，如果某种几何学不能满足欧几里得的平行线假设，那就一定存在某种内在矛盾会使之崩塌。当希尔伯特开始探索这种可能时，他发现，非欧几何和欧氏几何之间有着坚固的逻辑关系。只有当欧氏几何存在矛盾时，非欧几何才会存在矛盾。这似乎是一种进步。那时的数学家们坚信，欧氏几何在逻辑上是无懈可击的。希尔伯特的发现意味着，非欧几何的模型应该会有同样的逻辑基础。如果一种几何学崩塌了，其他的几何学全都会随之崩塌。但随后，希尔伯特取得了一个令人不安的见解：谁也没有真正**证明出**欧氏几何是无懈可击的。

希尔伯特开始思考，该如何证明欧氏几何没有矛盾。虽然两千年来都未曾发现矛盾，但并不代表矛盾不存在。希尔伯特决定，首先要将几何代入公式与方程。这便是笛卡儿创立的解析几何，18世纪的法国数学家们广泛采用这一实践。将点转化为空间坐标，用方程表示点、线，几何便可简化为算术。数学家们相信数论不存在矛盾，所以希尔伯特希望以数代替几何，便能知晓欧氏几何是否存在矛盾。

希尔伯特并未找出答案，却有了更加令人不安的发现：没有人证明过数论本身不存在矛盾。希尔伯特突感震惊。几个世纪以来，数学家们同步展开理论与实践研究，从未遇见矛盾，因而对其做法抱有信心。当有人对这一学科的基础表示质疑，18世纪法国数学家让·勒朗·达朗贝尔（Jean Le Rond d'Alembert）给出了这样的回应："往前走，信心就来了。"对数学家而言，他们研究的数真实存在，就像生物之于生物学家。数学家们向来都是愉快地从事研究，他们相信自己对数的公理做出的假设，并由此取得推论。从未有人想过，这些假设可能会引发矛盾。

希尔伯特被推得越来越远，不得不开始质疑数学的根基。既然疑问已经产生，就无法忽视这些根本性的问题。希尔伯特本人相信，永远不会发现任何矛盾，而且数学家们可以消除诸如此类的一切疑虑，证明数学有其坚固的根基。他的问题标志着数学的成熟。数学曾是科学的实用工具，却在19世纪转变为对基础真理的理论探索，更加接近哥尼斯堡前居民伊曼努尔·康德（Immanuel Kant）的哲学。希尔伯特对数学基础加以深思，由此发起了抽象数学的新实践。他的新方法塑造了20世纪的数学特征。

1899年末，希尔伯特得到一个绝佳的机会，可以汇总其新思想在几何学、数论和数学逻辑基础方面带来的重大变革。下一年的国际数学家大会将在巴黎举办，他受邀前去发表重要演讲。对于一个不到40岁的数学家来说，这是一份莫大的荣誉。

在新世纪之初向同人们发表演讲，这个任务让希尔伯特犯了难。这样的场合显然需要一场真正重大的演讲。希尔伯特开始咨询朋友们的意见，他说自己想在演讲中对数学的未来做出预判。这与传统极不相符。按照通行惯例，只有完备健全的思想才能被公开发表。放弃定理证明所赋予的安全感，转而推测并不确定的将来，这需要一定的勇气。但希尔伯特从来都不会回避争议。最终，他决定用尚未取得证明，而非已证的事物，向国际学术界发起挑战。

他其实仍有顾虑。在这一场合做出全新的尝试，是否明智？也许他应该遵循传统，谈谈已经取得的成就，而非连他自己都解决不了的问题。因为他的拖延，他错过了提交演讲题目的截止日期，所以大会发言人的名单上并没有他。到了1900年夏天，朋友们都担心他可能会彻底错失这一展示个人想法的好机会，但有一天，大家都在自己的桌上看到了希尔伯特的演讲稿，标题很简单：《数学问题》。

希尔伯特认为，数学的生命线是问题，但要慎重做出选择。他写道："数学问题得有点挑战性，才能引起我们的兴趣，但也不能无法企及，以免徒劳一场，成了笑话。它应当是一份指南，帮助我们穿过藏有真理的迷宫，最终提醒我们：真开心，已经成功解决了。"他所选择的二十三个问题完全符合他的严格标准。在这个闷热的8月，身处巴黎索邦大学的希尔伯特起身发表演讲，向新世纪的数学探索者发起了挑战。

19世纪末，知名生理学家埃米尔·杜博伊斯－雷蒙（Emil du Bois-Reymond）的哲学运动对众多研究领域产生了影响。该运动认为，我们理解自然的能力是有限的。哲学圈一直都喊着"Ignoramus et ignorabimus"的口号，意思是："我们是无知的，我们会一直无知。"但希尔伯特的新世纪之梦就是扫除这种悲观主义。他用激动人心的呐喊为这二十三个问题做出了最后的总结："当数学工作者相信，每个数学问题都是可解的，就会产生强大的动力。我们听见了永恒的呼唤：有问题，就去找答案。你可以通过纯粹的推理找到它，因为数学上不存在无知。"

希尔伯特本着伯恩哈德·黎曼的革命精神，在新世纪向数学家们提出了这些问题。在希尔伯特的清单中，前两个问题是最开始就吸引他的基础问题，而其他问题则在数学领域中分布广泛。有些是开放性项目，并无明确答案。其中一个关乎黎曼的梦想，他希望单靠数学，就能解答物理学中的基础问题。

黎曼认为，不同的数学领域，比如代数、分析和几何是密切相关的，不能孤立地去理解。第五个问题就源于此。黎曼已经证出如何利用由方程定义的几何图像推演出方程的代数性质。过去认为，代数和分析必须远离几何可能会带来的误导。反对这一教条是需要一些勇气的。这就是为什么欧拉和柯西等人会强烈反对用图像描述虚数。他们认为，虚数是对 $x^2 = -1$ 这类方程的解答，不该与图像混淆。但黎曼认为，这些学科之间有着显而易见的联系。

希尔伯特在宣布二十三个问题之前，提到了费马大定理。在希尔伯特的时代，人们普遍认为，这是最伟大的数学未解问题之一，但希尔伯特并没有选它。希尔伯特认为，这一瞩目的问题或将激励科学发展，非常特别，但显然并不重要。高斯曾经表达过同样的观点，他表示，可以选择一系列其他方程，询问是否都有解，费马的选择并无特别之处。

高斯对费马大定理的批评给了希尔伯特灵感，让他选出了第十个问题：有没有一种算法（类似于计算机软件的数学程序）能在有限的时间内确认方程是否有解？希尔伯特希望将数学家们的注意力从具体问题转向抽象问题。例如，希尔伯特一直都很欣赏高斯和黎曼为素数带来的新视角。数学家们不再纠结于哪个数是素数，而是想要理解流经所有素数的音乐。希尔伯特希望，他的方程问题能带来类似的影响。

尽管一位与会记者认为，这是一场"混乱"的讨论，但这倒不是因为学者们对希尔伯特的演讲提不起兴趣，而是因为 8 月沉闷的天气。希尔伯特的至交闵可夫斯基是这样评价的："全世界的数学家们都会因为这场演讲更加关注年轻一代的数学家。"这一大胆的演讲打破了常规，为希尔伯特奠定了声名，使其成为 20 世纪数学新思想的先锋。闵可夫斯基相信，这二十三个问题将会展现出巨大的影响力。他告诉希尔伯特："你真的是已经完全拿下了 20 世纪的数学。"这句预言最终应验了。

在希尔伯特的开放性问题中，第八个问题非常明确：证明黎曼假设。在一次采访中，希尔伯特表示相信，黎曼假设绝对是最重要的数学问题。还是在这次采访中，他被问及最重要的技术成就会是什么。他说："在月球上捉住一只苍蝇。要做到这件事，就得解决相应的辅助问题，这就意味着，人类所有的物质难题都有了解决方案。"以 20 世纪的眼光来看，这是极富远见的分析。

他相信，对于数学发展来说，证出黎曼假设就和在月球上捉到苍蝇带给科技发展的影响一样重大。提出第八个问题后，他在大会上做出了进一步解释，全面理解黎曼的素数公式，有助于理解其他素数谜团。他提到了哥德巴赫猜想，以及是否存在无穷多对孪生素数。证出黎曼假设有着双重吸引力：结束数学史中的一个篇章，并开启多扇新的大门。

希尔伯特认为，不用等太久，黎曼假设就会被证明出来。在 1919 年的一场演讲中，他乐观地表示，相信自己会在有生之年见证这一时刻，也许最年轻的那位听众还能见到费马大定理的证明。但他大胆地预测，在场的所有听众都不会见到第七个问题的答案。第七个问题是：2 的 $\sqrt{2}$ 次幂能否成为一个方程的解？希尔伯特或许在数学上颇有见地，但并无相应的预测能力。十年之内，第七个问题就被解决了。1994 年，安德鲁·怀尔斯证出了费马大定理。在 1919 年听过希尔伯特讲座的年轻学生或许刚好能在生前见到这一证明。在往后的几十年中，数学虽然有过一些激动人心的进展，但哪怕是希尔伯特能像腓特烈一世一样在五百年后醒来，他也未必能见到黎曼假设的证明。

有那么一次，希尔伯特觉得他不用等太久了。有一天，他收到了一个学生的论文，说是证出了黎曼假设。希尔伯特很快就发现了证明里的漏洞，却对这个方法印象深刻。不幸的是，这个学生在一年后就过世了。希尔伯特受邀在墓前致辞。他赞扬了这个男孩的理念，并希望有一天，这些想法能够促成对这一伟大猜想的证明。然后他又讲道："想想看，在虚数上定义一个函数……"这话可就完全偏离了主题。由此我们可以看到一个脱离社会现实的数学家，非常典型。无论真假，故事都是有可信度的。数学家有时会变得狭隘。

希尔伯特的演讲很快就让黎曼假设成了焦点。从这以后，它成了数学领域中最伟大的未解问题之一。希尔伯特对这一猜想的执着其实并没有为解决这个问题带来什么直接贡献，但他为 20 世纪的数学提出的新议程影响深远。甚至，他提出的物理学问题和数学公理中的基础问题也在世纪末促成了对素数的进一步理解。与此同时，希尔伯特还需为格丁根引进一位数学家，来接替高斯、狄利克雷和黎曼曾经担任的职位。

兰道：最难相处的人

希尔伯特的好友闵可夫斯基不幸早逝，格丁根大学随之空出了一个席位。年仅 45 岁的闵可夫斯基患上了致命的阑尾炎。那时候，希尔伯特刚刚解决华林问题，将数表示为三次方、四次方以及更高次方数之和。他知道，这正是这位好友所乐见的，因为这一结果推进了对方早先的一项成果。凭借那项成果，年仅 18 岁的闵可夫斯基斩获法国科学院颁发的数学科学大奖。"在下一次研讨会上，我会谈谈华林问题的解决。闵可夫斯基对此满是关切，哪怕他还躺在病床上，经受着致命的折磨，无法到场。"

　　闵可夫斯基的离开对希尔伯特影响深远。一位格丁根学生是这样描述的：“那会儿我就在课堂上，希尔伯特流着眼泪告诉我们闵可夫斯基的死讯。在那个年代，出于教授和学生之间的地位差异，比起闵可夫斯基的过世，更让我们感到震惊的是看见希尔伯特哭了。”希尔伯特热切地寻找着继任者，希望对方能对数论怀有像闵可夫斯基那样的热情。

　　从各方面来看，希尔伯特最后选择的埃德蒙·兰道（Edmund Landau）都不是一个好相与的人。对于任命他还是另一人，似乎是有过争议的。希尔伯特询问自己的同事：“这两位，谁更难打交道？”毫无疑问，是兰道。此时希尔伯特说，格丁根必须得有兰道。系里不缺讨喜的人，希尔伯特希望同事们能够同时挑战一下社会传统和数学传统。

　　兰道对自己的学生要求严格，在系里也是个出了名的“刺儿头”。他的学生们都生怕在周末被请去他家，他太喜欢做数学游戏了。兰道有一位学生正值新婚，要去度蜜月。在火车即将驶离格丁根之际，兰道向着站台飞奔而来，把自己最新的书稿从车厢的窗户塞了进去，要求道：“回来前，把它校对好！”

　　兰道很快就承袭了黎曼与高斯的传统，成为欧洲的中心人物，继续推进德拉瓦莱普桑和阿达马的工作。从他们建立好的大本营出发，去攀登黎曼之峰，这正契合了他的脾性。为证明高斯的素数定理，阿达马和德拉瓦莱普桑已经揭示，穿过数 1 的南北分界线上并无零点。现在的挑战是，证明在抵达黎曼那条穿过 $\frac{1}{2}$ 的临界线之前，不会有零点出现。

　　哈拉尔·玻尔（Harald Bohr）加入了兰道的征途。玻尔虽身在丹麦哥本哈根，但会定期穿越欧洲，加入前往格丁根的朝圣之旅。他的哥哥尼尔斯·玻尔（Niels Bohr）后来因参与了量子物理理论的创立而闻名于世。早在 1908 年的奥运会上，丹麦足球队取得银牌，作为主力的哈拉尔·玻尔就已一战成名。

埃德蒙·兰道（1877—1938）

为了定位黎曼图景中海平面上的点，兰道与玻尔共同迈出了成功的第一步。他们可以证明，大部分零点都集中在黎曼的神秘力量线附近。他们考虑了 0.5 和 0.51 之间的零点个数，并和这片狭窄区域外的零点个数做了对比。他们能够证出，大部分零点都在这片区域内。黎曼曾预测，所有零点都在那条穿过 $\frac{1}{2}$ 的线上。兰道与玻尔虽然给不出如此明确的证明，但也已离开起跑线。

要想让这一论点成立，这片区域的宽度不一定非得是 0.01。无论有多窄，哪怕宽为 $1/10^{30}$，兰道和玻尔也能证明大部分零点都在这片垂直区域内。但遗憾的是，他们都无法证实这就意味着大部分零点都在黎曼那条穿过 $\frac{1}{2}$ 的线上。对此，黎曼自称已有证明，但一直都没发表。这似乎并不合理。如果所有零点都在一片极小的区域内，那为什么我们没法得出结论说，大部分零点都在那条临界线上呢？这就是数学的奥秘。例如，对于每个数 N，在 $\frac{1}{2}+\frac{1}{10^{N+1}}$ 和 $\frac{1}{2}+\frac{1}{10^{N}}$ 之间的这片狭窄区域内，会有 10^{N} 个零点。

这一假设满足玻尔和兰道的推论，但并未要求任何零点都须在那条穿过 $\frac{1}{2}$ 的临界线上。

此时的格丁根正着手实践镌刻在市政厅的那条格言，即这道中世纪城墙之外没有生活。正是受到希尔伯特的影响，黎曼时代的这座安安静静的大学城在 20 世纪初期成为数学重镇。在黎曼的时代，充满知识力量的地方当是柏林，但后来，希尔伯特拒绝了柏林大学的任职邀请。这座留存着高斯遗产的中世纪小镇，才是从事数学的绝佳环境。

希尔伯特能为格丁根带来最优秀的数学家，要感谢保罗·沃尔夫斯凯尔的资金支持。1908 年，沃尔夫斯凯尔过世。根据遗嘱，第一个证出费马大定理的人将会获得他所提供的 10 万马克奖金。怀尔斯从小就知道这个奖项，正是受此激励，对证明费马谜题产生了兴趣。（德国在两次世界大战之后遭遇了通货膨胀，所以，怀尔斯凭借其证明最终获取的奖金是大幅度贬值的。）沃尔夫斯凯尔在遗嘱中规定，在该定理得证之前，每年的奖金利息都将用于资助访问格丁根的学者。

兰道负责检查格丁根大学学院收到的各种证明方案。但他最终不堪重负，将手稿交给了自己的学生们，还附有一份需要填写的拒信范本。信上说："感谢您对费马大定理的解答。第一处错误出现在第……页第……行……"希尔伯特则承担了更为愉快的工作，也就是花掉这笔奖金被领取前所产生的利息。有了这样的便利，他就可以邀请许多数学家前来格丁根。他可太希望费马大定理不能得证了。"我干吗要杀掉一只会下金蛋的鹅呢？"他问道。

一般来说，当年每位想走向世界的年轻数学家，首先都会去格丁根。有学生曾将希尔伯特在数学上的影响比作"魔笛手的甜美笛声……引得一大群老鼠跟着他掉进了数学的深河"[1]。19 世纪，在席卷欧洲的政治与思想革命中，欧洲大陆的学术机构蓬勃发展。毫不意外，这群"数学老鼠"大多来自欧洲学界。

相比之下，当时故步自封的英国并没有能力去吸收来自欧洲大陆的先进思想。英国凭借其海岸线有力阻挡了法国大革命引发的政治动荡，但同时，英国数学界也错过了黎曼的革命。虚数仍被视为危险的欧洲观念。17世纪，牛顿和莱布尼茨对于谁先发现微积分产生了争执。自此以后，英国在数学上的确再无重大突破。即便是牛顿最早发现了微积分，他的祖国也因拒绝承认莱布尼茨的非凡数学成就而在数学上裹足不前。不过，转机出现了。

哈代：数学唯美主义者

到 1914 年，兰道和玻尔已证实，大部分零点都集中在黎曼的临界线附近。然而，对于绘制出线上零点，数学家们已经走了多远呢？到目前为止，在海平面上的无数个点中，数学家们只确定了 71 个点在黎曼的临界线上。

此后，一场重大的心理突破得以实现。英国一直都对欧洲大陆的思想毫无兴趣，就这样经过了两个世纪，英国数学家哈代抓住了黎曼的接力棒，成功证明了有无数个零点分布在那条穿过 $\frac{1}{2}$ 的南北线上。哈代的成就

---

[1]　这一典故出自德国民间故事《花衣魔笛手》，故事中的捕鼠人能吹笛吸引老鼠，将其引入威悉河淹死。——编者注

令希尔伯特惊叹。因为住宿问题，哈代与剑桥大学三一学院的相关部门产生了分歧。希尔伯特知道后，就给剑桥大学的校长写了一封信。希尔伯特说，哈代不仅是三一学院最好的数学家，也是全英国最优秀的数学家，因此，他值得这所大学最好的宿舍。

哈代凭借其雄辩的回忆录《一个数学家的辩白》在数学圈外声誉卓著，而在圈内赢得的声誉则是基于他对素数理论和黎曼假设的贡献。既然哈代证明了那条线上有无数个零点，那这场接力赛是不是就结束了？哈代证出了黎曼假设吗？毕竟，如果存在无数个零点，而哈代又证出其中有无数个点在黎曼的那条线上，我们这不就成功了吗？

很可惜，"无穷"是一种狡猾的特质。希尔伯特喜欢以酒店为例，用无数间客房来解释无穷之谜。你检查了每个奇数号的房间，发现全都住满了，不过，虽说你检查的是无数个房间，但你还得考虑所有偶数号房间。在这个例子中，检查房间是否有客，就等同于检查零点是否在临界线上。遗憾的是，哈代甚至没能证出至少有一半的零点在那条线上。他考虑了无数个房间，但相对于剩下的房间来说，这只占了百分之零。哈代取得了非凡的成就，但仍有遥遥征途。他在零点上已经有所突破，但余下的问题依然庞大且棘手。

哈代像是初尝"禁果"，欲罢不能。他想证出所有零点都在黎曼的那条线上，或许除了对于板球的热爱，以及与上帝的长期博弈，再没有什么更重要的事了。和希尔伯特一样，哈代列在自己心愿清单首位的问题便是黎曼假设。他给朋友和同事写了许多明信片，其中一封列出了他的新年愿望：

（1）证明黎曼假设；

（2）在板球场最近的一次测试赛中坚持到第四局，取得 211（200 之后的第一个素数）分；

（3）找出一个能够说服大众的论点，证明上帝并不存在；

（4）成为登顶珠穆朗玛峰的第一人；

（5）成为苏联、英国和德国的第一任总统；

（6）刺杀墨索里尼。

　　哈代自小就迷上了素数。小时候在教堂里，他会把赞美诗的篇数拆解成素数模块，以此自娱自乐。他喜欢在书中翻阅这些基本数的奇闻，觉得它们比足球报道更适合作为早餐桌上的轻松读物。事实上，哈代相信，每个足球读物爱好者都能感受到素数的乐趣。"数论的特别之处在于，大部分内容皆可发表，还能为《每日邮报》（Daily Mail）吸引新读者。"他相信，素数之神奇，足以引起读者的兴趣；素数也足够简单，谁都可以着手探索其奥秘。比起同时代的其他数学家，哈代更为努力地传达了自己对这门学科的热情。他认为，素数不该只是藏在象牙塔里的快乐。

　　哈代的第三个新年愿望与教堂有关，那里是他将赞美诗的篇数拆解成素数的地方，因此教堂对他影响深远。年少时，他就开始强烈反对有神论以及宗教饰物。终其一生，他都在与上帝做斗争，想证明上帝是不可能存在的。这是一场非常私人的斗争，他强烈地想要否定上帝的存在，却又矛盾地对这个角色展开了想象。在观看板球赛时，他会带上对付上帝的工具，以防下雨——就算天上没什么云，他也会带上四件毛衣、一把雨伞和工作所需的东西。他向邻座的观众解释，他想要蒙骗上帝，让上帝觉得他希望下雨，这样就能赶紧工作了。哈代相信，作为他的"敌人"，上帝会因此让阳光普照，好破坏他做数学的计划。

　　在一个夏日里，哈代观看的一场板球赛突然被叫停，这让他感到沮丧。原来，一位板球手抱怨说，看台上的一道光阻挡了他的视线。而当得知一位牧师因此被要求摘下脖子上的银色大十字架时，哈代转怒为喜。就是这枚十字架反射了太阳的光芒。哈代开心得不能自已，于是在午休间隙给朋友们寄去明信片，讲述了板球打败牧师的故事。

每到 9 月，板球赛季刚结束，英国的新学年还没开始，这时，哈代就会去丹麦哥本哈根拜访哈拉尔·玻尔。他俩有一个日常工作的仪式。每天早上，他们会在桌子上放一张纸，哈代就在纸上写下这一天的任务：证明黎曼假设。玻尔在到访格丁根时有过一些思路，这让哈代看到了希望，觉得可以由此找到证明的路径。在每天的剩余时间里，他们会一起散步、交流或写写画画。他们的努力一次又一次地失败了，哈代所期盼的突破并未到来。

后来有一次，哈代回国赶赴新学年，在他出发回英国不久后，玻尔收到了一张明信片。他读着哈代的话，心跳加速："证出黎曼假设了。明信片写不下证明过程。"终于，哈代打破了僵局。不过，这张明信片似乎给人一种强烈的熟悉感。费马在仓促间写于书页边的评论在玻尔的脑海中闪过。哈代太喜欢开玩笑了，他在明信片上说的大概是反话。玻尔决定晚点再庆祝，他要等哈代的进一步说明。果然，这张明信片并没有带来玻尔所期待的突破。哈代又在蒙骗上帝呢。

当哈代登上从丹麦前往英国的航船时，北海之上正波涛汹涌。那可不是一艘大船——哈代开始担心自己的生命安危，于是他采用了一个特殊的自保方案。正是在这时，他给玻尔寄去了明信片，假装有所发现。如果他将生命中最大的热情倾注在了证明黎曼假设上，那排在第二的事就是与上帝斗争了。哈代知道，上帝绝不会让这艘船沉没，要不然，世人就会一直记挂着永远淹没在海底的哈代和他的证明。他的招数起效了，他安全抵达了英国。

可以说，正是因为哈代对黎曼假设的痴迷，以及他那多彩迷人的性格，这个问题才成为数学界最想解决的疑难之首。从《一个数学家的辩白》这本书中可以看到，哈代的写作风格是雄辩的，这一点有助于强化数论和他心目中的中心议题的重要性。在这本书中，哈代每每谈及数学的美与审美，都会讲到很多技术性的细节。这些细节对于推导出证明的结论是必要的，但很可惜，它们遮盖了证明的美。要想获得成功，艰苦奋斗往往比伟大的想法更有效。

哈代可能是因为一本书才有了成为数学家的志向。不过，这本书与数学并不相干，它讲述了在剑桥大学三一学院的高桌上度过的快乐人生。这本小说叫作《三一人》（*A Fellow of Trinity*），其中有一段描写了人们在剑桥大学的教师联谊活动室里喝酒的场景，令哈代着迷。哈代承认，他选择数学是因为"这是唯一一件我能做得特别好的事情了……最重要的是，拿到一个数学学位之后，我就可以入职三一学院了"。

为达成心愿，他需要参加剑桥大学的考试。一轮下来，他觉得考试规则相当严格。哈代后来意识到，既然这一考试体系的重点是去解决虚构的技术问题和数学谜团，那就意味着，即便拿到了这个学位，也很少有人能够明白数学的真正意义所在。1904 年，格丁根的一位教授模仿着出了一道英国学生需要作答的问题："在一座有弹性的桥上站着一头大象，它的鼻子上有一只质量为 m 的蚊子。不考虑大象有多重，请计算出，当大象甩起鼻子驱赶蚊子时，桥上所发生的振动强度。"为此，学生需要引用牛顿那本圣经般的《自然哲学的数学原理》。答案出自书上的某一行内容，而非实际情况。哈代认为，正是这一体制使英国数学进入了"荒漠时代"。英国数学家接受的教育要求他们更快地演奏数学音阶，但他们完全没有意识到，一旦熟练掌握了这些音阶，可以演奏出怎样优美的数学乐章。

法国数学家卡米耶·若尔当（Camille Jordan）的著作《分析课程》（*Cours d'Analyse*）让哈代大开眼界，他见证了在欧洲大陆上蓬勃发展的数学。于是，他将其视为自己的数学启蒙之书。"我永远都忘不了在阅读这本杰作时，自己所经历的震撼……我第一次了解到，数学究竟意味着什么。"

1900 年，哈代免试入选三一学院，从此开始自由地探索真正的数学世界。

李特尔伍德：数学小霸王

1910 年，哈代在剑桥大学三一学院遇见了小他 8 岁的数学家李特尔伍德。此后，他们就像是数学界的斯科特和奥茨[①]，在三十七年的时光里，一同探索着欧洲大陆上开辟出的新领域。他们合作了近百篇论文。玻尔曾笑称，这一时期有三位伟大的英国数学家：哈代、李特尔伍德和哈代 – 李特尔伍德。

这两位数学家在合作中展现了各自的特点。李特尔伍德是个"小霸王"，在解决问题时总是全力以赴，很喜欢攻克难题带来的满足感。相比之下，哈代则注重美与优雅。这往往体现在他们的论文撰写上。哈代会把李特尔伍德的草稿拿过来，加上他们所说的"润滑剂"——用优美的语句贯穿证明过程。

如果把这两位数学家的外在形象做一番对比，也甚是有趣。哈代十分英俊，岁月仿佛一直未曾带走他的青春样貌。在三一学院任教的早年，常有高级教员把他当成本科生，以为他是在迷宫般的走廊里迷路了。李特尔伍德则是个"糙汉子"，就像一位数学家评价的那样，活脱脱一个狄更斯笔下走出来的人物。他身体强健，行动灵活，心性坚韧，思维敏捷。和哈代一样，他也喜欢板球，还是个厉害的球手。不过，他所热衷的音乐，哈代就完全没兴趣了。成年以后，李特尔伍德自学了钢琴，尤爱巴赫、贝多芬和莫扎特的音乐。在他看来，人生如此短暂，不该浪费在普通的作曲家身上。

两人的另一区别体现在个人情感上。普遍认为，哈代很可能是同性恋。虽说在当年的剑桥大学，人们对这种事的接受度要比结婚更高，但哈代对此还是相当谨慎。那时候，牛津大学和剑桥大学的教授们要是结婚

---

① 两人都是英国著名极地探险家。1910 年，奥茨（Oates）加入了斯科特（Scott）组织的南极科考探险队，最终队伍一行五人均于 1912 年在南极罹难。——译者注

1924 年，哈代与李特尔伍德摄于剑桥大学三一学院

了，就得离职。但相传，李特尔伍德颇有女人缘，而且有时毫无顾忌。

哈代和李特尔伍德事先定下了几条明确的公理，两位数学家由此展开了愉快合作。

公理一：写给彼此的内容，对错并不重要。

公理二：没有义务回信，甚至没有义务阅读对方的信件。

公理三：尽可能不要思考同样的问题。

而最重要的一条公理是：

公理四：为免争议，所有论文都将以共同的名义发表，哪怕其中一位毫无贡献。

对于两人的关系，玻尔是这样总结的："如此重大、和谐的合作是建立在如此消极的公理之上的，真是前所未有。"直到如今，数学家们在合作时仍会问一句："要不要执行哈代－李特尔伍德原则？"在哥本哈根合作期间，玻尔发现，哈代一直都遵守着他的第二条公理。他记得，李特尔伍德每天都会寄来大量数学信件，而哈代则平静地把它们扔在房间的角落里，满不在乎地说："以后会读的。"在哥本哈根时，哈代满脑子只想着一件事——黎曼假设。除非李特尔伍德能给他寄来黎曼假设的证明，否则信件统统被扔进角落。

李特尔伍德的学生哈罗德·达文波特（Harold Davenport）讲过这样一个故事，哈代和李特尔伍德曾经因为黎曼假设而差点闹翻。哈代写过一篇悬疑小说：一位数学家证出了黎曼假设，却被第二位数学家杀害，对方还将证明据为己有。对此，李特尔伍德非常生气，倒不是因为哈代违反了公理四，没把他列为作者。李特尔伍德确信，这个凶手是以他为原型塑造的，所以十分排斥这篇已经公开的小说。哈代让步了，数学界的文学瑰宝就此消失。

想当初，李特尔伍德满足了剑桥大学考试体系的一切要求，在数学系的本科生中脱颖而出。最终，他和另一位学生默瑟（Mercer）一起位列榜首，获得了优胜者的头衔。在剑桥大学，作为知名的优胜者，他们的照片会在学年结束之际被出售。也许同学们都猜到了，这只是李特尔伍德精彩职业生涯的开端——一位朋友想购买其中一张照片时被告知："李特尔伍德的照片怕是已经卖完了，但默瑟先生的还有很多。"

李特尔伍德明白，考试不是研究数学的目的。考试不过是一场技术游戏，但打赢了才能进入下一阶段。"我们正在打的这个游戏还蛮简单的，我对自己的通关手艺也挺满意。"李特尔伍德迫不及待地想要将自己在本科阶段学习到的技能付诸实践，并加以创新。他的严肃数学研究是浴火重生般的存在。

考试结束后，李特尔伍德迫切地希望能在漫长的暑假中投身于研究。他问询了自己的导师欧内斯特·巴恩斯（Ernest Barnes）有没有什么适合他去挑战的问题。巴恩斯后来成了伯明翰主教。巴恩斯想了一会儿，想到一个有趣的函数，还没有人好好研究过，说不定李特尔伍德可以研究一下这个函数的零点分布。"这是 ζ 函数。"巴恩斯随口一说，便将定义写给李特尔伍德，让他带回去过暑假。李特尔伍德拿着那张纸走出了巴恩斯的房间，并未意识到巴恩斯是让他用一个暑假去证明黎曼假设。

巴恩斯没能将这个问题的历史背景告诉李特尔伍德，自然就不会提示它的难度了。这位导师甚至可能都不知道零点和素数的关联，只是把它看作一个有趣的问题：这个函数在何处取值为零？作为当今致力于黎曼假设的领军人物，彼得·萨纳克（Peter Sarnak）解释道："进入 20 世纪以来，在解析函数中，真的就只有它还是没能被数学家们理解。"彼得·斯温纳顿－戴尔（Peter Swinnerton-Dyer）爵士曾是李特尔伍德的学生，他在李特尔伍德的追思会上回忆道："巴恩斯觉得，黎曼假设需要最优秀的学生去攻破，李特尔伍德不必迟疑，他可以的。"由此可见，在哈代与李特尔伍德的时代之前，英国数学界是何等萧条。

李特尔伍德一整个暑假都在折腾这个看似寻常的问题。虽然没能找到零点的位置，但他还是有了些令人愉快的发现。他意识到，这些零点和素数有关，而这正是黎曼在五十年前所发现的。尽管自那时起，欧洲大陆就已知晓 ζ 函数与素数的关联，但英国一直都没怎么关注过这个问题。李特尔伍德以为这是个新联系，对此兴奋不已。1907 年 9 月，他将这一关联写进了论文，并用以申请三一学院的研究员职位。这一"乌龙事件"进一步印证了那时的英国数学界有多孤立闭塞。

在英国，很少有人了解阿达马和德拉瓦莱普桑的最新研究进展，但哈代就是其中之一，他知道，这一结果并非如李特尔伍德所期盼的那样是原创的。不过，哈代看到了李特尔伍德的潜力。那一年，李特尔伍德没能入职三一学院，却获得一份君子协议，学院承诺下一次选他。1910 年 10 月，他进入三一学院，加入了哈代的团队。

当剑桥大学对英吉利海峡对岸的学术传统敞开大门后，英国的数学便开始蓬勃发展起来。随着欧洲大陆与英国的往来日益便捷，哈代和其他学者都在积极地访问欧洲的学术中心。他们建立的新联系促成了海外新期刊、新书籍和新思想的涌入。20 世纪初，三一学院成了相当活跃的团体。高级教员室不再是绅士俱乐部，而成了科研场所。高桌上的话题不再局限于波特酒和红酒，大家开始谈论当时的思想。英国当年最杰出的两位哲学家伯特兰·罗素（Bertrand Russell）和路德维希·维特根斯坦（Ludwig Wittgenstein）正与哈代和李特尔伍德共事。他们都在努力解决基础数学问题，也就是希尔伯特所关注的那些。与此同时，剑桥大学在物理上也取得了许多突破。其中，约瑟夫·约翰·汤姆森（Joseph John Thomson）发现了电子，因此荣获诺贝尔奖。阿瑟·爱丁顿则证实了高斯和爱因斯坦的观点：空间的确是弯曲的、非欧氏几何的。

格丁根大学的兰道写了一本关于素数的书，很快就流传到了英国，哈代和李特尔伍德之间的伟大合作正是得益于此。兰道的这本《素数分布理论手册》（*Handbuch der Lehre von der Verteilung der Primzahlen*）出版于 1909 年，共两卷，讲述了素数与黎曼 ζ 函数之间的奇妙联系。在这本书问世以前，数学界基本上不了解黎曼与素数的故事。哈代与汉斯·海尔布隆（Hans Heilbronn）一起为兰道写了讣告，诚如哈代所言："一个原本只有少数英雄闯荡的领域，却因为这本书在过去的三十年里硕果累累。" 1914 年，正是这本书激励着哈代去证明黎曼的临界线上有无穷多个零点。学生时代就研究过 ζ 函数的李特尔伍德同样受到激励，由此开启了职业生涯的第一步。

对于一个数学家而言，妄图证明高斯证不出却又确信正确的定理，真是勇气可嘉。而推翻这一定理则会使人置身于截然不同的境地。高斯的直觉很少会出错。他提出了对数积分函数 Li(N)，认为该函数能够给出任意数 N 以内的素数个数，而且随着 N 的增大，结果也会愈发准确。阿达马和德拉瓦莱普桑之所以能被载入数学史，就是因为证实了高斯的这一猜想。但高斯还有第二个猜想：这个函数始终都会**高估**素数的个数，在 1 到 N 的范围内得出的预测值绝对不会少于实际值。相比之下，黎曼的新函数时而会高估素数个数，时而又会低估。

当李特尔伍德开始思考高斯的第二个猜想时，这一猜想已被证实在 10 000 000 以内是成立的。面对这一千万条符合高斯直觉的证据，任何一位实验型的科学家都不会拒绝。对于不那么依赖证明，而且更尊重实验结果的科学领域来说，他们自然乐意将高斯的猜想当作构建新理论的基石。几百年后，到了李特尔伍德的时代，数学大厦可能已经矗立于这一基础之上。但在 1912 年，李特尔伍德发现事与愿违，高斯的猜想是错误的。在他的审视下，这一基石湮灭成灰。按照他的证明，随着计数增加，最终会进入这样的数值区域，高斯的猜想会从高估素数的个数转为低估。

还有一个刚刚得到认同的观点也被李特尔伍德推翻了。很多人相信，高斯猜想经过黎曼的改进后，可以得出更为准确的素数个数。李特尔伍德却表明，在前一百万个数以内，黎曼的新函数或许看似更为准确，但超过了这一限度后，有时反而是高斯的猜想更为精确。

李特尔伍德的发现引人瞩目，因为高斯猜想开始低估素数个数的数值区域，可能是我们永远都无法抵达的。甚至，李特尔伍德也预测不了我们需要走多远才能观察到那些现象。到如今，的确尚未有人真正抵达那样遥远的数值区域。唯有通过李特尔伍德的理论分析，以及凭借数学证明的力量，我们才能确信，在某个时刻，高斯最初的预测会出错。

到了 1933 年，李特尔伍德的一位研究生斯坦利·斯奎斯（Stanley Skewes）给出了答案：当素数个数达到 $10^{10^{10^{34}}}$ 之后，我们就会看到，高斯的猜想最终会低估素数的个数。这是一个极其庞大的数。我们通常会将这类数值和宇宙中的原子数量，也就是 10^{78} 进行比较。但斯奎斯给出的数甚至已经超出了原子的数量。它的 1 后面跟了那么多个 0，以至于即便你给宇宙中的每个原子都加一个 0，也完全接近不了它。人们把它叫作斯奎斯数。哈代宣称，在数学证明中遇到的数里，斯奎斯数无疑是最大的一个。

斯奎斯证出的估计值之所以令人好奇，还有一个原因。它和其他成千上万个证明一样，都把黎曼假设当作了前提条件。唯有假定黎曼是正确的，在 ζ 图景中，海平面上的所有零点确实都分布在那条穿过 $\frac{1}{2}$ 的线上，斯奎斯的证明才能成立。如果不做这样的假设，20 世纪 30 年代的数学家们就无法确认，我们需要数到多少才会出现高斯猜想小于素数个数的情况。面对这一特例，数学家们最终还是找到了出路，可以避开黎曼的山峰。1955 年，斯奎斯给出了一个更大的数，即便黎曼假设不成立，这个数也是适用的。

有意思的是，数学家们虽然不愿接受高斯的第二个猜想，却对未被证实的黎曼假设充满了信心，并以此为基础展开了研究。黎曼假设正逐渐成为数学体系的必要构件。除了这份信心，他们大概也是基于实用需求。越来越多的数学家发现，黎曼假设让自己的研究无法继续向前，只有假定黎曼假设为真，才能推动他们的研究进程。不过，面对李特尔伍德对高斯的第二个猜想做出的阐释，数学家们也该做好准备，如果有谁发现了偏离边界线的零点，以黎曼假设为基础建立起的一切都将崩塌。

李特尔伍德的证明深刻影响着人们对数学，尤其是对素数的看法。它向那些被大量数据说服的人发出了严厉警告。它揭示了素数善于伪装的一面。它们将自己的真实面貌隐藏在数的宇宙深处，深到超出了人类的计算能力。唯有通过抽象的数学证明，才能洞悉它们的真正特性。

有人认为，在某些关键方面，数学和其他学科是不一样的，对此，李特尔伍德的证明提供了完美的论据。在崇尚实验主义的 17 和 18 世纪，数学家们基于少量的计算来改进理论；而今，他们不再满足于此。依靠经验穿行于数学世界的方法已不再适用。在其他学科中，凭借百万条数据或许足以构建理论，但对数学而言，这一做法让人如履薄冰。这一点，李特尔伍德已经证实了。从今往后，证明就是一切。没有确凿的证据，什么都不可信。

越来越多的数学家不得不假定黎曼假设为真，这就带来了一个愈发迫切的问题，人们要确保在黎曼图景的某个遥远地带，没有零点会偏离临界线。只有解决了这一点，数学家们才不必担忧黎曼假设会被证伪。

第 六 章

拉马努金：数学传奇

不能传达上帝思想的方程，于我无益。

——斯里尼瓦瑟·拉马努金

当哈代和李特尔伍德在奇异的黎曼图景中奋力穿行时，远在八千公里之外的斯里尼瓦瑟·拉马努金，一位来自印度马德拉斯①港务局的年轻职员也沉醉在神秘莫测的素数变幻中。在办公室里，他丢开了枯燥的账本，不好好做自己的本职工作，而是在笔记本上观察着、计算着，想要知道，这些奇怪的数是如何嘀嗒作响的。拉马努金在计算素数时，对于兴起于西方的复杂观点是无从知晓的。他没有接受过正规教育，所以并不像李特尔伍德和哈代那样，对数论，尤其是对素数怀有敬意。哈代称素数是"最为艰深的纯数问题"。而拉马努金不受任何数学传统的限制，以孩童般的热情醉心于素数，加上他那非凡的数学天赋，这份纯粹最终成了他的巨大优势。

身处剑桥的哈代和李特尔伍德在兰道的书中见证了素数的传奇，而身处印度的拉马努金则是受到一本基础读物的激励才迷上了素数，其影响同样深远。科学家们在年轻时遇到的一些转折点，几乎能奠定他们往后的人生轨迹。学生时代的黎曼收到了一本勒让德的著作，这就是他的人生转折点：这本书在他的生命里埋下了种子，而后发芽。至于哈代和李特尔伍德，他们皆是受了兰道的影响。1903 年，15 岁的拉马努金在阅读乔治·卡尔（George Carr）的《纯粹数学与应用数学基本结果汇编》（*Synopsis of Elementary Results in Pure and Applied Mathematics*）时豁然开朗。除却与拉马努金的关联，这本书的内容和作者并不重要，但其结构值得关注。这本书其实是一份清单，包含了 4400 个经典结果——只有结果，没有证明。在接下来的几年里，拉马努金迎难而上，通读了这本书，证出了其中的每一个论点。他对西方的数学证明模式一无所知，所以自成一派。正因为不受传统思维模式的束缚，他才能自由漫步。没过多久，他的笔记本上就写满了超越卡尔原著的想法和结果。

---

① 地名，今印度金奈。——译者注

斯里尼瓦瑟·拉马努金（1887—1920）

费马有许多未能证明的论点，是欧拉对其展开了研究。拉马努金的探索正体现了这种欧拉精神。拉马努金有一种奇妙的直觉，能够不断调整公式，直至得出新见解。当他发现虚数可以将指数函数和声波方程关联在一起时，他不免欢喜雀跃。几天后，喜悦转为失望，这位年轻的印度职员发现，欧拉早在 150 多年前就已实现这一伟大成就。拉马努金自卑又沮丧地将他的计算藏了起来。

大多时候，数学上的创新十分艰难，但拉马努金的工作方式总有些传奇色彩。他曾声称，是女神纳玛基丽（Namagiri）在梦中给了他这些启示。纳玛基丽是他的家族女神，也是毗湿奴的第四种化身人狮那罗希摩的神妃。拉马努金的村邻们相信，女神有着驱逐恶魔的力量。对拉马努金而言，女神赐予了他灵感，自己才有了源源不断的数学发现。

将梦境当作探索数学的沃土的人，不仅有拉马努金。狄利克雷到了晚上就会把高斯的《算术探索》塞在枕头下，以期得到灵感，从而理解这本书里各种晦涩的陈述。思维就像是跳出了现实世界，可以自由探索在清醒时被封锁的路径。拉马努金似乎可以在清醒时自发进入这种梦境般的地界。许多数学家想要实现的状态就近似于这种神游之境。

阿达马因证出素数定理而声名显赫。他对数学家的创造性思维过程深感着迷，并在 1945 年出版的《数学领域中的发明心理学》(*The Psychology of Invention in the Mathematical Field*) 一书中阐述了自己的观点，对潜意识的作用做出了有力论证。神经学家也对数学思维模式越来越感兴趣，因为这可以揭示大脑的运作方式。在清醒的工作中，有些想法会在我们的头脑中扎根；而在休息时，乃至在做梦时，就是它们自由发挥的时候了。

阿达马在他的书中将数学发现的过程划分为四个阶段：预备阶段、酝酿发酵、灵光乍现、验证阶段。如果说拉马努金在第三阶段有着惊人的天赋，那么在第四阶段，他就显得过于平庸了。拉马努金并不缺乏灵感，他只是没有意识到论证的必要性。或许正是因为没有求证的负担，拉马努金才能自由地在数学的荒原中探索新的路径。这种直觉式的风格与西方的科学传统截然不同。正如李特尔伍德后来所写："他完全不知道证明究竟意味着什么。但凡有让他深信不疑的证据和直觉，他就不会再深究了。"

当年，印度学校深受英国教育理念的影响。英国的教育体系虽然将李特尔伍德和哈代培养得相当出色，却没能培养好印度青年拉马努金。1907 年，当李特尔伍德的论文在剑桥大学备受好评时，拉马努金正遭遇第三次也是最后一次入学考试失败。要是只考数学的话，他当然能通过，但他还得学习英语、历史、梵文，甚至生理学。作为正统的婆罗门，拉马努金是一位严格的素食主义者，接受不了对青蛙和兔子进行解剖。考试失败意味着他没法进入马德拉斯大学，但这并没有浇灭燃烧在他心中的数学之火。

直到 1910 年，拉马努金一直在积极寻求认可。当发现有那么一个公式似乎可以极其准确地计算出素数时，他感到兴奋不已。最开始，拉马努金和大多数人一样，在试图征服这串无序数列的过程中感到挫败。但他明白素数对数学有多重要，坚持认为存在着某个数学公式可以解释它们。他始终天真地相信，方程与公式可以精确地表述出所有的数学及其规律。正如李特尔伍德后来所说："如果是在 100 或 150 年前，拉马努金该是多么伟大的数学家！要是他能在刚刚好的时候遇见欧拉，会怎么样呢？但这个公式的辉煌时代似乎已经过去了。"不过，19 到 20 世纪由黎曼引起的巨变是拉马努金未曾经历过的。他想要找出素数的生成公式。在计算了好几小时的素数表之后，他看出了一种规律。他热切地想要解释自己的初步发现，说不定会有人欣赏他的想法。

借助他那些精彩的笔记，借助婆罗门强大的社会网络，拉马努金顺利进入马德拉斯港务局，成了一名会计。他开始在《印度数学学会杂志》（*Journal of the Indian Mathematical Society*）上发表一些论点，而他的名字也引起了英国当局的注意。彼时，C. L. T. 格里菲斯（C. L. T. Griffith）正任职于马德拉斯工程学院。他认为，拉马努金的成果体现了一位"卓越数学家"的水准，但具体内容，他无法妄议。因此，他问询了一位教授的观点。在伦敦上学时，这位教授曾教过他。

没有受过正规训练的拉马努金形成了自己独有的数学风格。后来，伦敦大学学院的希尔（Hill）教授收到了拉马努金的论文，该论文声称证出了

$$1+2+3+\cdots+\infty=-\frac{1}{12}$$

不出意料，在希尔看来，其内容大多很空泛。即便找一个外行来看，也会觉得这个公式非常荒谬。把所有整数加在一起会得到一个负分数，这个人是疯了吧？他在给格里菲斯的回信中写道："拉马努金先生已经陷入发散级数的陷阱，这是一门极为艰深的学科。"

不过希尔也并非全然对此不屑一顾。拉马努金在收到转述给他的评价后倍感鼓舞，于是决定自己尝试一下，给剑桥大学的好几位数学家写了信。其中两位收信人没能理解这种奇怪的算术，拒绝了这个印度人的求助。但接下来，拉马努金的信落到了哈代的桌上。

数学界似乎总有"怪人"出现。或许费马对此要负一点责任。从兰道

的拒信范本就可以想见，他收到了多少封"怪人"的来信。大家都说自己证出了费马大定理，想要赢得沃尔夫斯凯尔奖。数学家们对于这些莫名其妙的来信已经见怪不怪了，其中都是些疯狂的数学理论。比如，哈代就经常被这种手稿所淹没。据他的朋友 C. P. 斯诺（C. P. Snow）回忆，有人声称自己解开了大金字塔的预言之谜，还有人说解开了弗朗西斯·培根藏在莎士比亚戏剧中的密码。

加纳帕蒂·耶尔（Ganapathy Iyer）是马德拉斯大学的数学教授，他在此前不久送给拉马努金一本哈代的《无穷阶数》（*Orders of Infinity*），两人常在傍晚时去海滩讨论数学。在翻阅哈代的文字时，拉马努金笃定地意识到，至少还是有那么一个人可能会认同他的想法。但后来，他承认自己害怕了，怕哈代在看见这个无穷和后，会建议他去疯人院。"尚未找到一个公式，能明确地表述出给定范围内的素数个数。"哈代的这番论述令拉马努金激动不已。他确信自己找到了一个几近完美的公式，可以给出素数个数。他迫不及待地想要知道，哈代对这个公式会有什么看法。

一大早，哈代就收到了拉马努金的来信，上面贴满了印度邮票。他的第一印象不是很好。手稿中写着关于计算素数个数的理论，疯狂又离奇，还将已知的结论当作了原创的发现。在附信中，拉马努金宣称自己已经"找到了一个能准确计算出素数个数的函数"。哈代知道这有多惊人，但对方并没有提供任何公式。什么证明都没有，再糟糕不过了！对哈代而言，证明就是一切。他曾在三一学院的高桌上对伯特兰·罗素说过："要是我能通过逻辑证明你会在五分钟内死亡，我会为你即将辞世而抱憾，但证明的快乐会抚平我的悲伤。"

据斯诺回忆，哈代很快就读完了拉马努金的作品，觉得"无趣又恼火，好像莫名其妙被骗了"。但到了晚上，那些疯狂的理论开始发挥魔力。晚餐后，哈代喊来李特尔伍德讨论了一番。直到午夜，问题终于解决了。哈代和李特尔伍德知道如何破解拉马努金的怪诞之词后才明白，这一切并非"怪人疯语"，而是天才之作，它出自一位未曾受训却非凡的天才。

他们都对拉马努金的无穷级数表示肯定。这一求和看似疯狂，却重新定义了黎曼的 ζ 图景所缺失的部分。要想破解拉马努金的公式，就得将 2 这个数改写成 $\dfrac{1}{2^{-1}}$（2^{-1} 是 $\dfrac{1}{2}$ 的另一种写法）。黎曼和李特尔伍德据此调整了每一个数，重新书写了无穷级数的公式：

$$1+2+3+\cdots+n+\cdots=1+\frac{1}{2^{-1}}+\frac{1}{3^{-1}}+\cdots+\frac{1}{n^{-1}}+\cdots=-\frac{1}{12}$$

当代入 -1 时，该如何计算 ζ 函数？黎曼想要的答案就在这里了。没有接受过正规训练的拉马努金独自完成了全部过程，并且重新构建了黎曼所发现的 ζ 图景。

拉马努金的信来得真是时候。兰道的著作让李特尔伍德和哈代都被奇妙的黎曼函数所吸引，想要知道 ζ 图景与素数的关联。现在，拉马努金自称有一个非常精确的公式，可以给出任意范围内的素数个数。那天早上，哈代否定了这一主张，以为拉马努金就是个数学疯子。但经过当晚的研究，这个来自印度的包裹变得耀眼起来。

拉马努金说，直至计算到 100 000 000 个素数，他的公式基本能维持零误差，"偶尔会相差一两个"。对此，哈代和李特尔伍德当然是震惊的。但问题在于，公式并没有被给出。事实上，对于两位离不开严格论证的数学家来说，这封信从头到尾都相当令人沮丧。信中的公式和结论都没有得到解释，不知出处。

哈代给拉马努金写了一封积极的回信，但希望对方能给出素数公式的证明以及更多细节。李特尔伍德还加了一张便条，希望他能尽快将素数个数的公式寄过来，"证明也要尽可能充分"。两位数学家都对拉马努金的回信充满了期待，常常坐在高桌上一起共进晚餐，想要进一步破解拉马努金的第一封信。罗素在给朋友的一封信中提道:"我在大厅里看见了欣喜若狂的哈代和李特尔伍德,他们相信自己发现了第二个牛顿——一个来自印度马德拉斯的年薪 20 英镑的小职员。"

拉马努金的第二封信如期而至。其中写有好几个素数公式,但还是缺少证明。李特尔伍德写道:"就这种情况,这封信可真是把人给急疯了。"他寻思着,拉马努金大概是怕哈代会偷走他的成果。哈代和李特尔伍德仔细翻阅第二封信时看到,拉马努金已经触及了黎曼的另一项重要发现。高斯的素数统计公式经黎曼改进后变得相当准确。黎曼借助 ζ 图景中的零点消除了这一公式会产生的误差。这是一个来自五十年前的发现,拉马努金不知缘何就构建出了黎曼公式的一部分。他的公式包含了黎曼对高斯猜想的改进,但并未用零点消除误差。

拉马努金是否在说,海平面上的点所带来的误差以某种奇妙的方式被抵消了?傅里叶从音乐的角度分析了这些误差。每个零点就像是个音叉,它们共同奏响了素数之声。有时候,声波相互抵消,就会带来一片寂静,就像飞机会借助机舱内的声波来抵消发动机的噪声。拉马努金是不是认为,黎曼用零点构建的波可以带来寂静?

复活节期间,李特尔伍德带着拉马努金的信件副本,和情人一家一起去往康沃尔度假。他和哈代从来都不用名相互称呼,所以在信中回复的是"亲爱的哈代"。他写道:"那个关于素数的主张并不正确。"李特尔伍德成功证出,这些波产生的误差是无法相互抵消的。所以,拉马努金重新构建出的黎曼公式并没有他以为的那样准确。无论计数如何增加,始终都有噪声。

李特尔伍德受拉马努金启发,给出了这一分析,刚好也为黎曼的成果带来了有趣的新见解。数学家们之所以重视黎曼假设,就是因为它表明了,与 N 的大小相比,高斯猜想与 N 以内实际素数个数的误差微乎其微,基本上不会超过 N 的平方根。但如果零点不在黎曼的临界线上,误差就会大得多。现在，拉马努金的来信表明，超越黎曼是可行的。也许，随着素数计数的增加，误差会小于 N 的平方根。李特尔伍德在康沃尔的研究粉碎了这一希望。李特尔伍德能够证出，由零点引起的误差无论如何都不会小于 N 的平方根。黎曼假设给出的是最乐观的情况了。拉马努金的确错了，却让哈代印象深刻。正如哈代后来所写："也许在某种意义上，他的失败要比他的任何成就都更加精彩。"

"我模糊地知道他是怎么出错的了。"李特尔伍德在写给哈代的信中提到了他的猜测，拉马努金肯定是误以为 ζ 图景的海平面上没有点。的确，要是这样的话，拉马努金的公式就没什么问题了。李特尔伍德还是兴奋的。他断言："我觉得他起码是雅可比那个级别的。"雅可比可是黎曼时代的数学之星。哈代给拉马努金回了信："你要是能证明出自己的论点，那将是整个数学史上最瞩目的成就。"虽然拉马努金有着傲人的天赋，但很明显，他还是需要尽快熟悉一下最新的知识。李特尔伍德向哈代提及自己的想法："他会掉进这个坑里并不奇怪。人家可能从来都没怀疑素数深藏恶意。"正如哈代所评价的那样："作为一个贫穷且孤独的印度人，他有着绝对的劣势，却凭借自己的头脑来应对欧洲的智慧积累。"

他们决定，无论如何都要将拉马努金带来剑桥，于是托付三一学院的同事 E. H. 内维尔（E. H. Neville）去劝说拉马努金加入他们。一开始，拉马努金并不乐意离开印度，漂洋过海会让他失去婆罗门的身份。朋友纳拉亚纳·耶尔（Narayana Iyer）看出了他对剑桥的向往，于是制订了一个计划。耶尔相信，对数学的热爱以及对女神纳玛基丽的笃信终将说服拉马努金——他其实是可以去剑桥的。耶尔带着拉马努金来到纳玛基丽的神庙寻求启示。在石板上睡了三晚后，拉马努金突然醒来。他立刻就把朋友叫了起来："我在一道绚丽的光中看见纳玛基丽命我出海。"耶尔笑了，他的计划很顺利。

拉马努金还担心自己的家人不会同意。但家族女神纳玛基丽再度出现。拉马努金的母亲梦见她的儿子坐在一个大厅里，周围全是欧洲人，女神纳玛基丽命她不要挡了儿子的路。他最后担心的是，要是得在剑桥参加考试，又该丢人了。内维尔帮他打消了这一顾虑。拉马努金离开了到处都是小房子的马德拉斯，来到了剑桥的宏伟大厅与图书馆，就如同他母亲梦见的那样。

剑桥的文化冲突

1914 年，拉马努金来到剑桥大学，一段数学史上的旷世合作就此开启。哈代总是神采飞扬地谈及他与拉马努金一起工作的时光。他们被彼此的数学思想所吸引。他们在对数的热爱中找到了知音，也为此欢喜不已。后来，当哈代忆及往昔时，与拉马努金一起走过的这些年就是他人生中最美好的时光，他们的友谊之船被他称为"我这一生唯一的浪漫"。

两人的合作模式就像是一个经典的审讯小组：一个唱红脸，一个唱白脸。唱红脸的这位始终乐观地看待每一个疯狂的提议；唱白脸的这位是个悲观主义者，怀疑一切，不放过隐藏的细节。在审问"数学疑犯"时，拉马努金的狂热奔放需要哈代的批判精神加以制约。

但有些时候，要想达成共识并非易事。文化冲突是显而易见的。哈代和李特尔伍德坚持严谨的西方证明，而拉马努金在女神纳玛基丽的启示下总是思如泉涌。哈代和李特尔伍德常常对这位新同事的想法感到一头雾水。哈代评论道："他几乎每天都在向我展示各种新发现，我要是一直纠结他是怎么发现那些已知的定理的，倒是显得好笑了。"

拉马努金需要面对的不仅仅是文化上的冲击。在这个戴方帽、穿黑袍的陌生世界里，他是孤独的。他找不到合意的素食，只好写信让家里寄来罗望子和椰子油。如果不是有熟悉的数学世界，他根本无法适应这样的转变。那位去印度赢得他信任的同事内维尔，讲述了拉马努金在这里的早期生活："在一个陌生的文明中，他的痛苦源自生活的点点滴滴。那些从没见过的蔬菜实在难以下咽，光脚生活了 26 年之后却要穿着磨脚的鞋子。但他还是快乐地沉浸在刚刚踏入的数学社会中。"他沮丧地扔掉了英国鞋，每天趿拉着拖鞋穿行于校园中。不过，一旦他在哈代的房间里安顿下来，摊开笔记本，他就可沉浸于自己的公式和方程中，而哈代则陶醉地注视着他那些迷人的定理。从印度到剑桥，拉马努金在数学上的孤独转变为文化上的孤独，但他遇见了一个可以一同探索他的数学世界的伙伴。

哈代发现，教育拉马努金是一项艰巨的任务。他担心，如果坚持要求拉马努金去证明自己的论点，就会摧毁他的自信，妨碍他的灵感。他安排了李特尔伍德帮助拉马努金去了解严谨的现代数学。李特尔伍德发现，这是项不可能完成的任务。无论李特尔伍德介绍什么样的内容，拉马努金都能回应以各种原创想法，这让李特尔伍德束手无策。

拉马努金之所以能来英国，要归功于他曾试图提供计算素数个数的准确公式，他最终取得成就却是在另一个相近的领域。哈代和李特尔伍德对素数的顽固做出了悲观的评价，这让拉马努金在直面素数时感到厌烦。我们可以猜想，如果拉马努金未曾感受到西方对素数的恐惧，也许他就能发现点什么了。他继续和哈代一起探讨数的性质。两人的想法推动关于哥德巴赫猜想的工作迈出了第一步，这个猜想是：每个偶数都是两个素数之和。这一进展来之不易，而起点便是拉马努金的天真信念。他相信，重要的序列总该有精确的表达式，比如素数个数。在声称得出素数公式的那封信里，他还自称知道如何生成分拆数，这是另一个尚未被征服的序列。

将 5 块石头分堆摆放，有多少种不同的方法呢？可以是五堆各 1 块，也可以是一堆共 5 块，还有居于两者之间的其他可能。

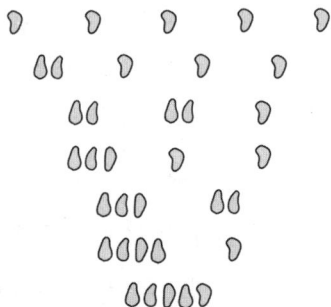

将 5 块石头分堆摆放的 7 种方法

这就是数 5 的**分拆**（partition）。如上图所示，有 7 种分拆方法。

下表是数 1 到 15 的分拆数。

数	1	2	3	4	5	6	7	8	9	10	11	12	13	14	15
分拆数	1	2	3	5	7	11	15	22	30	42	56	77	101	135	176

我们在第二章遇到过这一数列。它们在现实世界中出现的频率就和斐波那契数列一样高。比方说，在某些简单的量子系统中，能级密度的变化就与分拆数的增长有关。

不同于素数，这些数看起来不似随机分布。哈代那一代人试图为这一数列寻找准确的表达式，但最终全都放弃了。数学家们认为，顶多能找到一个生成估计值的公式，这个估计值与 N 的实际分拆数相近，就像高斯的素数公式对 N 以内的素数个数做出近似估计一样。面对这样的数列，拉马努金从来都不知道害怕。他想要的是一个公式，能准确地告诉你，4 块石头有 5 种分法，200 块石头有 3 972 999 029 388 种分法。

拉马努金没能解决素数问题，却在分拆数上取得了卓越的成就。哈代善于处理复杂的证明，而拉马努金则坚定地相信公式的存在，于是他们一同完成了这一发现。李特尔伍德一直都不明白"拉马努金怎么就那么确信公式的存在呢"。看看下页这个公式，里面有 2 的平方根、π、微分、三角函数，还有虚数，我们不由得好奇，这样的猜想是从何而来呢？

$$
p(n) = \frac{1}{\pi\sqrt{2}} \sum_{1 \leqslant k \leqslant N} \sqrt{k} \left(\sum_{h \bmod k} \omega_{h,k} \mathrm{e}^{-2\pi\mathrm{i}\frac{hn}{k}} \right) \frac{\mathrm{d}}{\mathrm{d}n} \left(\frac{\cosh\left(\frac{\pi\sqrt{n-\frac{1}{24}}}{k}\sqrt{\frac{2}{3}} \right) - 1}{\sqrt{n-\frac{1}{24}}} \right) + O\left(n^{-\frac{1}{4}} \right)
$$

李特尔伍德后来评价道："该定理的发现源于此二人的愉快合作。他们天赋各异，在合作中竭尽全力，将自己的特点发挥到了极致，得到了最好的运气。"

这个故事里有一个转折值得一提。哈代和拉马努金的公式其实并没有直接给出精确的数值，而是需要四舍五入到最近的整数才是正确答案。比方说，如果将 200 代入公式，离输出值最近的整数就是 3 972 999 029 388。如果只需一个正确答案，这个公式已经够用了，但它并不能完美地给出分拆数，这一点还是令人失望的。（这一公式后来得到改进，能够给出准确答案了。）

拉马努金没能用同样的方式解决素数问题，但他和哈代的分拆函数对哥德巴赫猜想产生了影响。素数理论中有许多伟大的未解之谜，而哥德巴赫猜想就是其中之一。许多数学家都望而却步，这一问题始终毫无突破。早在几年前，兰道就曾宣称这个问题根本无法攻破。

哈代和拉马努金对分拆函数的研究带来了一项新技术，现如今被称为哈代 - 李特尔伍德圆法。这个名字源于他们在计算时画出的图。图中画的是虚数地图上的那些圆，而哈代和拉马努金想要求出它们的积分。那为什么没有用拉马努金的名字呢？这是因为，首次使用这一方法为求证哥德巴赫猜想做出实际贡献的人是哈代和李特尔伍德。他们没能证明每个偶数都能写成两个素数之和。但在 1923 年，他们成功证明了，每个相对较大的奇数都能写成三个素数之和，这对数学家来说又是一项重大发现。但只有黎曼假设为真，他们的证明才能成立。这又是一个将黎曼假设当作黎曼定理才能敲定的结论。

拉马努金促成了这一技术的诞生，但遗憾的是，他没能在生前见识到它的数学威力。到了 1917 年，拉马努金愈发消沉。英国正深陷一战阴霾。三一学院没能录用拉马努金为研究员。由于他的反战态度，罗素奖学金也中断了。此时，拉马努金的和平主义立场是这所大学无法容忍的。也许，他最终学会了把脚塞进西方的鞋子，戴上学位帽，穿上长袍，但他始终心系印度南部的故乡。

剑桥越来越像一座监狱。拉马努金早已习惯印度的自由生活。那里气候温暖，人们可以更多地享受户外的时光。但在剑桥，他只得蜷缩在厚厚的大学围墙之内，躲避北海寒风的侵扰。社会分化意味着，除却学术生活中的正式交流，他几乎没有什么社交。他也逐渐意识到，哈代对严谨性的坚持正束缚着他，令他的思想难以在数学世界自由驰骋。

情绪日益低落的同时，他的身体也每况愈下。三一学院没法理解他那严苛的宗教饮食习惯。在印度，他习惯了在写笔记时，妻子会把食物递到手里。虽说学院的厨房为哈代和李特尔伍德等学者提供了同样的服务，但拉马努金完全吃不下高桌上的食物。一个人该怎么活呢？妻子和家人都远在印度，他感到孤独又绝望。营养不良似乎引发了肺结核，他常常需要住进疗养院。

拉马努金试图通过思考数学让自己支撑下去，但无济于事。他的梦里充斥着混乱的数学图像。他认为，就是黎曼图景中那些没完没了的零点引起了他的腹痛，零点处的 ζ 函数值都飙升到了无穷大。这就是一位婆罗门因漂洋过海而受到的可怕惩罚吗？他误解了女神的启示吗？自从来到剑桥，他的妻子一次都没给他写信。他要崩溃了。

　　身体逐渐好转后，拉马努金依然感到沮丧。他一头扎进伦敦的地铁轨道，想要自杀，但失败了。幸好有工作人员介入，列车在拉马努金卧轨的位置前方急停下来。在 1917 年，自杀未遂在英国是一种刑事犯罪，但在哈代的帮助下，控诉被撤销了，条件是拉马努金必须去德比郡，住进马特洛克的一家疗养院，接受为期 12 个月的全天候医疗监督。

　　此时的拉马努金被困在很远的地方，甚至没法天天见到哈代。他写信给哈代说："我在这儿已经一个月了，每天都不让我生火。他们承诺，什么时候我能认真研究数学问题，就同意我生火。但那一天还没有到来。我住的开间冷得可怕。"

　　最终，哈代将拉马努金转到了伦敦帕特尼的一家疗养院。虽然哈代承认，拉马努金是他一生中唯一的挚友，但除了一起研究数学时的兴奋，他们之间其实没什么深情厚谊。在探望重病卧床的拉马努金时，哈代连半句安慰的话也说不出来。但他提到了来时乘坐的出租车号码——1729，他觉得这是个相当无趣的数。即便是缠绵病榻也无法阻挡拉马努金的灵感："不，哈代！不是啊，哈代！这个数可好玩了。它是可以用两种方式表示为两个立方之和的最小的数。"他是对的：$1729 = 1^3 + 12^3 = 10^3 + 9^3$。

　　此后，拉马努金总算迎来了转机。他被英国最负盛名的科研机构——英国皇家学会选为会员，最终成为三一学院的研究员。哈代在此次推选中施加了影响，这就是他表达爱意的唯一方式。但拉马努金始终没能痊愈。第一次世界大战结束后，哈代建议拉马努金回印度休养一段时间。1920 年 4 月 26 日，拉马努金在马德拉斯去世，享年 33 岁。我们现在认为，他当时患有阿米巴病，也就是一种寄生虫病，可能是在前往英国之前感染上的。

　　拉马努金最终还是没能解决素数问题，但他写给哈代的第一封信对后来的故事产生了持久的影响。数学家们相信，这个未解之谜的答案随时随地都有可能出现。一个新的洞见也许会将一个此前闻所未闻的名字从阴影中推到聚光灯下。就像拉马努金所展示出来的那样,有时候,学识与期待可能会阻碍进步。在传统学府中接受教育的学者未必就是打破常规的最佳人选。始终会有这样一种可能:又一份包裹出现在了某位数学家的桌子上,一个不知名的天才将实现拉马努金的梦想,揭开素数的奥秘。

拉马努金的精神遗产始终激励着一代又一代的数学家。诚然,直到近几十年,这些思想的真正价值才得到充分认可。直到哈代去世,拉马努金的公式也没能展现其重要性。哈代本人对拉马努金的某个猜想也曾不屑一顾,并在一篇论文里做出了这样的评价:"我们好像已经漂进了一潭数学死水。"但多年以后,皮埃尔·德利涅(Pierre Deligne)不仅解决了拉马努金的猜想,还因此获得了 1978 年的菲尔兹奖。这一猜想的重要性可见一斑。拉马努金的支持者布鲁斯·伯恩特(Bruce Berndt)将他比作巴赫,巴赫也是去世多年后依然鲜为人知。

伯恩特大半生都在研究拉马努金未曾发表的笔记。和许多数学家一样,他被拉马努金的各种公式和方程深深吸引。在研究这些笔记时,伯恩特发现了一张特别的表,其中详细列出了 100 000 000 以内的素数。这些数大体上是正确的,要比拉马努金最初交给哈代的那个公式更加准确。但它们是如何生成的,这就无从得知了。

拉马努金会不会有个秘密的素数公式,就像他的分拆函数一样好用?拉马努金的笔记里是不是还藏着什么线索? 1976 年,拉马努金的一本笔记失而复得,其中写满了全新的数学内容,数学界为此振奋不已。这一发现让数学家们不由得推测,在三一学院的档案室里,或者在马德拉斯的箱子里,可能还有更多尚未发现的宝藏,其中或许解释了拉马努金是如何准确计算素数的。

哈代因拉马努金的离世深受打击,他在两个月前刚刚收到对方的来信,信中欢快地探讨了数学问题。失去这样一位共同探索数学世界的好搭档,哈代深感痛苦。"自相识以来,他的创造力一直都是我的灵感来源。

他的离世是我经历过的最沉痛的打击。"

晚年的哈代也曾遭受抑郁症的折磨。他原本一直都觉得自己还年轻。在面对自己苍老的面庞时，他厌恶极了，每进到一个房间，就一定要把镜子转过去。他还讨厌年龄会影响到他的数学能力。他的著作《一个数学家的辩白》就是一个走到职业生涯末期的数学家做出的辩白，令人动容。研究数学的数学家肯定不能太老。数学不是一门沉思冥想的学科，而是一门具有创造性的学科。如果一个人已经失去了期待，没有了创造力，还能在数学里找到什么安慰呢？这就是数学家们的普遍经历，而且这一时刻的到来总是让人猝不及防。

和拉马努金一样，哈代也曾试图自我了断，不是卧轨，而是吞药。但他还是把药吐了出来，只是有一只眼睛发青了。斯诺探望了病中的哈代。他回忆道："哈代在自嘲。他说自己把一切都搞砸了，有谁做得比这更糟糕吗？"哈代唯一的安慰就是拉马努金，他在《一个数学家的辩白》中写道："在沮丧时，在听到各种令人厌烦的声音时，我总是对自己说，好吧，我做过一件你永远也做不到的事，那就是曾经与李特尔伍德和拉马努金有过平等的合作。"

第 七 章

数学大迁徙：
从格丁根到普林斯顿

数学是一门如此浩瀚庞杂、丰富多彩的学科，而一切人类活动都与地点和人息息相关，所以我们需要培育出本土化的数学科学。

——大卫·希尔伯特，1913 年
在庆祝兰道成为格丁根大学教授的聚会上

兰道的父亲利奥波德（Leopold）发现，他所在的柏林街区住着一个数学神童。他感到非常好奇，于是邀请对方来家里喝茶。卡尔·路德维希·西格尔（Carl Ludwig Siegel）虽然极为腼腆，但还是答应过来见见这位格丁根大数学家的父亲。兰道老先生在自家书房里取了两卷与素数相关的书，是他儿子写的。他把书递给西格尔，并解释道，虽然现在西格尔还不大能读懂，但也许以后就明白了。西格尔非常珍惜埃德蒙·兰道的这套书，而他后来的数学成就也深受此书影响。

西格尔成年之际也是第一次世界大战刚刚开始的时候。这个寡言少语的年轻男孩一想到要服兵役，就十分害怕。他对与军事相关的事物愈发感到厌恶。兰道的父亲曾经好奇西格尔会有怎样的数学成就，不过，西格尔最开始选择的却是柏林大学的天文系，他相信，这门学科绝对不会和战争有什么关联。但是天文系开课晚，所以他就先去听了几门数学课。没过多久，他就爱上了数学，迷上了对数的探索。很快他便能理解兰道父亲送给他的那套素数书了。

直到 1917 年，战争终究还是影响到了西格尔的生活。因为拒服兵役受到惩罚，他被关进了精神病院。兰道的父亲出面干预，他才被释放出来。西格尔后来坦言："如果不是因为兰道，我可能已经死了。"到了 1919 年，这位年轻人还没有完全从痛苦中恢复过来，就加入了他的数学偶像兰道的团队。在格丁根，他的数学才华逐渐绽放。

西格尔发现，兰道的性格相当讨厌，他只能忍着。有一回，已是资深数学家的西格尔在柏林拜访了兰道。晚餐时，这位教授一直都在解释一条极为复杂的证明，坚持要讲清其中最微小的细节。西格尔耐心地听着，但兰道讲到很晚才结束。西格尔错过了回家的末班车，只好步行回到住处。一路上，他都在想着兰道的证明，其中涉及海平面上的零点，和黎曼构建的图景十分相似。到家时，他想到了一条简洁的证明，可以替代那条害他错过公交的复杂证明。第二天，冲动之下，西格尔给兰道寄去明信片，感谢他的招待，并附上了新证明的简要细节。这些内容刚好写满一张卡片。

当西格尔来到格丁根时，德国正承受着战争赔款的压力，他只能寄宿在系里的一位教授家中。另一位教授给他买了一辆自行车，这样他就可以穿行于这座小镇的中世纪街道。最开始，格丁根的数学泰斗们，尤其是伟大的希尔伯特，令西格尔心生畏惧。于是他独自安静地工作，想要实现突破，然后让那些名字被挂在走廊里的前辈眼前一亮。在希尔伯特的课堂上，他努力汲取着这位大师的思想。要知道，在希尔伯特的二十三个问题里，只要能答出其中一题，他就可以敲开成功之门了。

起初，在希尔伯特这样的大师面前，他一点儿也不敢表露自己的想法。后来，有好几位高级教员邀请他去莱茵河游泳，他这才鼓起勇气。穿着泳衣的希尔伯特少了几分威严，于是西格尔大胆地和他聊起自己对黎曼假设的看法。希尔伯特热情地给予回应，而且，在他的帮助下，这位腼腆的数学家在 1922 年获得了法兰克福大学的教职。

终其一生，西格尔为希尔伯特的好几个问题都做出了贡献。但真正让他在数学界奠定声名的是第八问。他对黎曼假设做出了革命性的突破。

重审黎曼

当西格尔开始专注于第八问时，他逐渐意识到，有些数学家已经不再认可黎曼对这个领域的贡献。在 1859 年发表的那十页论文，让黎曼取得了一定的成就，对此，西格尔的导师兰道的批判之声或许最为响亮。尽管兰道承认那是一篇极为出色、成果颇丰的论文，但他的赞扬也仅限于此。兰道认为，在素数理论中，黎曼的公式无关紧要，他只是创造出了某种工具，稍加改进后，可用以证明其他事物。

此时，远在剑桥的哈代和李特尔伍德同样转变了态度。一直到 20 世纪 20 年代，哈代始终没能解决黎曼假设，这让他感到挫败。李特尔伍德也开始怀疑，既然无法证实，或许就意味着，其实它并不成立：

我确信它是不成立的。完全没有证据可以支持这个假设。我们不该相信无法证实的事物。我应该记录一下自己的感受，根本就想象不出任何理由能说明它是真的。而且，如果我们坚信这是个错误的假设，或许能过得更舒坦些。

黎曼在提出假设时，确实没有给出关于零点位置的证据。在那十页论文里，他一次也没有计算过海平面上的点。哈代认为，黎曼的零点直觉不过是个能给人启发的推测。

正是因为黎曼好像都没有在论文中计算过零点的位置，于是我们看到的就是一个善于思考、富有见地，却懒得动手计算的数学家。这大概就是黎曼的革命精神。希尔伯特也同样推崇这种数学新方法。正如他在一篇论文中所写："我尽量不再使用库莫尔（恩斯特·库莫尔，Ernst Kummer，狄利克雷在柏林大学的继任者）的大型计算工具，不通过计算，而是通过思考来推动证明。这里所贯彻的就是黎曼的准则。"希尔伯特在格丁根的同事费利克斯·克莱因喜欢说这么一句话：黎曼的工作主要是依靠他那些厉害的"大略思路"与"直觉"。

但哈代并不满足于依赖直觉。他和李特尔伍德研究出了一种方法，可以精确计算出早期的零点位置。如果黎曼假设不对，那就有这样一种微小的可能，他们用自己的公式，很快就能找出一个不在那条线上的零点。这个方法利用了黎曼所发现的对称性，那条穿过 $\frac{1}{2}$ 的临界线划分出了黎曼图景的东西两侧。在此基础上，他们还用到了欧拉设计的一种高效方法，以求无穷和的近似值。到了 20 世纪 20 年代末，剑桥数学家已成功找出 138 个零点。正如黎曼所预测的那样，它们确实都在那条穿过 $\frac{1}{2}$ 的临界线上。

那么显然，哈代和李特尔伍德的公式就没什么用了。要想准确定位这 138 个零点以北的任何一个零点，在计算上是不可行的。

这些计算似乎没法更进一步了。哈代已经通过理论分析证实，这条线上的确有无穷多个零点。此刻，我们会有一种更加强烈的预感，只有走到这片图景的极北处，才有可能看到偏离此线的零点。正如李特尔伍德所展示的，在数学的动物园里，素数要比其他的数更加善于隐藏自己的真实色彩，藏在数的世界深处。因此，数学家们逐渐放弃了寻找零点的位置，转而关注这片图景中更具理论性的特质，以期揭开黎曼思想的奥秘。

然而，一个意想不到的发现改变了这一切。当西格尔在法兰克福苦心钻研黎曼假设时，他收到了数学史家埃里克·贝塞尔－哈根（Erich Bessel-Hagen）的来信。这位历史学家一直在研究黎曼未曾发表的笔记。当热心管家烧毁黎曼的论文时，黎曼的妻子埃莉泽救下了一些，其中大部分科研文件都被她交给了和黎曼同辈的理查德·戴德金。但几年后，她开始后悔，这些可能包含个人信息的东西怎么能交给别人？她要求戴德金将其归还。即使一份数学手稿里有那么点儿购物清单的信息，或者是家人好友的名字，埃莉泽都希望能拿回来。

最终，其余的科研文件都被戴德金交给了格丁根大学图书馆。贝塞尔－哈根一直想要理清档案室里这一大堆手稿，但没什么进展。和许多数学家的私人笔记一样，这些稿子里尽是些杂乱无章的想法和公式。贝塞尔－哈根期待着，也许西格尔能更好地解读这些天书。

西格尔给格丁根大学的图书管理员写了信，询问能否翻阅黎曼的遗作。管理员将文件寄给了西格尔所在的法兰克福大学的图书馆。西格尔对此满怀期待：在裹足不前的失望中，总算有了美好的消遣。包裹如期而至，他和一位来访的同事一起冲向图书馆。当他打开包裹时，写满了复杂算术的稿纸纷纷落地。70 年来，人们一直以为数学家黎曼纯粹是凭借直觉和概念来研究数学，他证明不了自己的观点，但这些稿纸推翻了这一形象。西格尔指着这些算式揶揄道:"这些就是黎曼的大略思路!"

此前已有几位普通的数学家翻阅过这些稿件,想要找到黎曼假设的线索,但谁都没能理解这些庞杂散乱的方程。黎曼似乎在空闲时进行过大量的纯计算,这一点尤其令人困惑。这些求和是什么意思呢?只有像西格尔这样的数学家才明白黎曼当时在做什么。

西格尔审视着这些稿件,逐渐意识到,黎曼其实是在践行导师的格言。高斯一直强调,建筑师盖好大楼之后就得把脚手架挪开。西格尔手里的一张张薄纸上,连边边角角都写满了计算内容。黎曼一度穷困,后来还要供养妹妹,他只买得起劣质纸张,一点儿空间也不能浪费。希尔伯特眼中的思想家原来是一位计算大师,他就是在这些计算中构建了思路,在自己搜集的证据中找到了规律。有些计算并非创新,比如将 $\sqrt{2}$ 算到小数点后 38 位,但还有一些内容是西格尔从没见过的,他被深深吸引了。当翻阅这些手稿时,那些杂乱又随意的计算开始有了意义。他意识到,黎曼是在计算零点。

西格尔发现,黎曼有一个神奇的公式,可以准确地计算出 ζ 图景的高度。公式的第一部分源自某个技巧,哈代和李特尔伍德曾经发现过这个技巧,但黎曼比他们早了大约 60 年。公式的第二部分则是全新的内容:对剩余的无穷级数求和,黎曼发明的方法要比我们现在使用的方法更加高明。在 ζ 图景的海平面上,采用欧拉的方法只能找出前 138 个零点,相比之下,黎曼的公式可以向北走得更远。

在黎曼去世 65 年后,这位伟大的数学家依然高不可攀。哈代和兰道曾经误以为黎曼的论文只是给出了一些精彩的启发式洞见。然而,这背后所依靠的却是扎实的计算和理论思想,黎曼只是没有公开罢了。西格尔发现黎曼的秘密公式后,没过几年,哈代在剑桥的学生就用这个公式确认了临界线上的前 1041 个零点。不过,随着计算机时代的到来,这个公式才真正发挥它的作用。

数学家们花了这么长时间才注意到黎曼笔记中的珍宝，这也太奇怪了。黎曼的那十页论文里肯定是有线索的。那时候，他在写给其他数学家的信里应该也稍微说过自己的发现。在论文中，他提到了一个新公式，但是"不够精简，还不能公开"。70年来，格丁根大学的数学家们一直在研究这篇论文，却不知道，就在几个街区之外，有一个神奇的公式可以定位零点。克莱因、希尔伯特和兰道都很乐意谈论黎曼，但他们谁也没有好好读过黎曼未曾发表的遗作。

平心而论，随便瞥一眼黎曼的涂鸦就会知道任务有多艰巨。正如西格尔所写："黎曼笔记中，但凡是关于 ζ 函数的部分全都没有准备好发表。有时候，同一页上还会出现断裂的公式，通常是只写了等式的一边。"所以这些笔记读起来就像是一份交响乐谱的初稿。西格尔凭借高超的数学技巧从这些杂乱的笔记中提取出公式，这才有了最终的乐章。因此，我们现在会把它叫作黎曼－西格尔公式，这是西格尔当之无愧的。

幸好有西格尔的坚持不懈，我们这才看到了黎曼不为人知的一面。黎曼的确强调过抽象思维和基本概念的重要性，但他也知道，计算与数值实验的力量不容忽视。黎曼始终谨记18世纪的传统，他的数学正是由此而来。

在从黎曼管家手中救下的遗作里，只有一部分被收藏在了格丁根大学图书馆。1875年5月1日，埃莉泽·黎曼致信戴德金，解释了哪些私人笔记需归还家属，其中有个黑色小本子，记录了1860年春天，黎曼在巴黎度过的时光。就是在几个月前，黎曼发表了他那篇著名的十页素数论文，而且急于将其印刷发表，以备入选柏林科学院。在巴黎时，忙完发表后，他才有时间充实自己的想法。那里的天气糟透了，冰雪交加使得黎曼无法好好探索这座城市。于是他就坐在屋子里写下自己的想法。可以猜想，黎曼在那个小黑本里不仅记录了自己对巴黎的印象，还提到了海平面上的零点。这本笔记的去向是有迹可循的，却从未面世。

1892 年 7 月 22 日，黎曼的女婿在给海因里希·韦伯的信中写道："最
开始，我的岳母完全无法接受，黎曼的笔记不能为个人所有；在她看来，
它们是不可侵犯的，一想到随便哪个学生都能翻开这些笔记，接着还会读
一读那些涉及隐私的边注，她就觉得讨厌。"费马的情况就不同了，他的
侄子极其热切地想要出版叔叔的边注，而黎曼的家人并不愿意出版黎曼本
人从未打算发表的笔记。那时候，那个小黑本似乎还在家人手中。

关于这本笔记的下落有许多猜测。有证据表明，贝塞尔－哈根后来从
黎曼的家人手中拿到了一些剩余稿件。也不知道他是竞拍所得，还是有什
么私交，其中一些手稿被送进了柏林大学的档案室，其余藏品似乎被贝塞
尔－哈根留在了自己手中。1946 年冬天，他饿死在了二战结束后的一片
乱局中，他的遗物不知所终。

据另一本书记载，这个小黑本落在了兰道手中。两战之间，时局动
荡，据说他把这本笔记交给了他的数学家女婿 I. J. 舍恩贝格（I. J.
Schoenberg）保管。这位女婿在 1930 年逃到了美国。线索又断了。现在，
100 万美金的悬赏把寻找黎曼的小黑本变成了寻宝游戏。

如果没有黎曼的笔记和西格尔的坚持，我们需要多久才能发现这个
神奇的公式呢？它太复杂了，也许直到今天，我们都不会知道这个公式。
那么，因为小黑本的失踪，我们还错过了哪些宝藏呢？黎曼声称，他能
够证明大部分的零点都在那条分界线上，但至今也没有谁能给出相应的
证明。德国的图书馆档案室里还埋藏着什么秘密呢？小黑本流落美国了
吗？它没有被管家烧成灰烬，却消失在了二战的硝烟里吗？

到了 1933 年，德国的数学家们愈发难以专心研究数学。纳粹党徽出
现在格丁根大学图书馆上空。学院里有许多犹太人和左翼数学家。当时的
街头运动将数学系划分为"马克思主义的堡垒"。到了 30 年代中期，在希
特勒对大学的清洗中，许多教职工都失业了，其中一些人逃往海外。兰道
虽是犹太人，却被允许留下，因为他在一战爆发前就入职了。1933 年 4 月

纳粹德国公务员法中的"非雅利安人条款"并不适用于资深教授或是参战人员。

事态进一步恶化。到了 1933 年冬天，兰道的课堂遭到纳粹学生的抗议，其中包括那一代的杰出数学家奥斯瓦尔德·泰希米勒（Oswald Teichmüller）。格丁根的一位犹太教授形容泰希米勒是"一个才华横溢的年轻人，但也是个稀里糊涂、臭名昭著的疯子"。有一天，当兰道到达讲堂时，狂热的纳粹青年们挡住了他的路。泰希米勒告诉兰道，他的犹太式微积分完全不能和雅利安人的思维方式相提并论。兰道崩溃了，他辞去教职，回到柏林退休。不能教书，对他来说是一种莫大的伤害。哈代邀请他去剑桥做过几次讲座。哈代回忆道："重新站在黑板前的他神采飞扬，而当讲座接近尾声时，他又黯然失色。这样的落差真让人难过。"兰道无法割舍自己的祖国。他回到了德国，1938 年过世。

那一年，没有犹太背景的西格尔从法兰克福来到格丁根，他要挽救数学系的声望。1940 年，面对战争的恐怖，他选择流亡到美国。在一战中度过了可怕的童年之后，他就曾发誓，要是祖国再度掀起战争，他绝不会留下。打仗的那些年，他一直留在普林斯顿高等研究院。在那些为格丁根建立了声望的数学家中，只有希尔伯特留在了德国。他一直都为格丁根的数学地位感到欢喜骄傲。现如今，年迈的他理解不了身边发生的灾难。西格尔曾试图向他解释为什么大家相继离开。据西格尔回忆："他可能是以为，我们在讲什么糟糕的笑话。"

短短几周内，高斯、黎曼、狄利克雷和希尔伯特为格丁根创建的伟大传统就在希特勒的手中化为乌有。一位评论家写道，这是"自文艺复兴以来人类文明所经历的最大悲剧之一"。纳粹德国在 20 世纪 30 年代所施行的毁灭性打击使得格丁根（可能也包括德国数学）再也没有恢复往昔辉煌。在格丁根的中世纪街道上摔过一跤后，希尔伯特没能挺过来，他在 1943 年的情人节过世了。他的过世意味着，这座城市再也不是数学圣地了。

欧洲数学就此陷入危机。各国都在积极应对必将到来的冲突，无暇捍卫对抽象理念的纯粹追求。欧洲科学再度成为负责提升国家军事实力的工具。和西格尔一样，许多数学家都移民到了美国。大西洋彼岸一片繁荣，支持学术发展，是专注于科研本身的沃土。这次学术移民推动了美国的发展，而欧洲却再也没能恢复其世界数学重镇的地位。

一些流亡的数学家还是回去了。战争一结束，西格尔就回到了德国。在普林斯顿避难时，他并不知晓欧洲数学的发展，还以为在这期间不会有什么变化。但有惊喜正等着他。虽然数学家们大多逃亡，或者不再研究数学，但的确发生过一件大事。西格尔遇见了他的朋友哈拉尔·玻尔，玻尔曾在哥本哈根和哈代一起研究过黎曼假设。西格尔问这位老同事："我在普林斯顿时，这里有发生过什么吗？"玻尔简单回了一句："塞尔贝格！"

塞尔贝格：孤僻的斯堪的纳维亚人

1940 年，西格尔前往普林斯顿时，途经挪威，奥斯陆大学邀请他发表演讲。德国当局同意了这次访问，却不知道这次演讲是西格尔用来打掩护的。此行的主要目的是坐船从奥斯陆出发，逃离欧洲，前往美国。当船只驶离港口时，西格尔看到一队德国商船正在接近。后来他才得知，那些船只是德国侵略者的先遣队。他成功逃脱了。一位叫作阿特勒·塞尔贝格的年轻人却留在了奥斯陆大学的数学系。这位年轻人埋首于数学沙地，试图忽略周遭的动荡。

在战争还没有波及这片土地时，塞尔贝格就喜欢自我沉浸式的工作。独立于世的状态总能带领数学家走上全新的道路。塞尔贝格选择了一个周围人都不太熟悉的数学领域。这就意味着没有同事能帮到他，但他还是一往无前。不仅如此，他似乎十分享受独处的状态。当战争迫近时，挪威逐渐与世隔绝，再也收不到国外的科学期刊，塞尔贝格却将这片沉寂当作灵感来源。"像是被关进了监狱，和外界没有联系，可以全然专注于自己的想法，不会被其他人的行为干扰。这么一看，这样的处境在各方面都能带来绝佳的工作状态。"

阿特勒·塞尔贝格（1917—2007），普林斯顿高等研究院教授

这种自足自立成了塞尔贝格数学生涯的特点。年少时，他常常独自待在父亲的书房里，潜心研究书架上的数学书籍，一坐就是好几小时，就此养成了孤僻的性格。在那些悠长的时光里，他在挪威数学学会的期刊上读到一篇关于拉马努金的文章。塞尔贝格回忆说："我始终都忘不了那些奇特而美丽的公式。"拉马努金的成果成了塞尔贝格的主要灵感来源。"我看到了一个崭新的世界，由此展开了前所未有的想象，像是得到了某种启示。"塞尔贝格从父亲那里收到了拉马努金的论文集，他一生都珍藏着这份礼物。父亲的大量数学藏书让他在自学中受益匪浅。他在 1935 年进入奥斯陆大学时，已经开始了自己首创的研究。

　　拉马努金和哈代一起发现的分拆数公式令他着迷不已。虽然这位印度数学家的公式已经得到充分认可，但还是有些不尽如人意的地方。这个公式给出的答案并非整数，离答案最近的整数才是真正的分拆数。一定有一个公式可以精确生成分拆数。1937 年秋天，塞尔贝格愉快地得出了精确的公式，完善了拉马努金的不足。不久后，在阅读自己首篇论文的评论时，他注意到了旁边一篇评论。他失望地发现，汉斯·拉德马赫（Hans Rademacher）在一年前就已发表相关论文，他被打败了。1934 年，拉德马赫因为和平主义立场失去了在布雷斯劳①的工作。于是他逃离纳粹德国，来到美国。"我当时挺受打击的，但后来就习惯了这样的事情！"塞尔贝格从未听说拉德马赫的成果，这表明，当时的挪威在数学界是相对孤立的。

　　对于哈代和拉马努金没能找到精确的公式，塞尔贝格一直都感到奇怪。"我非常确信，问题在于哈代。哈代并没有完全相信拉马努金的观点与直觉。我觉得，要是哈代能多给拉马努金一点儿信任，他们肯定能够得出拉德马赫数列。这几乎是毋庸置疑的。"但或许，这样的路线反而促成了哈代和李特尔伍德对哥德巴赫猜想的贡献，否则就不会有后来的故事了。

　　塞尔贝格开始大量阅读剑桥三杰——拉马努金、哈代和李特尔伍德的作品。他主要关注的是素数本身以及素数和 ζ 函数的关联。在哈代和李特尔伍德的一篇论文中，有句话十分显眼。他们写道，当前的方法似乎无法证明大部分零点都分布在黎曼的临界线上。哈代至少已经证出，这条线上有无穷多个零点，但无法证明这无穷多个零点是所有零点的一部分。虽然他和李特尔伍德做了一些改进，但能够证出的零点还是极其有限。他们大胆地承认，自己的方法无法更进一步。

　　但塞尔贝格不似哈代和李特尔伍德这般悲观。他认为这两个人的想法依然能带来一些启示。"我读了哈代和李特尔伍德的论文。他们在结尾处

---

①　布雷斯劳是波兰弗罗茨瓦夫的旧称，二战前属于德国。此处也是指布雷斯劳大学，即今弗罗茨瓦夫大学。——编者注

解释了为什么他们的方法给出的结果不会超出他们所能证明的范围。读着读着，我就意识到，这个说法不对。"塞尔贝格相信自己能够比哈代和李特尔伍德更进一步，他确实做到了。虽然他还是无法证明所有零点都在那条直线上，但他能证出，按照他的方法，随着他往北走，所得零点的百分比不会下降为零。他并不确定自己究竟找到了百分之多少的零点，但也总算在这块馅饼上咬下了第一口，留下了些许牙印。现在回过头看，他大概证明了 5% 到 10% 的零点确实在临界线上。越是往北，零点的比例就越符合黎曼假设。

塞尔贝格咬下的那一口虽然并非对黎曼假设的证明，却也实现了鼓舞人心的突破。这一点在当时无人知晓。塞尔贝格并不清楚是否有其他人已经取得这一成果。1946 年夏天，战争结束一年之际，斯堪的纳维亚数学家大会在丹麦哥本哈根举行，他受邀前去演讲。在他之前，就已经有人得出了精确的分拆数公式，这让他倍感失落，于是他决定核实一下，自己在零点问题上取得的成果是不是新发现。奥斯陆大学一直都没有收到那些在战时被耽误的期刊。"我听说挪威科技大学的图书馆收到了这些期刊，所以特意前往特隆赫姆，在图书馆里待了一周。"

他其实没必要担心的。在黎曼图景的零点问题上，他走在了所有人前面。他在哥本哈根发表的演讲证实了玻尔后来的回答。当美国回来的客人问及欧洲的数学新闻时，玻尔说了一句"塞尔贝格！"。塞尔贝格讲述了自己对黎曼假设的看法。尽管他对证明方法做出了重大贡献，但他还是强调，这对最终的证明并没有太大帮助。"我们为什么会愿意相信黎曼假设呢？我认为，这在本质上是因为，它是我们能够获取的最美丽、最简洁的分布。沿着这条线，你可以看到对称性。它能给出最为自然的素数分布。你会觉得，这个宇宙中起码有那么一点东西是正确的。"

一些人误解了塞尔贝格的评论，认为他在质疑黎曼假设的准确性。李特尔伍德认为，没有证据的假设就是错误的，但塞尔贝格并没有这么悲观。"我一直都坚定地相信黎曼假设，我绝不会否定它。但我当时那样说的意思是，我们没有任何数值或者理论结果可以明确地指向它。这些结果能够表明，它基本上是正确的。"换而言之，大部分零点可能都在那条线上，这就是一个世纪以前黎曼自称可以证出来的内容。

塞尔贝格的战时突破成了欧洲数学的巅峰绝唱。成名后，普林斯顿高等研究院的赫尔曼·外尔（Hermann Weyl）教授向他发出邀请。该教授在1933年逃离了形势严峻的格丁根。这位孤身留在欧洲的数学家，在经历过二战的困苦后，最终接受了大西洋彼岸的召唤。塞尔贝格应邀前往普林斯顿，对崭新的前景充满了期待。他抵达了繁忙的纽约港，然后前往安静的普林斯顿。这座城镇位于曼哈顿以南一小段车程处。

像塞尔贝格这样的杰出数学家从海外涌入，推动了美国的发展。美国曾是数学活动的边远地区，现如今却成了数学发展的中坚力量。它成了数学的故乡，吸引着全世界的数学家。希特勒与二战摧毁了格丁根作为数学圣地享有的声誉，但这样的辉煌在普林斯顿涅槃重生了。

这所高等研究院成立于1932年。路易斯·班伯格（Louis Bamberger）和他的姊妹卡罗琳·班伯格·富尔德（Caroline Bamberger Fuld）为此捐赠了500万美元。该院旨在吸引全世界最优秀的学者，向他们提供安静的避风港和丰厚的薪水。确实如此，这个地方获得了"高薪研究院"的绰号。它想要营造出像牛津与剑桥那样的学院氛围，不同学科的学者可以在交流中相互受益。

不过，和那些古老学府的压抑氛围相比，普林斯顿充满了朝气与活力，洋溢着生机与思想的火花。在牛津或者剑桥的高桌上谈论工作是一种失礼，而普林斯顿就不会拘泥于这样的礼节。大家随时都可以公开谈论工作。爱因斯坦称其为尚未点燃的烟斗。"普林斯顿是个神奇的地方。在这个古朴又庄重的村落里，平凡的小神们踩着高跷。抛开某些社交传统，我就可以为自己打造一个远离纷扰的学习氛围。人类的吵吵闹闹几乎无法传

普林斯顿高等研究院

入这座小小的大学城。"

　　尽管这所研究院的初衷是推动所有学科的发展，但它最初诞生于普林斯顿大学的那栋数学老楼。数学系后来搬进了普林斯顿唯一的一座高楼，并将其名称法恩大楼（Fine Hall）也带去了。大概是研究院最初的所在地影响了它的优势，数学和物理成了这里的强项。教员休息室的壁炉上方刻着爱因斯坦经常引用的一句话："上帝虽狡猾，但并不邪恶。"不过数学家们更容易对这句话持怀疑态度。正如哈代向拉马努金所解释的，"素数深藏恶意"。

　　1940 年，这所研究院搬进了新建筑。它坐落于普林斯顿郊区，周边森林环绕，与笼罩外界的恐怖隔绝开来。爱因斯坦将自己流亡到普林斯顿看作"被放逐到了天堂。我一生都在向往这种远离尘世的生活，如今在普林斯顿终于实现了"。这所研究院在各方面都折射出格丁根的影子，遗世独立，苗壮成长。人们从遥远的地方赶来，被这个自给自足的社区深深吸引。有人会说，普林斯顿的自给自足演变成了自负。他们不仅接纳了格丁根的数学家，似乎还挪用了格丁根的格言：普林斯顿之外无生活。这所研究院隐匿于森林之中，为流亡的欧洲人提供了最好的工作环境。

埃尔德什：来自布达佩斯的奇才

研究院里还有一位来自欧洲的数学移民，他和塞尔贝格打过不少交道。挪威青年塞尔贝格一直被拉马努金的故事所激励，而另外一位年轻人也有过相似的心路历程。20 世纪后半叶，来自匈牙利的保罗·埃尔德什（Paul Erdős）成了最引人注目的数学家之一。他们之间的缘分并非只和拉马努金有关。不过这一点存在争议。

塞尔贝格喜欢独自工作，而埃尔德什更擅长合作。他微微驼背，趿拉着拖鞋，穿着西装，全世界的数学办公室里都是这样的身影。常常可以看到他埋头写着笔记，旁边坐着新的合作对象，他们满怀热情地提出与数相关的问题，并给出解答。他一生中写了 1500 多页论文，完全是肉眼可见的成就。唯一一个产量更高的数学家是欧拉。埃尔德什是个数学修行者，他怕自己会分心，就抛弃了所有财产。他把赚来的钱都捐给了学生，或者当作解答问题的奖金。和他的前辈哈代一样，上帝在他的世界观中起到了不同寻常的引领作用。他将"宝典"的守护者称为"至上天尊"。对于所有已解和未解的数学问题，所谓宝典给出了最优雅的证明细节。埃尔德什对一个证明的最高评价就是："它直接引自宝典！"他用希腊字母 epsilon（即 ε）来称呼婴儿，因为数学家们会用这个字母指代非常小的数。他相信，所有的婴儿，也就是 epsilon，生来便知晓这本宝典是如何证明黎曼假设的。但问题是，六个月以后，他们就都忘记了。

埃尔德什喜欢听着音乐研究数学。他常常在音乐会上思如泉涌，抱着笔记本涂涂画画。他是个优秀的合作伙伴，不喜欢独处，但也极其厌恶身体接触。咖啡和咖啡因片都是他的精神支撑。他曾经有过一个著名的解释："数学家就是一台机器，能将咖啡转化为理论。"

和许多伟大的数学家一样，因为父亲的缘故，埃尔德什有幸接触到了各种思想，这才对数产生了热情。有一回，父亲向埃尔德什展示了欧几里得对于有无穷多个素数的证明。父亲对这个论点做了调整，转而求证任意长度的不包含素数的数列，埃尔德什被这个想法吸引了。

如果你想要 100 个连续的数里没有素数，只需将 101 以内的所有数相乘。这个结果叫作 101 的**阶乘**，用 101! 表示。101! 显然可以被 1 到 101 的所有数整除。如果 N 是其中一个数，那么，101!+ N 也能被 N 整除，因为 101! 和 N 都能被 N 整除。由此可知

$$101!+ 2, 101!+ 3, \cdots, 101!+ 101$$

都不是素数。这就是一个长度为 100，但不含素数的数列。

埃尔德什来了兴趣。从 101! 或者其他某个数往后数，要数多久，才能找到一个素数呢？欧几里得已经确认，必然存在某个素数，但是不是要等很久才能找到下一个素数呢？毕竟，素数可是大自然抛硬币选出来的，从一个正面到下一个正面，谁知道要花多久呢？当然，倒也很难连续抛出 1000 个反面，但这样的可能性是存在的。埃尔德什进一步发现，这么一看，素数可**不像**是抛硬币抛出来的。这些数看似混乱无序，但并非随机分布的。

其实，早在 1845 年，法国数学家约瑟夫·贝特朗（Joseph Bertrand）就已对下一个素数有多远提出了猜想。他认为，如果你随便挑一个数，比如 1009，然后数到它的两倍，这一路上，肯定能遇见一个素数。在 1009

和 2018 之间确实有很多素数，第一个是 1013。如果贝特朗选择任意的数 N，这个结论是否依然成立呢？他无法证明在任意的 N 和 $2N$ 之间一定存在素数。提出这一惊人预测时，他才 23 岁。而这一猜想就是我们所说的贝特朗公设。

它并没有成为像黎曼假设那样长期未解的谜题。不到七年，俄国数学家帕夫努季·切比雪夫就给出了证明。切比雪夫在研究素数理论之初，证明过高斯猜想和实际素数个数的误差不会超过 11%。而在这里，他采用了与当时相近的思路。他的方法没有黎曼的那般巧妙，但也足够有效。抛硬币时，什么时候能抛出下一个正面是未知的，但切比雪夫证明了素数具有一定的可预测性。

1931 年，年仅 18 岁的埃尔德什发表了他最初的成果，其中一个就是对贝特朗公设的新证明。但他失望地发现，他的证明并非首创。有人向他指出了拉马努金的成果。在拉马努金最后的成就中，有一条论证大大简化了切比雪夫对贝特朗公设的证明。年轻的埃尔德什虽深感沮丧，更多的却是喜悦，因为他认识了拉马努金。

埃尔德什想看看自己能不能做得比拉马努金和切比雪夫更好。他开始关注素数之间的间距有多大，终其一生，都醉心于这个问题。他提供了奖金鼓励旁人来证明自己的猜想，因此成名。其中第二大奖金是 1 万美元，用来奖励证出相邻素数的间距。但他总是开玩笑说，为了赢得这些奖金而付出的劳动大概会违背最低工资法。我会在最后一章讲到素数间距问题的解答，这是最近发生的故事，可惜埃尔德什早已离开人世，无缘看到这个证明。他曾经随口许诺过 100 亿的阶乘美元的奖金，用于奖励证出某个概括了高斯素数定理的猜想（这个金额就是 1 和 100 亿之间所有的数相乘）。要知道，100 的阶乘就已超出宇宙中的原子数量。所以，到了 20 世纪 60 年代，当给出证明的那位数学家不打算索要这份奖金时，埃尔德什表示松了一口气。

20 世纪 30 年代，埃尔德什一到普林斯顿高等研究院，便立刻展现了自己的才华。为躲避欧洲战乱，马克·卡茨（Mark Kac）从波兰来到这里。卡茨的领域是概率论，但他即将开设的一场讲座引起了埃尔德什的兴趣。卡茨打算讨论一个函数，该函数描述了随着计数增加，每个数可被拆分成多少个不同的素数。比方说，$15 = 3 \times 5$ 可以被拆分成两个不同的素数，$16 = 2 \times 2 \times 2 \times 2$ 只能拆出一个素数。根据拆分出的素数多少，每个数都有一个得分。

埃尔德什想起哈代和拉马努金曾经研究过这些分值的变化。但这些分值的随机性还是需要像卡茨这样的统计学家来研究。如果画一张计数增加时的分值变化图，在卡茨看来，它就是统计学家们所熟悉的钟形曲线，所代表的正是随机性。卡茨虽然识别出了这个函数的特性，但他没有相应的数论技巧来证明自己关于随机性的直觉。"1939 年 3 月，我在普林斯顿的一次讲座中首次提出了这一猜想。对我，可能也对数学而言，幸好有埃尔德什坐在观众席上。他当时立刻来了精神，在讲座结束前完成了证明。"

此次成功激起了埃尔德什的终身热情，他开始将数论和概率论结合起来做研究。乍一看，这两门学科似乎截然不同。哈代曾经不屑一顾地宣称："概率算不上纯粹数学，而是哲学或者物理上的概念。"数论家的研究对象是天然不可改变的。正如哈代所说，不管我们乐不乐意，317 始终都是一个素数。而概率论则是一门不可预测的学科，你完全没法确定接下来会发生什么。

零点的有序意味着素数的随机

尽管高斯曾经用过抛硬币的思路来猜测素数个数，但直到 20 世纪，数学家们才愿将概率论和数论这两门不同的学科结合起来思考问题。在 20

世纪的前几十年里，物理学家们提出，亚原子世界中存在着偶然性。电子就像是小小的台球，你绝对没法确认它的具体位置。许多物理学家并不愿意承认这一点，似乎是有一个量子骰子决定了这个电子在哪儿。这一新兴的量子物理学理论令人不安，它为这个世界提供了概率模型，也许就是因为这样，素数的确定性才受到挑战。当爱因斯坦试图否认上帝和大自然掷骰子的时候，他可以在研究院的走廊上看到，埃尔德什正在证明，数论的核心就是掷骰子。

正是在这一时期，数学家们开始理解，讲述 ζ 图景中的零点分布的黎曼假设，是如何解释素数的无序与随机的。零点是有序的，而素数是随机的，要想理解这一矛盾，最好的办法是深入研究随机过程的经典模型——抛硬币。

将一枚硬币抛出 100 万次，得出结果应是一半正面，一半反面。但你不能指望刚好就是这样。将一枚质地均匀的硬币随机抛出，如果 50 万次正面中存在 1 万次左右的误差，也没什么好惊讶的。如果这个实验是某种随机过程，就可用概率论来度量误差大小。如果将硬币抛出 N 次，得出的正面次数会和 $\frac{1}{2}N$ 有些偏差，可能少一点，也可能多一点。据分析，抛硬币的误差约为 N 的平方根。因此，如果抛掷 100 万次，出现正面的次数会在 49.9 万和 50.1 万之间（100 万的平方根是 1000）。如果硬币质地并不均匀，那么误差始终都会超过 N 的平方根。

高斯借助抛硬币模拟了他对素数个数的猜想。抛掷第 N 次得出正面的概率在这里不是 $\frac{1}{2}$，而是 $1/\log N$。不过，就像传统的抛硬币不会刚好得出一半正面，一半反面，大自然的素数硬币也不会刚刚好就给出高斯预测的素数个数。那么误差会是什么样子呢？它是在随机抛硬币的误差限制内，还是会倾向于在特定数值区域内生成素数，而其他区域则是一片荒芜？

答案就在黎曼假设和它对零点位置的预测中。海平面上的零点决定了高斯猜想的误差。每个横坐标为 $\frac{1}{2}$ 的零点产生的误差为 $N^{\frac{1}{2}}$（这是 N 的平方根的另一种写法）。如果黎曼准确定位了零点，那么，高斯猜想和实际素数个数之间的误差最大不会超过 N 的平方根。而这就是概率论给出的误差期望值，前提是保证硬币是公平的，在随机状态下没有偏差。

如果黎曼假设是错误的，他的临界线东边也有零点，那么这些零点带来的误差会远远大于 N 的平方根。这就好像硬币正面朝上的概率远远超过50%。如果黎曼假设是错误的，那么素数硬币就不是质地均匀的公平硬币。临界线越东边有零点存在，素数硬币就越不均匀。

一枚公平的硬币会产生随机行为，而质地不均的硬币却能带来规律。因此，黎曼假设揭示了这些素数为何看似随意。黎曼发现了零点和素数的关联，推翻了这种随机性。要想证明素数的确是随机分布的，首先要证明，在黎曼那面镜子的另一边，这些零点有序地分布在他的临界线上。

埃尔德什很喜欢这种对黎曼假设的概率解释。一方面，这让数学家们回想起当初为何进入黎曼的镜中世界。埃尔德什呼吁，数论应回归其根本——数。令人震惊的是，自从黎曼的虫洞被开启，数学家们进入新世界以来，鲜少有数论家会讨论数。他们更关心黎曼图景的几何特征，想要寻找海平面上的点，而非谈论素数本身。埃尔德什掉转方向，回归到对素数本身的研究。他很快就发现，在这段归途中，自己并非孤身一人。

数学分歧

塞尔贝格最初是被黎曼的 ζ 图景所吸引的，但在普林斯顿，他的兴趣从 ζ 函数转向了素数本身。来到美国从事数学的同时，他也回到了黎曼之镜的实侧。

自德拉瓦莱普桑和阿达马证出素数定理以来，数学家们就一直感到挫败，因为找不到更简单的方式来证明高斯给出的对数和素数个数之间的关联。黎曼的 ζ 函数和虚数图景实在过于复杂，难道数学家们就非得用这样的工具才能证明高斯所预测的素数个数吗？数学家们不得不承认，要想证明这个估计和黎曼的猜想一样高明，误差只有 $N^{\frac{1}{2}}$，那就一定要用到这些工具。但他们还是相信，一定有更简单的方式可以得出高斯最初的粗略估计。切比雪夫初步证出，高斯至少给出了 11% 的正确答案。他们曾经希望拓展、完善切比雪夫的初等证明。但经过 50 年的努力，还是没能找到更简单的方法，人们开始相信，黎曼开发的复杂工具，以及德拉瓦莱普桑和阿达马运用到的精密方法都是绕不开的。

哈代并不相信初等证明的存在。倒不是他不希望有这样一个证明，数学家们一直以来所寻求的不只是证明，还有简洁性。哈代只是愈发感到失望，这种东西真的存在吗？他 1947 年过世，几个月后，埃尔德什和塞尔贝格初步证出素数和对数的关联。如果哈代还在，他应该会感到欣慰。然而，这一初等证明引发的署名争议也会令他大跌眼镜。除了埃尔德什的两本自传，许多地方都流传着这个故事，其中大多是从埃尔德什的视角叙述，考虑到埃尔德什的合作圈和人脉，再看看塞尔贝格有多孤僻，这也不足为奇。不过，还是有必要记录一下塞尔贝格的视角。

最早使用 ζ 函数的人是狄利克雷，他用这个复杂的工具来证明费马的某个猜想。狄利克雷证出，如果你往一个 N 小时制的时钟计算器中输入素数，它始终都会指向 1 点。换而言之，除以 N 后，余数为 1 的素数有无穷多个。狄利克雷的证明依靠的是复杂的 ζ 函数。他的证明促成了黎曼的伟大发现。

然而，在 1946 年，也就是狄利克雷取得这一发现的 110 年之后，塞尔贝格给出了狄利克雷定理的初等证明，它就类似于欧几里得对存在无穷多个素数的证明。在当时，人们普遍认为，如果不采用黎曼的理念，素数理论就不会有任何进展，但塞尔贝格的证明绕开了 ζ 函数，打破了这一心理障碍。这一巧妙的证明无须用到复杂的 19 世纪数学，古希腊人也是有可能读懂的。

匈牙利数学家保罗·图兰（Paul Turán）曾经访问过普林斯顿高等研究院，在此期间，他与塞尔贝格建立了深厚的情谊。他也是埃尔德什的好朋友。1945 年，在解放后的布达佩斯，当他被苏军拦在街头时，他唯一拿得出手的身份证明就是与塞尔贝格共同撰写的论文。巡警对此印象深刻，而图兰也因此躲过一劫。图兰后来开玩笑说，数论还有这种妙用。

图兰迫切地想要知道塞尔贝格是基于什么样的想法证出了狄利克雷定理，但他只待一个春天就要离开了。塞尔贝格非常乐意向他展示一些细节，甚至建议在自己去加拿大续签证期间，由图兰讲解这个证明。而在与图兰交流的过程中，塞尔贝格展示的细节远超预期。

图兰在讲座中提到了塞尔贝格证出的一个公式。这是一个非常了不起的公式，但和狄利克雷定理的证明并无直接关联。彼时埃尔德什就在观众席上，他意识到，这个公式刚好可以用来改进贝特朗公设，也就是 N 和 $2N$ 之间一定有一个素数。埃尔德什想要看看，是不是非得扩展到 $2N$ 才行。比如，是不是总能在 N 和 $1.01N$ 之间找到一个素数？他知道，这并非对所有的 N 都适用。毕竟，如果 N 是 100，那么在 100 和 101（100×1.01）之间并不存在任何整数，更不用说素数了。但埃尔德什认为，只要 N 足够大，按照贝特朗公设的理念，N 和 $1.01N$ 之间就会有一个素数。1.01 其实没什么特别的。埃尔德什相信，在 1 和 2 之间任选一个数，都是有效的。听完图兰的讲座后，埃尔德什意识到，塞尔贝格的公式为他的证明提供了缺失的一环。

"我回来后，埃尔德什跟我说，他想用这个公式来改进贝特朗公设，问我有没有意见。"这是塞尔贝格自己想出来的公式，但尚未取得下一步进展。"我当时没在研究那个，所以我说没意见。"那时候，塞尔贝格正忙着处理许多现实问题。他要续签证，要在美国锡拉丘兹找到住所，因为下学期要去那里教书，还要为暑期的工程师课程备课。"不管怎么说，埃尔德什还是非常高效的，他成功找到了一个证明。"

有些事情塞尔贝格当初并没有告诉图兰，尤其是他为什么会思考贝特朗公设的原理。他是想借此完成素数定理的初等证明。埃尔德什的成果就是最后一块拼图，为塞尔贝格拼出了完整的证明。

他告诉埃尔德什，自己如何借助他的成果完成了素数理论的初等证明。埃尔德什建议，他们可以向出席图兰讲座的小组展示这一成果。但埃尔德什实在太兴奋了，他积极向各方发出邀请，承诺将会有一场精彩的讲座。塞尔贝格没想到会有这么多听众：

> 我到的时候是下午四五点钟，房间里已经挤满了人。我上前讲述了自己的论证，然后请埃尔德什介绍了他的部分。接着，我又详细解释了完成证明所需的其他步骤。因此，第一个证明是借助他的中间结果得到的。

埃尔德什提议，他们可以共同撰写一篇论文，来解释这个证明。但塞尔贝格解释道：

> 我从来都没有发表过联合论文。我真的很想分开发，但埃尔德什坚持要参照哈代和李特尔伍德的那套方式。而我从来都没有同意过合作。到美国的时候，我已经完成了在挪威的全部数学研究。我都是独自完成的，完全没有和任何人交流过……真的，我从来都不跟人合作。我会和别人聊天，但都是自己做研究，这比较符合我的性格。

也就是说，我们有两位性格迥异的数学家，其中一位完全自给自足，一生中只有一次，迫不得已才与印度数学家萨拉瓦达姆·乔拉（Saravadam

Chowla）合写了一篇论文。另一位则将合作推向了极致，以至于数学家们常常聊起自己的"埃尔德什数"，也就是从他们的论文到埃尔德什的论文中间所涉及的合作者数量。我的埃尔德什数是 3，这就意味着我与某人合著了一篇论文，而与他合作过的某人曾与埃尔德什一起写过论文。埃尔德什有 507 位合作者，乔拉便是其中之一，与他合写过论文的塞尔贝格就有了埃尔德什数 2。有 5000 多位数学家的埃尔德什数都是 2。

　　提出拒绝以后，就像塞尔贝格所承认的："事情失控了。"到了 1947 年，埃尔德什已经建立了庞大的合作网和人脉。他会通过明信片向大家介绍自己的数学进展。让塞尔贝格尤其无法忍受的是，当他到访锡拉丘兹时，前来迎接的教师问他："你听说了吗？埃尔德什和一位斯堪的纳维亚的数学家一起完成了素数定理的初等证明。"后来塞尔贝格找到了一个替代方案，可以避开埃尔德什提供的中间步骤。接着他就独自发表了论文。这篇论文发表在《数学年刊》（Annals of Mathematics）上，这是公认的世界三大顶尖数学期刊之一，安德鲁·怀尔斯最终也是在此发表了费马大定理的证明。

　　埃尔德什非常愤怒。他请赫尔曼·外尔来裁决此事。塞尔贝格回忆道："我很开心，赫尔曼·外尔在听取双方说法后，最终完全站在了我这边。"埃尔德什发表了自己的证明，并且承认了塞尔贝格的贡献。不过这样的故事实在令人唏嘘。虽然数学本身是超越世俗的，但数学家们的自尊心是需要得到尊重的。在一个定理前冠上你的名字，从而实现不朽，要推动创造的进程，再没有比这更好的动力了。塞尔贝格和埃尔德什的故事强调了声誉和优先权在数学，其实也是在所有科学领域中的重要性。这就是为什么怀尔斯会在阁楼里独自研究费马大定理七年，这是不可分享的荣誉。

　　尽管数学家们就像是接力赛中的选手，要将手中的接力棒交给下一个人，但他们也始终期待着可以亲自越过终点线，实现个人荣誉。数学研究既需要跨世纪的合作，也充盈着对不朽的渴望。这是一个复杂的平衡。

一段时间后，人们就意识到，塞尔贝格对素数定理的证明并非大家所期待的重大突破。有人认为，这一想法或可为黎曼假设的证明提供初步思路。毕竟，这可能表明高斯的猜想与实际素数个数之间的差异绝不会超过 N 的平方根。而且人们知道，这就等同于零点是落在黎曼那条规整的直线上的。

到了 20 世纪 40 年代，关于黎曼的临界线上有多少个零点，塞尔贝格的证明纪录还没有被打破（这是使他在 1950 年获得菲尔兹奖的成就之一）。当时的阿达马已经 80 岁了，他原本计划前往美国马萨诸塞州的剑桥，参加国际数学家大会，庆贺塞尔贝格获奖。早在 50 年前，他和德拉瓦莱普桑就为这个问题打下了根基，而今有一位探索者找到了通往这一大本营的初步路径，阿达马非常期待与之相见。然而，阿达马和另一位将要获得菲尔兹奖的数学家洛朗·施瓦兹（Laurent Schwartz）被拒签了，因为他们有苏联背景。彼时麦卡锡主义刚刚抬头，他们要想进入美国，就得在大会开始的前几天，得到总统杜鲁门的帮助。

我们究竟能证出百分之多少的零点确实在黎曼的临界线上？对此，塞尔贝格给出了他的论点。后来有人另辟蹊径，将这些论证又推进一步。有些数学理论的证明，在你确立大致方向后，自然而然就可以被推演出来，只是找出第一步尤为困难。然而，完善塞尔贝格的证明则大不相同。推进这些证明需要细致入微的分析。比起独到的想法，坚持到底的毅力才是重点。这一路上布满了陷阱，走错一步，你眼中的正数可能就会突然变成负数。每走一步都要小心翼翼，你随时都有可能犯错。

20 世纪 70 年代，诺曼·莱文森（Norman Levinson）改进了塞尔贝格的估计，一度认为自己成功找到了 98.6% 的零点。莱文森给他在麻省理工学院的同事吉安 - 卡洛·罗塔（Gian-Carlo Rota）带去了证明手稿，笑称自己证出了临界线上的全部零点，其中 98.6% 在手稿里，剩下的 1.4% 就留给读者。罗塔以为他是认真的，于是到处跟人说莱文森证出了黎曼假设。当然，就算他得出了100%，也不能说明所有的零点都在临界线上，因为我们面对的是无穷多个零点。不过谣言并未就此停止。

这份手稿最终被挑出一处错误，可以定位的零点一下子就降到了34%。但它还是打破了纪录，并且保持了一段时间。莱文森在60多岁时做出了自己最为出色的成果，这一点令其成果尤为瞩目。正如塞尔贝格所说："他必须鼓起极大的勇气，才能进行这样的数值计算，因为你事先根本不知道会不会有所收获。"据说莱文森有很多出色的构思可以改进其方法，不过，在这些想法落地前，他就因为脑瘤过世了。1987年，俄克拉荷马大学的布赖恩·康里（Brian Conrey）证出，有40%的零点一定在临界线上，创下了又一个维持多年的纪录。康里对于改进自己的估计值是有一些想法的，但计算量太大，只是为了提高几个百分点的话，并不值得。"如果能将估计值提高到50%以上，那是值得的，因为这样，你就可以说，大部分零点都在临界线上。"2020年，美国伊利诺伊大学和英国兰卡斯特大学的数学家们将这一估计值提高到了$\frac{5}{12}$（约41.7%），而50%依然是我们未能逾越的障碍。

初等证明的归属争议让埃尔德什饱受创伤，但他一生都保持高产，打破了大龄数学家终将沉寂的诅咒。他没能在普林斯顿获得永久职位，于是选择做一个漂泊的数学家。没有家，也没有工作，他就喜欢这样，奔赴世界各地，突然到某位朋友那里，沉迷于他所热爱的合作，逗留几个礼拜，然后突然离开。1996年，首次证出素数定理的百年纪念年，他去世了。埃尔德什直到83岁依然在撰写联合论文。临终前不久，他说："我们要想理解素数，至少还得再等100万年。"

2007年，塞尔贝格在90岁生日后不久去世。直到生命的最后阶段，他仍在阅读黎曼假设的最新研究，并参加会议，向年轻一代的同人们分享自己的智慧。在那温和的声音里，你可以听出悠扬的挪威乡音，其中常常夹杂着深刻精辟的评论。他对愚蠢的事物从不妥协。1996 年在西雅图，他在庆祝证出素数定理的百年纪念会议上的发言，得到了 600 名数学家的起立鼓掌。

塞尔贝格认为，虽然已经取得了许多进展，但我们依然不知道该如何证明这个猜想：

我认为，我们是否能靠近一个答案仍是未知数。有人认为，我们正在靠近。当然，随着时间流逝，如果我们得到了一个解决方案，那么我们确实就更接近了。但还有人认为，我们已经掌握了解题的基本要素。我不太同意。这完全不同于费马问题。我们至今还没有取得相应的突破。可能到了 2059 年，也就是两百周年之际，这个问题依然无解，不过我肯定是看不到了。我们无法预测，还要过多久才能解决这个问题。我确实相信，最终是可以找到答案的。我并不认为这是一个证不出来的结果，只是也许证明会非常复杂，非人脑所能理解。

战后，塞尔贝格在哥本哈根发表演讲，对黎曼假设的正确性表示怀疑。这在当时，似乎只是一厢情愿的想法。不久后，他的观点发生了转变。二战以后，压倒性的证据出现在了塞尔贝格的视线里。然而，正是战争，尤其是布莱切利园 ① 的密码破译专家，催生了能够产生这一新证据的机器——计算机。

---

① 第二次世界大战时英国政府进行密码破译的地方。——编者注

第 八 章

思想机器

我建议想想这个问题：机器能思考吗？

——艾伦·图灵，《计算机器与智能》

（*Computing Machinery and Intelligence*）

　　艾伦·图灵（Alan Turing）这个名字始终和战时德国的"恩尼格玛"
（Enigma）机的破译联系在一起。在坐落于英国牛津和剑桥之间的乡村别墅
布莱切利园里，丘吉尔的密码破译专家们造出了一台机器，能够破解德国
情报机构每天发送的消息。关于图灵是如何依靠独特的数学逻辑与决心从
德国潜艇的威胁下拯救了众多生命的，这一故事成了小说、戏剧和电影的
题材。他创造出"炸弹"（Bombe）密码破译机的灵感，可以追溯至他在剑
桥研究数学时期，那是哈代与希尔伯特的时代。

　　在二战席卷欧洲以前，图灵就已经在研究机器了，在希尔伯特的二十
三个问题里，这些机器可以解决两个。第一台机器是理论上的，它只存在
于思想中，摧毁了确保数学大厦根基安全性的一切希望。第二台机器是真
实的，由齿轮制成，油迹斑斑，图灵打算用它来挑战另一项数学正统。他
想象着这台旋转装置或可否定希尔伯特在这二十三个问题中最喜欢的第八
问，也就是黎曼假设。

　　既然同行们多年来都没能证明黎曼假设，图灵觉得，也许是时候验证
一下，黎曼是不是错了。可能真的有一个零点不在黎曼的临界线上，并对
素数序列的规律产生了影响。图灵预感到，机器会成为最有力的工具，可
以找出推翻黎曼假设的零点。多亏了图灵，数学家们现在有了全新的机器
伙伴，可以帮助他们研究黎曼假设。能对素数研究产生影响的不只是实体
机器。图灵最初是为解决希尔伯特的第二个问题才创造了思想中的机器，
却在 20 世纪晚期带来了一个最为意外的结果：生成所有素数的公式。

　　1922 年，10 岁的图灵收到一本书，从此爱上机器。埃德温·坦尼·布
鲁斯特（Edwin Tenney Brewster）的《儿童必读的自然奇迹》（*Natural
Wonders Every Child Should Know*）一书以其丰富的知识激发了小图灵的想
象力。这本书出版于 1912 年，解释了许多自然现象的原理，而非只是向
小读者们灌输他人的观察。图灵后来对人工智能的热情，源自布鲁斯特对
生命极具启发性的描述：

　　人体显然就是一台机器。这是一台极为复杂的机器，比人工制造的任何机器都更为复杂；但终归还是一台机器。它曾被比作蒸汽机，但那是在我们对它的工作方式有更多了解之前。实际上，它是一台内燃机，就像汽车、摩托艇或者飞行器的发动机一样。

　　图灵在学校里也沉迷于各种发明：相机、可加墨钢笔，甚至还有一台打字机。1931 年，在他进入剑桥大学国王学院就读数学本科时，这种激情依然伴随着他。尽管图灵腼腆且孤僻，但和许多前人一样，他在数学的绝对确定性中找到了安慰。而他的创造热情也始终伴随着他。他一直在寻找一台实体机器，可以用来揭示某个抽象问题的原理。

艾伦·图灵（1912—1954）

　　本科时期，图灵的第一项研究是尝试理解抽象数学和自然变幻之间的交界。他最开始关注的是抛硬币这样的实际问题。最终的成果是对任意随机实验产生的分数进行的复杂理论分析。图灵在展示自己的证明时，失望地发现，就像之前的埃尔德什和塞尔贝格一样，他的第一项研究竟然复刻了芬兰数学家亚尔·瓦尔德马·林德伯格（Jarl Waldemar Lindeberg）早在十年前就已完成的工作，而且已被命名为中心极限定理。

数论家们后来发现，中心极限定理为统计素数个数提供了新思路。黎曼假设可以证实，实际素数个数与高斯猜想的偏差，和我们抛硬币的期望偏差相同。但中心极限定理表明，抛硬币无法完美地模拟出素数分布。中心极限定理实现的是更为精密的随机度量，而这并不适用于素数。统计学家要从各种不同的视角评估收集的数据。数学家们从图灵的视角和林德伯格的中心极限定理去看，就会明白，素数和抛硬币虽然十分相似，但终归不同。

虽然图灵对中心极限定理的证明并非原创，但这足以证明他的潜力。图灵在 22 岁时就被选为国王学院的研究员。他在剑桥的数学圈并不合群。当哈代和李特尔伍德致力于解决数论中的经典问题时，图灵更喜欢研究经典之外的问题。比起阅读同事们的数学论文，他更愿意探究自己的结论。与塞尔贝格一样，他把自己从传统学术生活的干扰中隔离了出来。

然而，即便是心如止水的图灵也注意到了席卷数学界的一场危机。彼时在剑桥，人们谈论着一位奥地利青年数学家的研究，他认为，数学的核心就是不确定性，而图灵却由此获得了安全感。

哥德尔和数学方法的局限性

希尔伯特以其第二问向数学界发起挑战，要求证明数学不包含矛盾。起初，古希腊人将数学发展为一个关于定理和证明的学科。他们从数的基本命题出发，这些命题似乎是显而易见的真理。这些命题，也就是数学公理，是数学花园孕育生机的种子。自欧几里得的第一个素数证明以来，数学家们就一直在使用推演的方式，让我们对数有了超越公理的认知。

然而，希尔伯特对各类几何问题的研究引发了一个令人担忧的问题。我们真的永远无法证出一个既真又假的命题吗？我们真的无法用公理推导出黎曼假设为真，反而能证出它为假吗？希尔伯特坚信，运用数理逻辑即可证明数学中并不存在这种矛盾。他认为，二十三问中的第二问只是赋予了数学大厦一种秩序。哲学家伯特兰·罗素是哈代和李特尔伍德的朋友。包括罗素在内的许多人都遇到过类似数学悖论的情况，于是求解第二问变得愈发急迫。尽管罗素的巨著《数学原理》(*Principia Mathematica*) 找到了解决这些悖论的方法，但许多人也都因此意识到了希尔伯特第二问的重要性。

1930 年 9 月 7 日，希尔伯特在他亲爱的故乡哥尼斯堡获得荣誉市民的称号。那一年，他也从格丁根大学退休了。颁奖典礼上，他在致辞结尾向全体数学家发出激昂的呼吁："我们必须知道，我们终将知道。"随后他就被带进演播室，录下了演讲的最后一部分。在录音的噼啪声响中，我们可以听到希尔伯特在宣称"我们必须知道"后发出的笑声。但希尔伯特不知道的是，就在前一天，在哥尼斯堡大学的一场会议上，就已响起最后的笑声。25 岁的奥地利逻辑学家库尔特·哥德尔在会议上发表了一则声明，直击希尔伯特的世界观。

哥德尔在孩提时代就有数不清的问题，于是被叫作"为什么先生"。因为小时候得过风湿热，所以他的心脏比较虚弱，还患上了不可治愈的疑病症。在生命的最后阶段，他的疑病症变成了彻底的妄想症。他确信有人要投毒害他，于是把自己给饿死了。而在 25 岁时，他"毒害"了希尔伯特的梦想，还引发了整个数学界的疑心病。

哥德尔在他的毕业论文中将好奇心转向了希尔伯特的问题，也就是数学奋斗的核心。哥德尔证出，数学家们永远都无法证实自己拥有希尔伯特所渴望的安全基础。想要用数学公理去证明这些公理绝不会引发矛盾，这

库尔特·哥德尔（1906—1978，左）和阿尔伯特·爱因斯坦，摄于 1950 年

是不可能的。也许改变公理，或者添加更多公理就能解决这个问题？答案是不能。哥德尔证实，无论我们选择怎样的数学公理，都无法证明绝不会出现矛盾。

如果一组公理不会引发矛盾，数学家们就称它们是**相容的**。也许我们选择的公理确实不会产生矛盾，但我们肯定不能用同样的公理来证实这一点。如果另选一组公理证出了这种相容性，那也只是部分胜利，因为另一组公理相容与否也是个问题。这就类似于希尔伯特想要证明几何的相容性，于是将几何转化为数论。这样只会带来一个问题，那就是算术的相容性。

哥德尔的见解让人想起斯蒂芬·霍金在《时间简史》开头提到的一个小老太太对宇宙的描述。在一场大众天文讲座结尾，这位女士站起来宣称："你讲的都是废话。这个世界就是个平面，压在一只大乌龟的背上。"

演讲人则问她，这只乌龟趴在什么上面。她的回答大概会让哥德尔会心一笑："年轻人，你很聪明，非常聪明。不过下面全是乌龟。"

哥德尔为数学提供了一个证明，即数学宇宙是建立在一座乌龟塔上的。我们可以有一个和谐的理论，但无法**证明**这个理论内部没有矛盾。我们只能在另一个体系里证明其相容性，但无法证明那个体系自身的相容性。讽刺的是，我们可以用数学来证实，证明本身能够表达的内容是有限的。继哥德尔之后，法国数学家安德烈·韦伊做出总结："既然数学具有相容性，那么上帝就是存在的，而魔鬼也是存在的，因为我们无法证实这一点。"

1900 年，希尔伯特宣称，数学中不存在"不可知"。30 年后，哥德尔证明了无知是数学不可分割的一部分。哥德尔在哥尼斯堡那日发表声明之后，又过了一个月，希尔伯特才得知哥德尔的重大发现。他刚听到这个消息时"有点生气"。希尔伯特是在哥德尔公布发现后的第二天宣称"我们必须知道，我们终将知道"的。这句宣言最终找到了合适的归宿，它被刻在了希尔伯特的墓碑上，这是一个理想主义的梦，而数学终于从中醒来。

海森伯（Heisenberg）的不确定性原理一度向物理学家表明，他们的认知是有限的。哥德尔的证明则意味着数学家始终都要面对自身的不确定性：他们可能突然就会发现，整个数学不过是一场幻梦。当然，对大多数学家而言，既然这样的状况还没有发生，那这就是最好的证据，可以说明为什么它不会发生。我们似乎掌握着一个有效的模型，可以证实这种相容性。但毕竟这个模型是无限的，所以我们无法确定，它会在什么地方与我们的公理相悖。正如我们所发现的，像素数这样纯粹的事物也会藏有惊喜，藏在数的宇宙深处，单凭实验与观察是无法偶遇的。

哥德尔并未止步于此。他的论文还包含有第二项重大发现。如果这些数学公理**是**相容的，那就一定会有关于数的真命题，但并非用这些公理就能证实的。这就违背了自古希腊时代以来的整体数学理念。证明向来被看作通往数学真理的路径。现如今，哥德尔打破了这种对证明力量的信仰。

有些人希望添加新的公理来完善数学体系。但哥德尔证明了这种努力不过是徒劳。无论往数学基础中添加多少新公理，还是会有一些无法证实的真命题。

这就是哥德尔的不完全性定理——任何相容的公理在本质上都是不完全的，因为总有一些真命题是无法用公理推导出来的。为了进行这种可怕的数学行为，哥德尔用到了素数。他用素数为每个数学命题添加了编号，这就是哥德尔数。哥德尔通过分析这些数证实，对于任意一组给定的公理，一定存在无法证明的真命题。

对于世界各地的数学家而言，哥德尔的这一成果无疑是一次沉痛的打击。有太多关于数，尤其是素数的命题，看似正确，我们却不知如何求证。根据哥德巴赫猜想，每个偶数都可被表示成两个素数之和；孪生素数猜想则是说，存在无穷多个素数对，它们的差都是 2，比如 17 和 19。这些是否就是无法依靠现有公理求证的命题？

不可否认，这样的局面令人不安。黎曼假设无法被求证，也许只是受制于我们当前对算术的公理化描述。许多数学家是这样安慰自己的，真正重要的东西都是可以被证明出来的，只有那些含糊不清、毫无价值的命题才是无法证明的。

但哥德尔并无十足的把握。他在 1951 年提出了质疑：我们当前的公理是否足以解决许多数论问题？

我们所面对的公理无穷无尽，可以不断扩展开来，看不到尽头……诚然，今天的数学还没有用到这个体系中的高阶公理……当今数学的这一特征可能与其无法证明某些基本定理有关，比如黎曼假设。

哥德尔相信，数学家们之所以没能证出黎曼假设，是因为相应的公理还不足以解释这一猜想。我们或许得拓宽数学大厦的根基，建立新的数学，才能解决这一问题。哥德尔的不完全性定理彻底扭转了我们的思维模式。如果一些问题就像哥德巴赫与黎曼的猜想一样难以作答，那大概只是因为我们所用的逻辑工具和公理体系还不足以求证它们。

与此同时，我们也不要过分强调哥德尔的这一定理。这并非数学的丧钟。哥德尔并未撼动任何已被证实的真理。他的定理表明，数学的真相并非只是从公理中推导出定理。数学并非只是下一盘棋。在持续的建设中，数学大厦的根基一直都在改变。比起这一根基之上的有形架构，数学根基的拓展依靠的是数学家的直觉。他们知道什么样的新定理可以完美地描述数学世界。许多人都乐于将哥德尔的定理视为一种肯定，它表明，人类的思想要比工业革命孕育出的机器精神更为卓越。

图灵的神奇思想机器

哥德尔的启示开启了一个全新的问题，吸引了希尔伯特与年轻的图灵。对于有证明的真命题和没有证明的哥德尔真命题，有什么办法加以区分吗？图灵以其务实的方式开始思考这样一台机器，它可以证出无法求证的命题，将数学家们从这种不确定性中拯救出来。是不是可以构想出一台机器，将命题输入其中，即便它没有给出实际的证明，也能判断命题是否可以由数学公理推导出来？我们可以像使用德尔斐神谕所（Delphic oracle）[①]一样，用这台机器安慰自己，求证哥德巴赫猜想或者黎曼假设，起码都是值得尝试的。

神谕是否存在，这与希尔伯特在世纪之初提出的第十问十分相似。在那个问题中，希尔伯特猜测可能会有一种通用的方法或算法，可以判断任

---

① 也可理解为德尔斐神谕。神谕所是古希腊、古罗马神话中神回答人们提出的各种问题的场所，也即神使（祭司）向人们宣示神谕的地方。该神谕所即位于德尔斐（Delphi）的阿波罗神庙，据说其神谕往往模糊、隐晦，因而在英语中 delphic 一词也有模棱两可、晦涩歧义的意思。

——编者注

意方程是否有解。在计算机的概念还没有真正被提出以前，他就已经想出了这样一个计算机程序。他设想了一种机械化的过程，可以在没有任何操作者干预的情况下，用"是"或"否"来回答"这个方程有解吗?"。

关于机器的一切讨论都是纯理论的。那时候，还没有谁考虑过一台实物。所谓思想机器，就是指能够给出答案的方法或者算法。这就像是还没有任何硬件条件，就想出了软件的概念。即便希尔伯特的机器真实存在，它在实践中依然是无用的，因为机器用于确定方程是否有解所花费的时间很可能远超宇宙的寿命。对于希尔伯特来说，更重要的是这台机器的存在具有一定的哲学意义。

这种理论上的机器令许多数学家感到害怕。它们会让数学家失业。我们将不再需要想象力，不再需要人类的敏锐直觉来提出巧妙的论证。数学家可能会被一台没有意识的自动化机器取代，它完全不需要巧妙的新思路，就能毫不费力地解决新问题。哈代坚信，这样的机器是不存在的。这一构想威胁到了他存在的价值：

这种定理当然是不存在的，这是非常幸运的，因为如果存在这样的定理，就会有一套机械的规则，可以解答所有的数学问题，那我们作为数学家的活动也就到此为止了。只有不懂数学的外行才能想象出，数学家们需要转动某台神奇机器的手柄才能取得发现。

图灵之所以对哥德尔的复杂构想产生兴趣，还要从剑桥的数学老师马克斯·纽曼（Max Newman）在 1935 年春天开设的一系列课程说起。1928 年，纽曼在意大利博洛尼亚的国际数学家大会上听到了希尔伯特的发言，并对这位德国大数学家提出的问题产生了浓厚的兴趣。这是德国代表团自一战以来首次受邀参加国际大会，许多德国数学家因为曾被 1924 年的大会排除在外，一直耿耿于怀，所以拒绝出席。但希尔伯特并未受到这些政治分歧的影响，他带领了一支 67 人的德国数学家代表团。当他走进大厅参加开幕式时，听众纷纷起立鼓掌。他的回应说出了许多数学家的心声：
"根据国籍和种族来构建差异，这就完全误解了我们的学科，而这背后的
原因也相当卑劣。数学不知道什么种族……就数学而言，整个文明世界就
是一个国家。"

　　1930 年，当纽曼知道哥德尔彻底瓦解了希尔伯特的计划时，他就期待
着对哥德尔的复杂构想一探究竟。五年后，他满怀信心地宣布，要讲讲哥
德尔的不完全性定理。坐在台下的图灵被哥德尔的曲折证明所震惊。纽曼
最后的问题激发了希尔伯特和图灵的想象力：谁有办法区分有证明的命题
和没有证明的命题？希尔伯特将其命名为"决策问题"。

　　图灵在听纽曼讲授哥德尔的成果时确信，要想构造出一台能对命题加
以区分的神奇机器，是不可能的。但也确实很难证明永远都不会有这样的
机器。毕竟，你如何知道人类智慧未来的极限会是怎样？你可以证明某台
特定的机器不能产生答案，但如果将其推广到所有可能的机器，那便是否
定了未来的不可预测性。然而图灵做到了。

　　这是图灵的第一项重大突破。他提出了一种特殊的机器概念，这些
机器可以像所有的人和机器一样，有效地进行数学计算。它们后来被叫
作**图灵机**（Turing machine）。希尔伯特在提到能够判定命题是否可证的机
器时，表述十分模糊。现在，多亏了图灵，希尔伯特的问题变得清晰起
来。如果图灵的某台机器区分不了可证和不可证的命题，那么其他的机
器也做不到。不过，他的机器是否足够强大，可以解决希尔伯特的决策
问题呢？

　　有一天，图灵在沿康河（River Cam）跑步时产生了第二个灵感，他知
道了为什么没有一台图灵机可以区分出有证明和没有证明的问题。当他停
下脚步，躺在格兰切斯特附近的一片草地上休息时，他想到了某个关于无
理数的问题是如何被解决的，也许可以用同样的思路来确认是否存在一台
能够测试可证性的机器。

这个想法源自德国哈雷的数学家格奥尔格·康托尔（Georg Cantor）在 1873 年取得的一个惊人发现。他发现无穷大有不同的类型。这听起来好像很奇怪，但在比较两个无穷集合时，其中一个确实有可能会比另一个大。19 世纪 70 年代，当康托尔宣布自己的发现时，这几乎被认为是异端邪说，或者最多是一个疯子的胡言乱语。要想比较两个无穷集合，可以想象某个部落有这样一个计数体系："一，二，三，许多。"即便不能分辨出确切的财产数值，他们还是可以判断出，谁是这个部落里最富裕的人。如果鸡就是财富的象征，那么只需将两人的鸡两两配对。两个人里，谁的鸡先耗尽了，谁就是更穷的那个。他们不需要数出有多少只鸡，就能比较出集合的大小。

康托尔用这种配对的方法证出，如果将所有的整数和所有的分数（比如 $\frac{1}{3}$、$\frac{3}{4}$、$\frac{5}{101}$）对照在一起，两组集合中的数是可以完美配对的。这似乎有悖直觉，因为分数好像要比整数多得多。但康托尔找到了一种完美匹配的方式，不会落下任何一个分数。他还提出了另一个巧妙的论点，分数和**实数**是无法完美配对的。实数中包含无理数，比如 π 和 $\sqrt{2}$，还有其他无限不循环小数。康托尔证实，如果要将分数和实数配对，无论如何都会漏掉一些无限小数。这就是康托尔所说的两个不同大小的无穷集合。

希尔伯特意识到，康托尔正在创造一种全新的数学。他宣称，康托尔的无穷观是"最为令人惊叹的数学思想产物，在人类纯粹的知识活动中，也是最美的领悟之一……谁也不能将我们逐出康托尔为我们打造的天堂"。为致敬康托尔的开创性观点，他将康托尔的问题列为二十三问中的第一问：是否存在一个比分数集合更大，但比实数集合更小的无穷集合？

当图灵躺在草地上晒太阳时，他脑海中闪现的正是康托尔的证明，无限小数多于分数。他突然就明白了，为什么可以借此证实，希尔伯特那台可以检验一个命题有无证明的机器只是一场空梦。

首先，图灵假设他的某台机器可以判断出任意真命题是否可证。康托尔已经巧妙证出，无论将分数和实数如何匹配，始终都会多出一些无限小数。图灵运用这一技巧构建出"剩余"的真命题，而图灵机无法确认这些命题是否可证。康托尔论证的美妙之处在于，如果你尝试调整机器，添加缺失的命题，就会出现另一个被遗漏的命题，这就类似于哥德尔的不完全性定理所证实的，添加新公理只会带来无法证明的新命题。

图灵意识到，他提出的论点未必靠谱。回到国王学院后，他在自己的住处翻来覆去地想着还有什么缺陷。有一个问题让他感到困扰。他已经证实，没有一台图灵机可以解答希尔伯特的决策问题。但他又该如何证实，其他机器也都无法解答希尔伯特的问题呢？这就是他的第三项突破：**通用机**（universal machine）的概念。他绘制了一张蓝图，设计出这样一台机器，它可以模仿所有的图灵机，或者其他任何可以回答希尔伯特问题的机器。图灵已经开始理解程序的作用，我们可以教会这台通用机像任何可以回答希尔伯特问题的机器一样运作。人的大脑也是一台机器，可以判定可证与不可证，这让图灵开始了新的探索：机器是否可以思考？眼下，他提出了希尔伯特问题的解决方案，正在专注于核实所有的细节。

图灵花了一年的时间来完善他的论证。他知道，这一论点一经提出，就会经受最严苛的审查。他认为，第一个向他解释这个问题的人——纽曼，就是最佳的审核人选。最开始，纽曼对他的论证感到不安。这就像是明明事实并非如此，却有可能说服自己去相信这件事。不过，随着纽曼反复思考这一论点，他愈发确信图灵是对的。但人们还发现，图灵并不是唯一得出这个结论的人。

图灵得知，普林斯顿的一位数学家赶在了他前面。阿朗佐·丘奇（Alonzo Church）几乎在同一时间得出了同一结论，却率先公开了。图灵难免会担忧，在艰难的学术竞争中，丘奇这一公开，他付出的努力将再难得到认可。但在导师纽曼的帮助下，他还是顺利发表了这一证明。让图灵失望的是，发表后，这一成果并未得到太多认可。不过，他的通用机理念要比丘奇的方法更加具体，影响也更为深远。图灵的理论思考饱含着他对现实发明的热爱。尽管这台通用机只是头脑中的机器，但他的描述就像是有一台实际的装置。他的一位朋友笑称，要是能造出这台机器，那它大概会把皇家艾伯特音乐厅塞满。

这台通用机标志着计算机时代的开始，也让数学家们获得了新工具，用以探索数的宇宙。图灵在有生之年便意识到实体计算机器会推进关于素数的研究。但他无法预见的是，他的理论机器将会在挖掘某座数学圣杯时起到重要作用。图灵对希尔伯特的决策问题做出了非常抽象的分析，而在几十年后，正是借助这一分析，人们偶然发现了一个能够生成所有素数的方程。

齿轮、滑轮和润滑油

接下来，图灵打算去大西洋的另一边访问丘奇。彼时哥德尔正在普林斯顿高等研究院访学，图灵想着，说不定也能和他见一面。当他横渡大西洋时，理论上的机器还只存在于他的头脑中，但他从未失去对实体设备的热情。在船上的那一周，他用六分仪绘制了航行路线，以此消磨时光。

来到普林斯顿后，图灵失望地发现，哥德尔已经回到奥地利了。但两年之后，为了躲避欧洲的战乱，哥德尔又回到这里，并且取得了研究院的永久职位。图灵在普林斯顿遇到了刚好来此访问的哈代。他在写给母亲的信中讲述了这次相遇："一开始，他特别冷淡，也可能是害羞。我是第一天在莫里斯·普赖斯（Maurice Pryce）的住处见到了他，他没有和我说过一句话。但现在，他已经变得非常友好。"

在证明了希尔伯特的决策问题，准备好发表论文之后，图灵开始寻找下一个值得攻克的重大问题。决策问题的解决已是一项难以超越的壮举。那么，既然要挑战其他重大问题，为什么不争取一下终极奖励——黎曼假设呢？图灵让他剑桥的同事艾伯特·英厄姆（Albert Ingham）寄来了关于这一猜想的最新论文。他还与哈代讨论了自己的想法。

到了 1937 年，哈代已经对黎曼假设的真实性不抱希望。他耗费了太长时间，试图证实这一猜想，但始终没能成功。他开始怀疑这个猜想是错的。在普林斯顿，哈代的心态影响到了图灵，图灵相信自己可以造出一台机器，证明黎曼错了。他还听说，西格尔发现了黎曼计算零点的奇妙方法。西格尔发现的公式巧妙地利用了正弦和余弦之和，有效估计出黎曼图景的高度。关于希尔伯特决策问题的解决，图灵提议要创造出一台机器，这在剑桥被视为积极务实的方法。图灵意识到，或许还能用机器来探索黎曼的秘密公式。他发现，黎曼的公式和那些用于预测周期性物理现象（如行星轨道）的公式极其相似。早在 1936 年，牛津大学数学家爱德华·蒂奇马什（Edward Titchmarsh）就已改进了一台计算天体运动的机器，证实 ζ 图景中的前 1041 个零点的确分布在黎曼的临界线上。但图灵关注的是一种更为复杂的机器，它可以预测出另一种周期性的自然现象——潮汐。

与潮汐相关的数学问题十分复杂，因为涉及地球自转的日周期、月球公转的月周期，以及地球公转的年周期的计算。图灵在英国利物浦见到过能够自动执行这些计算的机器。借助一套绳索和滑轮系统，就可替代周期正弦波的累加，根据该装置中某些部分的长度得出答案。图灵在写给蒂奇马什的信中承认，初见时，他完全没有想到，这台机器可以被用来研究素数。此刻，他思如泉涌。他要造出一台机器，用以计算黎曼图景的高度。这样，他就可以在海平面上找到一个偏离黎曼临界线的零点，由此证明黎曼假设是错误的。

用机器推进烦琐的计算，这并非图灵的首创。最早提出计算机概念的是另一位剑桥毕业生——查尔斯·巴贝奇（Charles Babbage）。1810 年，巴贝奇在剑桥大学三一学院就读本科，他和图灵一样，对机械装置非常感兴趣。在自传中，他回忆起自己构想出这样一台机器，是想要计算一些数学表格，这对英国的航海技术至关重要：

　　有一天晚上，我坐在剑桥"分析学会"的教室里，半梦半醒地伸着脑袋，一张对数表在我面前摊开。有人走了进来，看见我昏昏欲睡的样子，喊道："巴贝奇，你做什么美梦呢？"我回答道："我在想，也许可以用机器来计算这些对数表。"

　　直到 1823 年，巴贝奇才开始着手建造他所梦想的差分机（Difference Engine）。但在 1833 年，他和首席工程师发生了经济纠纷，这个项目也就搁浅了。这台机器最终还是完成了一部分，但直到 1991 年，也就是巴贝奇的 200 周年诞辰，他的愿景才完全实现。当时，伦敦科学博物馆斥资 30 万英镑造出了一台差分机，至今还在对外展出。

　　图灵的"ζ机"和巴贝奇想要用来计算对数的差分机类似。这台机器经过调整，可以用来计算特定的问题。不同于图灵的假想通用机，能够模拟所有的计算，这台实体机器解决不了其他任何问题。图灵在向英国皇家学会申请制造ζ机的资金时承认了这一点："这种装置没有什么永久价值……我想不出任何与ζ函数无关的应用。"

　　巴贝奇也意识到，建造一台只能计算对数的机器并不实用。到了 19 世纪 30 年代，他开始梦想着造出一台更伟大的机器，可以执行多种任务。欧洲各大工厂所使用的法国雅卡尔织布机给他带来了启发。熟练的操作工被打孔卡片取代，装卡后，织布机就可自动织布（有人称这些卡片是最早的计算机软件）。约瑟夫·雅卡尔（Joseph Jacquard）的这项发明让巴贝奇印象深刻，他甚至买了一张用打孔卡片制成的丝绸挂毯做纪念，上面织有雅卡尔的肖像。他惊叹："这种织布机能编织出人类想象得到的一切图案。"

既然这种机器能够呈现出各种图案，那为什么他不能造出一台类似的机器呢？只要插入卡片，就能让这台机器执行各种数学计算。巴贝奇将这一构想命名为分析机（Analytical Engine），这就是图灵的通用机的前身。

诗人拜伦勋爵的女儿埃达·洛夫莱斯（Ada Lovelace）意识到，巴贝奇的这台机器有着强大的编程能力。她将巴贝奇讲述这台机器的论文翻译成法语时，情不自禁地添加了许多译注来赞美这台机器的能力。"不夸张地说，这台分析机编织出的代数花纹就像雅卡尔织布机编织出的花朵和叶子一样。"她在译注中提到的各种程序，都可用巴贝奇的新机器完成，尽管这台机器纯粹是理论上的，从未被造出来。翻译完成后，因为译注太多，法语版的论文篇幅是英文版的三倍。现在，我们都把洛夫莱斯看作世界上第一位计算机程序员。她在 1852 年因癌症去世，年仅 36 岁。

当巴贝奇在英国研究他的机器时，黎曼正在德国构建他的数学理论。80 年后，图灵想要将它们合二为一。他在探索哥德尔的不完全性定理时，分析了抽象可计算性，并以此作为论文的基础。现在，他要为自己的 ζ 机构建真实的齿轮。在哈代和蒂奇马什的帮助下，他顺利拿到了英国皇家学会资助的 40 英镑。

到了 1939 年夏天，图灵的房间"地板上铺满了齿轮拼图"，这是安德鲁·霍奇斯（Andrew Hodges）在图灵传记中的描述。图灵的 ζ 机可以将 19 世纪英国对机器的热情和德国的理论融合在一起，但这样的梦想被粗暴地打断了。随着二战爆发，军事冲突取代了这两个国家在知识上的新兴联合。英国的知识分子们不再研究零点，他们聚集在布莱切利园，专攻密码破译。图灵成功设计出能够破解恩尼格玛的机器，在一定程度上要归功于他曾经计算过黎曼 ζ 函数的零点。他那复杂的齿轮拼图并未揭开素数的奥秘，但他的新装置成功揭示了德国的战争机器是如何运作的。

布莱切利园是象牙塔和现实世界的奇特混合。它就像剑桥的校园一样，前院的草坪上可以打网球；对图灵这些人来说，每天在乡村避风港里破解加密消息，就和在剑桥的公共休息室里做《泰晤士报》(*The Times*)上的填字游戏一样。但他们都清楚，只有解决了这些理论难题，大家才能活命。这样的背景下，图灵在争取战争胜利的同时，还能继续思考数学，倒也不足为奇。

在布莱切利园的那段时间里，图灵就像百年前的巴贝奇一样，逐渐认识到，最好是建造一台可以根据指示执行各种任务的机器，而不是每遇到一个新问题，就建造一台新机器。尽管他已经知道了原理，但还是会在实践中碰壁。当德国人为这场战争改进了恩尼格玛机的设计时，布莱切利园陷入了几周的沉默。图灵意识到，无论德国人对他们的机器做出怎样的改进，破译者手中的机器都要能够应对才行。

战后，图灵开始探索能否构造出可以执行各种任务的通用机。他在英国国家物理实验室工作了几年后，就去到曼彻斯特，在刚刚成立的英国皇家学会计算实验室和马克斯·纽曼一起工作。在剑桥时，纽曼曾陪图灵一起研制了那台理论机器，证明了希尔伯特所期待的决策问题算法并不存在。现在，他们要一起设计一台真正的机器。

在曼彻斯特，尽管图灵的战时活动需要保密几十年，但他在布莱切利园破解密码时锻炼出来的技术能力还是有了用武之地。他开始继续思考自己在战前就心心念念的问题：用机器在黎曼图景中寻找黎曼假设的反例，也就是不在临界线上的零点。但这一次，图灵并没有建造只能解决这一个问题的机器，而是创建了一个可以用在通用机上的程序，这台通用机则是他和纽曼用阴极射线管和磁鼓制造出来的。

理论上的机器运作起来自然毫不费力。但就像图灵在布莱切利园发现的那样，实体机器的运作要复杂得多。不过，到了 1950 年，他的新机器已经启动，并准备开始探索 ζ 图景。哈代的学生蒂奇马什在战前创下零点证明纪录，证出海平面上的前 1041 个零点确实符合黎曼假设。而图灵更进一步，成功用他的机器证出前 1104 个零点，之后就如他所写："不幸的是，到了这儿，机器就坏了。"但崩溃的不只是他的机器。

图灵的生活也开始崩塌。1952 年，警方在调查他的同性恋倾向时逮捕了他。他曾在遭遇盗窃时报过警，而这名盗贼刚好认识图灵的一位情人。警察在追捕犯人时，注意到图灵承认自己有过（当时法律所描述的）"严重的猥亵行为"。图灵十分慌乱，这可能意味着监禁。纽曼为图灵做证，说他"完全沉浸在自己的工作中，是这一代中最具影响力、最有数学创造力的人之一"。图灵躲过了牢狱之灾，但条件是他要自愿接受药物治疗，克制自己的行为。他在写给一位剑桥导师的信中说："这种药有抑制作用，但停用后人就会恢复正常。我希望他们说的是真的。"

1954 年 6 月 8 日，图灵在自己的房间里被发现死于氰化物中毒。他的母亲接受不了他会自杀。她的儿子从小就喜欢化学实验，而且从来都不洗手。她坚持认为这是一场意外。但图灵的床头放着一个苹果，上面还有些牙印。虽然这个苹果未经化验，但几乎可以肯定，它蘸过氰化物。图灵最喜欢的一个电影场景出自迪士尼的《白雪公主和七个小矮人》，女巫做出了能让白雪公主陷入沉睡的苹果："苹果蘸毒，让死之沉睡渗入。"

46 年后，当 21 世纪来临时，数学界开始流传这样的说法：图灵的机器确实找出了黎曼假设的反例。但这一发现是在二战时期的布莱切利园，由破译了恩尼格玛的机器完成的，英国情报部门坚持要求保密。数学家们纷纷要求提供解密记录，以找到图灵所发现的那个偏离临界线的零点。后来证实，这不过是邦别里的一位朋友传出的一则谣言，他和邦别里一样，喜欢在愚人节开玩笑。

图灵的机器只对战前的零点纪录做出了小小突破就崩溃了，但它却迈出了跨时代的第一步，计算机将会取代人脑，继续探索黎曼图景。要想开发高效的"黎曼探测器"还需一些时间，但很快，这些无人探测器就会在黎曼的临界线上走到很远很远的北方，为我们带回越来越多的证据，即便不是最终的证明，也能推翻图灵的想法，表明黎曼是对的。

虽然图灵的实体机器没能撼动黎曼的猜想，但他的理论分析为素数的故事带来了一个奇特的转折：一个能够生成所有素数的方程。希尔伯特想要为数学提供坚实的基础，图灵和哥德尔却破坏了这一计划。图灵绝对不会猜到，这竟成了素数方程的起源。

从未知的无序到素数方程

图灵已经证实，他的通用机无法回答所有的数学问题。但如果要求低一些呢？比如，它能判断方程是否有解吗？这就是希尔伯特第十问的核心。1948 年，来自美国加利福尼亚大学伯克利分校的天才数学家朱莉娅·鲁宾逊（Julia Robinson）开始关注这个问题。

数学史上少有杰出女性，仅极少数个例，直到最近几十年才有所改变。法国数学家索菲·热尔曼（Sophie Germain）曾以男性口吻给高斯写信，她担心如果不这么做的话，自己的想法会受到轻视。她发现了一种特殊的素数，与费马大定理相关，也就是现在所说的热尔曼素数。高斯对这位"勃朗先生"印象深刻。多次通信以后，他惊讶地发现这位先生其实是一位女性。他在信中写道：

领略到数的奥秘是难能可贵的……崇高的科学只会向勇于探索的人揭示自己的魅力。作为一位女性，面对自己的性别，面对我们的传统与偏见，能够挣脱这些桎梏，洞察那些深藏的事物，她无疑拥有最崇高的勇气、非凡的才华和卓越的天赋。

高斯想要说服格丁根大学授予热尔曼荣誉学位，但还没实现，热尔曼就过世了。

在希尔伯特主导的格丁根大学，埃米·诺特（Emmy Noether）是一位非凡的代数学家。德国学术机构曾有拒绝聘用女性的惯例，而希尔伯特为诺特推翻了这一规则。他是这样反驳的："我不觉得候选人的性别可以成为拒绝录用她的理由。"他宣称，大学不是澡堂。后来，身为犹太人的诺特从格丁根流亡到美国。数学中的某些代数结构还是以她的姓氏命名的。

朱莉娅·鲁宾逊从来都不只是一位天才数学家。她还是一位女性，她的成功鼓舞着更多女性投身于数学事业。后来，据她回忆，作为学术界为数不多的杰出女性之一，她总会被要求接受调查。"每个人的科学抽样都会抽到我。"

鲁宾逊在美国亚利桑那州的沙漠中度过了她的童年。除了有妹妹与土地做伴，她的生活是孤独的。很小的时候，她就看出了沙漠中隐藏的规律。她回忆道："我最早的一段记忆是眯着眼睛在大大的仙人掌阴影下排列鹅卵石，阳光可刺眼了。我觉得自己一直都由衷地喜欢自然数。对我而言，它们是仅有的真实。"9岁时，她先后患上了猩红热、风湿热，在家休养约两年。

这种孤独或可成为一种源泉，激励年轻的科学家崭露头角。在现实中身心受挫的柯西和黎曼都是在数学世界找到了避难所。虽然病床上的鲁宾逊无暇构思定理，但她确实学到了一些技能，为她往后的数学战斗做好了充分准备。"我总觉得，在卧床的那段时间里，我学会的是耐心。妈妈说，我是她见过的最顽固的小孩。我想说，我在数学上取得的一切成就主要都归功于我的顽固。不过，这也是数学家们共有的特质。"

等到康复时，鲁宾逊已经错过了两年的学业。但经过一年的私教补习，她发现自己远远超过了同学们。有一回，家庭教师告诉她，古希腊人在两千年前就知道 $\sqrt{2}$ 是没法被写成分数的。分数展开后，小数部分是循环的，而 $\sqrt{2}$ 的小数部分并没有这样的规律。对此，竟然有人可以给出相应的证明，鲁宾逊感到十分惊讶。你怎么能确定在几百万位的小数之后，不会有规律出现呢？"回到家后，我用新学到的开平方根的技巧来验证这个问题，但到了傍晚，我终究还是放弃了。"她虽然失败了，却也开始体会到，数学论证的力量就在于，它能有理有据地表明，无论将 $\sqrt{2}$ 计算到多少位小数，都不会有规律出现。

朱莉娅·鲁宾逊（1919—1985）

投身于数学的人们正是被这种简单论证的力量所吸引。这个问题，即便是用上最强大的计算机，也非蛮算所能解决。不过，要是将一些精挑细选的数学思想串联起来，就能揭开无限小数的奥秘了。检查无穷无尽的小数部分是不可能的，所以我们的任务简化成了巧妙地论证。

校园里的算术实在枯燥，于是，14 岁的鲁宾逊开始另寻数学之道。她是广播节目《大学探险家》（*University Explorer*）的忠实听众，其中一期节目讲述了数学家德里克·诺曼·莱默（Derrick Norman Lehmer）和他儿子德里克·亨利·莱默（Derrick Henry Lehmer）的故事，让鲁宾逊尤其着迷。她在节目中听到，这支数学团队用自行车的齿轮和链条造出了可以计算的机器，以此攻克数学问题。小莱默率先接过图灵手中的接力棒，在 1956 年，用现代计算机证明出前 25 000 个零点满足黎曼假设。老莱默讲述了他们这台来自战前的机器是怎么"愉快地运行几分钟后，就会突然卡断，然后在下一次闹脾气之前突然恢复运作"的。他们最终找到了问题所在：邻居在听收音机。他们最喜欢的数学问题是分解出大数的素因数。关于这些机器的描述让鲁宾逊十分激动，于是她写信要来了广播稿。

她在报纸上读到一则消息，说是素数纪录被打破了，于是她迫不及待地将其剪了下来。新闻标题为《获悉最大数，然无人问津》，内容如下：

萨穆埃尔·I. 克里格（Samuel I. Krieger）博士用完了 6 支铅笔和 72 张标准尺寸的便条纸，耗尽了脑细胞，这才宣布，目前已知的最大素数是 231 584 178 474 632 390 847 141 970 017 375 815 706 539 969 331 281 128 078 915 826 259 279 871。谁在乎呢，他说不出来。

之所以没人在乎，或许是因为这个数其实可以被 47 整除（要是报社核实过，就会发现这一点）。鲁宾逊在往后的岁月里一直保留着这份剪报，也珍藏着那份介绍莱默的计算机器的广播稿，以及一本关于四维奥秘的小册子。

鲁宾逊的数学事业已经打下根基。她在圣迭戈州立学院（今圣迭戈州立大学）取得了数学学位，随后前往加利福尼亚大学伯克利分校。在那里，一位叫作拉斐尔·鲁宾逊（Raphael Robinson）的讲师唤醒了她对数论的热情，后来，他们结婚了[①]。还在谈恋爱的时候，拉斐尔就发现，循着数学这条路，可以走进朱莉娅的心。他开始不断为她讲解所有最新的数学突破。

在拉斐尔讲述的发现中，哥德尔与图灵的成果让朱莉娅尤为着迷。她说："依靠逻辑推理就可实现数的证明，这样的事实让我印象深刻、兴奋不已。"虽然哥德尔的成果令人不安，但她依然坚信，数是真实存在的。儿时在沙漠中把玩石子时，她就已经有了这样的意识。"我们可以构想出一

---

① 朱莉娅本姓鲍曼（Bowman），婚后改夫姓，同时保留本姓，全名为朱莉娅·霍尔·鲍曼·鲁宾逊。后文"鲁宾逊"仍指朱莉娅。——编者注

种与我们现有的化学不一样的化学，或者生物也行，却无法想象，会有什么不一样的数学。已证的数学事实在一切宇宙中都是真相。"

鲁宾逊虽有非凡的数学天分，却也承认，在一个女性难以维持学术事业的时代，如果没有丈夫的帮助，她很难继续从事数学。伯克利的原则是，夫妻双方不能在同一院系任职。作为对其科研能力的认可，学校在统计系为她设立了一个职位。在向人事部门提交的申请中，她给出的岗位描述，刻画了大部分数学家一周的工作："周一——尝试证明定理，周二——尝试证明定理，周三——尝试证明定理，周四——尝试证明定理，周五——定理有误。"

艾尔弗雷德·塔尔斯基（Alfred Tarski）是 20 世纪最伟大的逻辑学家之一。1939 年，这位波兰人在访问哈佛时，发现自己因为战争爆发，受困于此。鲁宾逊在和他一起从事研究的过程中，对哥德尔和图灵的成果产生了更为浓烈的兴趣。不过，鲁宾逊并不想抛却自己对数论的热情。希尔伯特的第十问完美地将这两个主题结合在一起：有没有一种算法——在计算术语中叫作程序——可以证明任意方程有解？

哥德尔与图灵的成果清楚地表明，与希尔伯特最初的信念相悖，这样一个程序可能并不存在。鲁宾逊相信，进一步开拓图灵打下的根基是可行的。她明白，每台图灵机都会生成一串数列。比如，有一台图灵机可以生成平方数 1, 4, 9, 16, …，还有一台生成的是素数。在图灵对希尔伯特决策问题的解答中，有一个步骤是证明给定一台图灵机和一个数，没有一个程序可以判定这个数是这台机器输出的结果。鲁宾逊在寻找方程与图灵机的关联。她相信，每台图灵机都有与之对应的特定方程。

如果存在这样的关联，鲁宾逊希望，可以将问题从某数是否是某台图灵机的输出结果，改成与这台机器对应的方程是否有解。所以，只要她能建立这样的联系，她就成功了。如果就像希尔伯特在第十问中所期盼的那样，存在可以验证方程是否有解的程序，那么，借助鲁宾逊尚未完成的设想，也就是方程与图灵机之间的关联，这个程序还可以用于验证哪些数是由图灵机输出的。但图灵已经表明，这样能够判定图灵机的输出情况的程序并不存在。因此没有程序可以判定方程是否有解。对于希尔伯特的第十问，答案是"不"。

鲁宾逊开始理解，为什么每台图灵机都会有自己的方程。她想要的这个方程，对其求解，答案应与图灵机输出的数列有关。面对自己提出的问题，她愈发乐在其中。"在数学上，通常是你有一个方程，然后想要求解。这里是给定一个解，然后你要找出这个方程。我喜欢这样。"随着年龄的增长，鲁宾逊在1948年被激起的兴趣变成了狂热。自她在9岁那年生病以后，医生们就断言，她的心脏极为虚弱，可能活不过40岁。"岁岁年年，当我要吹灭生日蛋糕上的蜡烛时，我总会许下一个愿望，那就是第十问会被解决——倒不是由我来解决，只是希望它能被解决。要是到死都不知道答案，我觉得我接受不了。"

年复一年，她取得了更大的进展。有另外两位数学家，马丁·戴维斯（Martin Davis）和希拉里·普特南（Hilary Putnam）加入了她的探索。到了20世纪60年代末，这个问题已被高度简化。他们发现，只要找出与某个数列对应的方程，就能证实鲁宾逊的预感，而不是非得找到全部的方程，来对应图灵机的所有输出结果。这是一项了不起的成就。问题就变成了找到与这个数列相对应的方程。只要他们能够确认，在他们的数学墙壁上，有那么一块砖是存在的，他们的整个理论就能站得住脚。如果最终证明，这个数列没有自己的鲁宾逊方程，那么，他们长久以来所建立的整堵墙壁就会崩塌。

鲁宾逊的方法真的能解决希尔伯特的第十问吗？怀疑的声音愈发响亮。一众数学家都在抱怨，这个方法具有误导性。1970年2月15日，鲁宾逊突然接到了一位同事打来的电话，对方刚从西伯利亚的一场会议归来。会议上有一段激动人心的对话，他觉得鲁宾逊会感兴趣的。来自苏联的 22 岁数学家尤里·马季亚谢维奇（Yuri Matiyasevich）找到了最后一块拼图，解决了希尔伯特的第十问。他证实了鲁宾逊的预判，存在可以生成特定数列的公式。这就是鲁宾逊的整个方法所依赖的那块砖。希尔伯特的第十问完美落幕：能够判定方程是否有解的程序并不存在。

"那一年，我刚要吹灭蛋糕上的蜡烛，一口气没有呼出来，就停了下来。我突然意识到，这么多年了，我的愿望终于成真了。"鲁宾逊发现，这个答案其实一直就在她眼前，但最终是马季亚谢维奇找到了它。她解释道："有很多东西，像是躺在海滩上，我们一直视而不见。直到有人把其中一样捡起来，我们这才全都看到它。"她在祝贺马季亚谢维奇的信中写道："当我第一次提出这个猜想时，你还是个婴儿，而我只需等你长大。想到这里，我就觉得特别开心。"

数学能够跨越政治与历史的隔阂，将人类团结在一起，这让人惊叹。尽管冷战之际困难重重，这些美国与苏联的数学家却因沉迷于希尔伯特振奋人心的提问，建立了深厚的情谊。鲁宾逊将数学家之间的奇特纽带比作"一个属于我们自己的国度，不问地理来源、种族、信仰、性别、年龄，甚至不论时间（过去的数学家，将来的数学家，都是我们的同事）——我们都致力于最美的艺术与科学"。

后来，马季亚谢维奇和鲁宾逊就这个证明的荣誉归属问题产生了分歧，却并非因为自我夸耀。相反，他们都认为是对方完成了最难的部分。诚然，因为最终是由马季亚谢维奇完成了最后一块拼图，所以我们一般会认为，是他解决了希尔伯特的第十问。从 1900 年希尔伯特发表声明，一直到 70 年后有了最终的答案，许多数学家都在这段漫长的旅程中做出了贡献，这当然也是事实。

这个问题的答案尽管是消极的——没有一个程序可以判定任意方程是否有解，却也带来了一线希望。鲁宾逊的观点得到了证实，用方程表示图灵机生成的数列是可行的。数学家们知道，有那么一台图灵机可以生成素数序列。因此，从鲁宾逊和马季亚谢维奇的成果来看，理论上，一定有一个公式可以生成所有的素数。

但数学家们能找到这样的公式吗？为实现这一目标，马季亚谢维奇在 1971 年提出了一种明确的方法，不过，他并没有付诸实践去得出答案。第一个明确的公式诞生于 1976 年，采用了 26 个变量，用字母 A 到 Z 表示：

$$(K+2)\{1-[WZ+H+J-Q]^2-[(GK+2G+K+1)$$
$$(H+J)+H-Z]^2-[2N+P+Q+Z-E]^2-[16(K+1)^3$$
$$(K+2)(N+1)^2+1-F^2]^2-[E^3(E+2)(A+1)^2+1-O^2]^2-$$
$$[(A^2-1)Y^2+1-X^2]^2-[16R^2Y^4(A^2-1)+1-U^2]^2-$$
$$[((A+U^2(U^2-A))^2-1)\times(N+4DY)^2+1-(X+CU)^2]^2-$$
$$[N+L+V-Y]^2-[(A^2-1)L^2+1-M^2]^2-[AI+K+1-$$
$$L-I]^2-[P+L(A-N-1)+B(2AN+2A-N^2-2N-$$
$$2)-M]^2-[Q+Y(A-P-1)+S(2AP+2A-P^2-2P-$$
$$2)-X]^2-[Z+PL(A-P)+T(2AP-P^2-1)-PM]^2\}$$

这个公式的运行与计算机程序类似，随机代入数值，替换字母 A 到 Z，然后用公式对这些数执行运算。例如，你可以选择 $A=1$, $B=2$, $\cdots$, $Z=26$。如果答案大于 0，那么计算出的结果就是素数。你可以不断重复这个过程，用不同的数值替换字母，重新计算。对于字母 A 到 Z，系统性地尝试过所有的数，就能确保生成一切素数。这个公式不会错过任何一个素数：总会有办法换掉这些字母，这个式子也就一直可以生成新的素数。这里有一个小问题：代入某些数后，会得到负数，我们只需忽略就好。比如令 $A=1$, $B=2$, $\cdots$, $Z=26$，就是这种不予考虑的情况。

这个了不起的多项式能够生成素数，这样的发现不就是我们最终要摘取的圣杯吗？倘若它诞生于欧拉时代，定然会是一条重磅新闻。欧拉曾经找到一个可以生成许多素数的公式，但对于能否找到一个可以生成所有素数的公式，他始终抱着悲观的态度。不过，自欧拉时代以来，数学就不再是一门纯粹研究方程与公式的学科，而是秉承了黎曼的信念，着重关注贯穿数学世界的内在结构与主题。数学探险家们正忙于开辟通往新世界的道路。这个素数公式生不逢时。对于新一代的数学家来说，这个公式就像是一份技术报告，总结的是好多年前勘探过的一片土地，现在已经不需要了。数学家们非常惊讶，竟然有这样的公式存在。但黎曼的素数研究已经进入另一个阶段，在肖斯塔科维奇的时代演绎莫扎特风格的经典交响乐，即便做到完美复刻，也无法打动听众。

然而，这个神奇的公式之所以被搁置，并非全然因为新的数学审美。它其实没什么用处，大多取值都是负数，甚至在理论上也无深意。鲁宾逊和马季亚谢维奇已经证实，图灵机生成的所有数列都有这样的公式，由此可见，相比其他任意数列，素数也没什么特别的。这在当时几乎是共识。有人将马季亚谢维奇的素数成果告诉了苏联数学家尤里·弗拉基米罗维奇·林尼克（Yuri Vladimirovich Linnik），他回应道："太好了，我们应该很快就能学到不少关于素数的新知识。"当了解到这一成果的证明过程，以及对许多数列的适用性时，他收回了先前的热情："真遗憾，我们应该不太可能学到什么关于素数的新知识。"

如果这样的公式对任意数列都适用，那就意味着素数并无特别之处。这就是为什么黎曼的解释如此扣人心弦。黎曼的图景，以及黎曼用海平面上的每个点构建出的音符，共同打造出了独一无二的素数音乐。在任何一个数列中，你都无法找到这样和谐的结构。

当鲁宾逊解决了希尔伯特的第十问时，她有一位斯坦福的朋友正在推翻希尔伯特所坚持的"数学中没有不可知"。1962年，还是一名学生的保罗·科恩傲慢地问询斯坦福的教授们，要解决希尔伯特问题中的哪一问，他才能成名。他们想了一会儿，告诉他，第一问是最重要的。简单来说，它问的是有多少个数。作为清单之首，希尔伯特选择了康托尔提出的不同种类的无穷。是否存在一个无穷数集，它的大小超过了所有分数的集合，但也相对较小，无法一一对应所有的实数，包括像 π、$\sqrt{2}$ 这样，或是任何一个小数部分无穷无尽的无理数？

　　一年后，希尔伯特怕是要从坟墓里蹦出来了，因为科恩给出的答案是：两种情况都有可能。科恩证实，最基本的问题属于哥德尔的不可证命题。希望就此破灭了，并非只有晦涩模糊的问题才是不可判定的。科恩证出的结果是：根据现有的数学公理，无法证明存在体量居于分数集合与实数集合之间的数集；同样，也无法证明这样的集合并不存在。为满足我们现有的数学公理，他所试图构建的其实是两个不同的数学世界，其中一个世界对康托尔的问题给予了肯定的回答，而另一个世界选择说"不"。

　　高斯认为，在我们的物理世界之外，还存在着不一样的几何。有人将科恩的成果与高斯的不同几何做了对比，结果确实有点道理。但关键是，数学家们对数的意义有着坚定的认知。诚然，这些用于与数相关的证明的公理，或许也适用于其他"超自然"的数。不过，大部分数学家依然坚信，对于我们用以构建数学大厦的数而言，康托尔的问题只有一个正确答案。鲁宾逊在写给科恩的信中总结了大部分数学家对其证明的回应："天地可鉴，数论只有一个！这是我的信仰。"不过，在将这封信寄给科恩之前，她画掉了最后这句话。

　　科恩以其开创性的成就撼动了数学正统，也为自己赢得了一枚菲尔兹奖章。我们无法凭借传统的数学公理来判定康托尔问题的回答。继这一伟大发现之后，科恩决定转向下一个最具挑战性的问题，也就是希尔伯特清单中的黎曼假设。很少有数学家会承认自己正在积极地研究这个众所周知的难题，而科恩就是其中之一。在他的攻势下，直到 2007 年，他离开人世之际，这个坚不可摧的问题依然没能解决。

　　有趣的是，黎曼假设与康托尔问题属于不同的范畴。要是科恩再度取得成功，证出凭借数学公理无法判定黎曼假设，那他就能证明这一猜想确实成立。如果它是无法判定的，那它要么是错误的，我们证不出来；要么是正确的，我们也证不出来。但如果它是错的，就会有一个偏离临界线的零点，我们可以据此**证伪**。但凡我们不能证伪，那它就不可能是错误的。因此，黎曼假设不可判定的唯一条件是，它是正确的，但我们依然无法证明所有的零点都在临界线上。图灵是最早发现黎曼假设可能存在这种奇特解释的人之一。但很少有人相信，这种逻辑诡辩能成功解答希尔伯特的第八问。

得益于图灵的通用机，头脑中的计算机在我们理解数学世界的过程中起到了关键作用。但在 20 世纪后半叶，占据支配地位的是图灵曾经试图构建的实体机器。潮流改变了，取代神经元和无限记忆的是真空管、电线，最后是硅，由此制成的计算机受到了欢迎。机器遍及全球，数学家们得以凝视数之深广。

第 九 章

计算机时代：从头脑到桌面

我同你打赌，如果黎曼假设得以证明，证明一定不用计算机。

——格哈德·弗赖（Gerhard Frey），
费马大定理与椭圆曲线之间关键联系的构建者

离开校园后，大多数人与素数的唯一相遇是在年复一年的新闻里，其中会讲述大型计算机关于已知最大素数的最新发现。朱莉娅·鲁宾逊珍藏的"发现最大素数"的剪报表明，早在 20 世纪 30 年代，即便是错误的发现也能成为新闻。由于欧几里得对素数有无穷多个的证明，这一新闻故事才能一直流传下去。到二战结束之际，已知的最大素数是个 39 位数，自 1876 年被发现以来就保持着纪录。而现在（2023 年）的素数纪录已经超过 2400 万位。这个数用同样大小的纸张印出来要比这本书的页数还多，读出来要花好几个月。正是计算机帮助我们抵达了如此振奋人心的高度。在布莱切利园时，图灵就已经在思考，如何用他的机器找到打破纪录的素数。

图灵的理论通用机有无限内存可以存储信息，但战后他和纽曼制造于曼彻斯特的机器的记忆容量十分有限，只能执行无需太多内存的计算。例如，生成斐波那契数列（1, 1, 2, 3, 5, 8, 13, …）只需记住数列中的前两个数，对于这样的简单数列，他们的机器没什么问题。图灵知道，莱默父子里的那位年轻人想出过一个妙招，可以找到因 17 世纪修道士马兰·梅森而闻名的特殊素数。图灵意识到，莱默的测试和斐波那契数一样，无需大量内存。就图灵构想的机器而言，寻找梅森素数会是一项完美的任务。

梅森的素数生成方法是将 2 多次相乘，然后减 1。例如，$2 \times 2 \times 2 - 1 = 7$ 就是一个素数。他注意到，如果要让 $2^n - 1$ 有成为素数的可能，就要令 n 为素数。然而，正如他所发现的，这并不能保证 $2^n - 1$ 为素数。例如，11 是素数，但 $2^{11} - 1$ 不是。梅森预测，在 257 以内，只有 $n = 2, 3, 5, 7, 13, 19, 31, 61, 127, 257$ 能令 $2^n - 1$ 是素数。

$2^{257} - 1$ 这样的数太大了，人类的头脑无法验证梅森的判断。也许这就是为什么梅森放心给出了大胆的论断。他相信"穷极所有时间都不足以判断它们是不是素数"。欧几里得对素数有无穷多个的证明促成了他对数的选择。取一个像 2^n 这样能被很多数整除的数，然后减 1，就有望使之不可拆分。

虽然不能保证会得出素数，但梅森对数的直觉在某种层面上是正确的。因为梅森数与 2^n 这个能被多次整除的数相近，所以有一种非常高效的方法可以检验这些数是不是素数。该方法诞生于 1876 年，彼时法国数学家爱德华·卢卡斯（Edouard Lucas）发现了如何确认在 $2^{127}-1$ 是素数的问题上，梅森是正确的。在计算机时代到来以前，39 位的素数一直是已知的最大素数。卢卡斯借助自己的新方法揭开了梅森"素数"列表的真实面貌。对于 n 取何值时 2^n-1 为素数，这位修道士亲自列出的数表并不可靠：他漏掉了 61、89、107，错误地包含了 67。至于 $2^{257}-1$，卢卡斯依然望尘莫及。

梅森的传奇洞见最终被证明是盲目臆断。梅森的声誉或许受到了影响，但作为大素数之王，他的名字仍被传诵。那些打破纪录、登上新闻的素数无一例外都属于梅森数。尽管卢卡斯可以确认 $2^{67}-1$ 不是素数，但他的方法并不能将其分解成素数模块。正如我们后来所了解到的，经确认，这类数的分解是非常棘手的问题，以至于现在，它成了密码安全系统的核心，这些密码安全系统承袭的正是图灵用布莱切利园的"炸弹"所破译出的恩尼格玛密码。

图灵并不是唯一思考素数与计算机的人。年幼的鲁宾逊在听广播时就发现，用机器探索素数的想法也吸引着莱默父子。在 19 世纪末 20 世纪初，老莱默就已创建出高达 10 017 000 的素数表（再未有人发表过更大的素数表）。他的儿子则做出了侧重于理论的贡献。1930 年，年仅 25 岁的小莱默改进了卢卡斯用于检验梅森数是否为素数的方法。

莱默表示，要想证明一个梅森数是素数，无法被更小的数整除，你可以逆向思考这个问题。只有在梅森数 2^n-1 可以**整除**另一个数时，它才会是素数。这里的另一个数被称为卢卡斯－莱默数，用 L_n 表示。它和斐波那契数一样，是由序列中的前几项构建而成的。求前一个数 L_{n-1} 的平方，并减 2，就能得到 L_n：

$$L_n = L_{n-1}{}^2 - 2$$

从 $n = 3$ 开始执行检验，对应的卢卡斯－莱默数是 $L_3 = 14$。数列由此向后延伸，可知 $L_4 = 194$，$L_5 = 37\ 634$。这项检验的优势在于，你只需求出 L_n 的数值，然后验证梅森数 $2^n - 1$ 是否可以将其整除，这是一个很简单的计算任务。例如，既然 $2^5 - 1 = 31$ 可以整除卢卡斯－莱默数 $L_5 = 37\ 634$，那么 $2^5 - 1$ 就是素数。莱默通过这项简单的测试检验了所有的梅森数，证实梅森判断有误，$2^{257} - 1$ 并非素数。

卢卡斯和莱默是如何发现检验梅森素数的方法的呢？这不是拍着脑袋就能想出来的。这类发现和黎曼假设的惊雷乍现，或者高斯对于素数和对数关联的发现截然不同。卢卡斯－莱默检验的模式并非通过实验或数据观察就能显现出来的。他们不断地摸索 $2^n - 1$ 作为素数意味着什么，像摆弄魔方一样反复调整这个命题，直到它的颜色突然以全新的方式组合在一起，由此取得了发现。每调整一次，就类似于迈出了证明的一步。不同于其他理论从一开始就有明确的终点，卢卡斯－莱默检验的最终呈现是基于没有明确方向的证明的。起初是卢卡斯转动了这个魔方，而莱默则成功将其转化成今天所使用的简单形式。

当图灵在布莱切利园破解德国的恩尼格玛密码时，他和同事们探讨了用机器寻找大素数的可能性，这种机器和他们发明的"炸弹"类似。基于卢卡斯和莱默开发出的方法，梅森数的素性得到了有效验证。这种方法非常适合在计算机上自动运行，但战争的压力很快就将图灵的想法推到了一旁。不过，等到战争结束，图灵和纽曼就可以重拾这一想法，寻找更多的梅森素数了。对于他们计划在曼彻斯特研究实验室建造的机器而言，这将是一场完美的测试。虽然这台机器的存储容量很小，但卢卡斯－莱默方法在判定素数时，每一步都用不上多少内存。要想计算出第 n 个卢卡斯－莱默数，计算机只需记得第 $n-1$ 个数是什么。

图灵在黎曼零点的问题上一直都不太顺利，当他将注意力转向寻找梅森素数时，好运也没有到来。他在曼彻斯特搭建的计算机没能打破维持了70年的素数纪录——$2^{127}-1$。直到 $2^{521}-1$，才有了下一个梅森素数，而这已经超出了图灵的机器的计算能力。命运兜兜转转，最终宣称创下素数新纪录的是朱莉娅·鲁宾逊的丈夫拉斐尔。经人转手，他拿到了一份机器说明书，介绍的是德里克·亨利·莱默在洛杉矶建造的那款。到这时候，莱默已经抛开了他那台用自行车齿轮和链条制造出的战前机器。他现在是美国国家标准局 [①] 数值分析研究所的所长，还造出了一台叫作标准西部自动计算机（Standards Western Automatic Computer，SWAC）的机器。身处伯克利的拉斐尔从未亲眼见过 SWAC，却在他舒适的办公室里写出了一个可以在这台机器上运行的程序，用于寻找梅森素数。1952 年 1 月 30 日，这台计算机发现了第一个超出人脑计算能力的素数。创下 $2^{521}-1$ 这一纪录之后，没过几小时，SWAC 就给出了一个新的大素数，$2^{607}-1$。一年之内，拉斐尔·鲁宾逊将他的纪录刷新了三次。到此为止，最大的素数是 $2^{2281}-1$。

素数纪录的刷新逐渐由最大的计算机的使用者所主导。到了 20 世纪 90 年代中期，计算机领域的巨头克雷（Cray）计算机创下新纪录。成立于 1971 年的克雷研究公司（Cray Research）运用了这样的事实：无须等待某个步骤完成，计算机就可以开始下一项操作。几十年来，世界公认最快的

[①] 该局现为美国国家标准与技术研究院。——编者注

计算机就是基于这一简单原理而被发明出来的。克雷计算机诞生于加利福尼亚州的劳伦斯·利弗莫尔国家实验室（Lawrence Livermore Laboratory）。自 20 世纪 80 年代以来，在保罗·盖奇（Paul Gage）和戴维·斯洛文斯基（David Slowinski）的密切关注下，该机器就一直在刷新纪录、登上头条。1996 年，他们公布了第七个打破纪录的素数，$2^{1\,257\,787}-1$，这是一个 378 632 位数。

不过，最近的潮流已经转向小型计算机。就像大卫战胜了歌利亚①，现如今，普通的台式计算机也能打破纪录。是什么给了它们力量去战胜克雷计算机呢？是互联网。无数台小型计算机被网络连接在一起，借此集结之力，用机器蚁群寻找大素数成为了可能。依靠互联网帮助业余爱好者进行真正的科学研究，这并非首次。天文学曾为成千上万的天文爱好者分配各自的一小片夜空去探索，这使天文学本身受益匪浅；互联网则为协调这项天文活动提供了支持。受天文学家成功的启发，美国程序员乔治·沃尔特曼（George Woltman）在网上发布了一款软件，一经下载，就会将无穷个数中的一小部分分配给你的台式机。就像将望远镜对准夜空，寻找新的超新星，科学爱好者们是要利用计算机空闲之际，在数的宇宙角落里寻找新的最大素数。

这项搜索工作是有风险的。沃尔特曼团队的一位成员在美国的一家电信公司上班。他在寻找梅森素数时用到了公司里的 2585 台计算机。当菲尼克斯的计算机要花五分钟来完成本该花五秒钟的号码检索时，公司开始怀疑哪里出了问题。美国联邦调查局最终找到了迟滞的原因，此时这位员工承认，"它们加在一起的计算能力真是太诱人了"。面对自家员工对科学的追求，电信公司并未被打动，而是将他解雇了。

继 1996 年克雷公告发布几个月之后，这支互联网猎队首次发现了新的梅森素数。法国巴黎程序员若埃尔·阿芒戈（Joël Armengaud）参与了沃尔特曼的项目，在少量的数中挖出了金子。在媒体看来，相比之先前的发

---

① 歌利亚是圣经传说中的巨人，被年轻的牧羊人大卫用投石索击败并杀死。——编者注

现，这一发现来得太快。当我联系《泰晤士报》，谈及最新的最大素数时，他们告诉我，他们每两年才会报道一次这样的故事。自 1979 年以来，斯洛文斯基和盖奇这对克雷双人组，平均每两年会取得一次发现，刚好满足报道需求。

但比起新素数得以发现，这一切还有更深远的意义。它标志着计算机对于寻找素数的作用发生了转变。互联网杂志《连线》（Wired）没有错过这一点。《连线》报道的故事现如今被称为"互联网梅森素数大搜索"（Great Internet Mersenne Prime Search，GIMPS）。沃尔特曼从世界各地招募了 250 多万台计算机，相当于创建出了一个巨大的并行处理器。但克雷计算机那样的重磅武器并未退场。它们现在是平等的搭档，一起检查小型计算机的发现。

截至 2023 年，梅森素数搜索项目已出现 17 位幸运赢家。继巴黎之后是来自英国的发现者，第三位来自美国加利福尼亚州。但真正挖出金子的是来自密歇根州普利茅斯的纳扬·哈杰拉特瓦拉（Nayan Hajratwala），当时是 1999 年 6 月。他的素数 $2^{6\,972\,593}-1$ 有 2 098 960 位，是首个超越百万位里程碑的素数。这一成就本身就是一个具有象征意义的奖项，还为哈杰拉特瓦拉赢得了 5 万美元现金奖励，由电子前沿基金会（Electronic Frontier Foundation）提供。该组织位于加利福尼亚州，自称是网民权利的守护者。2008 年，埃德森·史密斯（Edson Smith）突破千万位里程碑，赢得第二份奖励，金额为 10 万美元。哈杰拉特瓦拉和史密斯的成功是不是激励了你？基金会还有 50 万美元的奖金，用于奖励更多大素数的发现者，而下一个里程碑是亿位。2023 年的现有素数纪录为 $2^{82\,589\,933}-1$ [1]，这个数有 24 862 048 位。数学家们相信，有无穷多个这样特殊的梅森素数等待着被发现。

[1]　原书出版于 2023 年。有趣的是，就在本书编辑出版过程中，2024 年 10 月 21 日，GIMPS 网站确认了新的已知最大素数：$2^{136\,279\,841}-1$。这是第 52 个梅森素数，有 41 024 320 位，时隔近六年，刷新了已知最大素数的纪录。——编者注

计算机：数学的消亡？

如果计算机能够超越我们，岂不是会让数学家失业？幸运的是，它不会。它并未宣告数学的终结，反而突显了数学家与计算机的真正差异：富有创造力的艺术家比之单一纯粹的计算器。计算机当然是数学家探索数学新世界的强大盟友，在我们攀登黎曼高峰时，它也是壮硕的夏尔巴向导 [①]，但它永远都取代不了数学家。虽然计算机在任何有限的计算中都能打败数学家，但它（尚且）缺乏想象力，无法应对无穷量级的局面，不能揭开数学的深层结构与模式。

比方说，用计算机搜索大素数能帮我们更好地理解素数吗？或许我们能够唱出越来越高的音，但乐谱仍不可见。欧几里得已向我们保证，总能找到更大的素数。但我们并不清楚，梅森数这一特例是否可以无限生成素数。或许 GIMPS 发现的第 51 个素数就是最后一个。在我和保罗·埃尔德什的讨论中，他将“证明梅森素数的无穷性”列为数论中最伟大的未解问题之一。普遍认为，存在无穷多个 n 可以令 $2^n - 1$ 为素数。但计算机不太可能证明这一点。

这并不是说计算机什么都证明不了。给定一组公理和推演规则，你就可以为计算机编写程序，从而开始量产数学定理。关键在于，计算机就像是打字机前的猴子，区分不了高斯定理和小学算术。人类数学家已经具备批判能力，可以辨别定理重要与否。按照数学审美的基调，漂亮的证明值得欣赏，丑陋的证明需要避开。虽然丑陋的证明同样有效，但优雅向来都是证明的一项重要标准，用于构建穿行于数学世界的最佳路径。

计算机首次成功证出的定理和一个叫作四色问题的挑战相关。这个问题源于一位业余爱好者的好奇心。它涉及我们在孩提时代可能就已发现的

① 夏尔巴人（Sharpas）亦称舍尔巴人（Sherpas），是尼泊尔菩提亚人的别称，以住在珠穆朗玛峰附近充当登山向导闻名。——译者注

事情：如果给一张地图上色，使相邻国家颜色不同，只需四种颜色足矣。即便对国界进行最富创意的重绘，你似乎也没法让欧洲地图产生更多的颜色需求。从当前法国、德国、比利时和卢森堡的国界可知，你确实至少需要四种颜色。但你能证明四种颜色对任意地图都适用吗？

这个问题首次被提出是在 1852 年。法学生弗朗西斯·格思里（Francis Guthrie）给他在伦敦大学学院从事数学的弟弟写了一封信，问询是否有人证出四种颜色始终够用。那时候，的确很少有人会觉得这是一个重要问题。许多普通数学家试图为格思里提供一个证明。但是因为一直没能取得证明，这个问题的数学段位便逐渐升高。希尔伯特最好的朋友，来自格丁根的赫尔曼·闵可夫斯基竟也被这个问题好一番折磨。四色问题在他的课堂上被提及。他宣称："这个定理还没被证明出来，不过是因为只有三流数学家研究过它。我相信我能证出来。"他花了好几堂课在黑板上整理自己的思路。有一天早上，当他走进讲堂时，突然雷声大作。他承认："我的傲慢把老天爷给激怒了。我的证明有问题。"

越是有人栽跟头，这个问题就越发显得重要，毕竟，提出这个问题可真是太容易了。直到 1976 年，距离格思里给弟弟写信已经过去 100 多年，这个问题依然顽强抵抗，不愿被证明出来。伊利诺伊大学的两位数学家肯尼思·阿佩尔（Kenneth Appel）和沃尔夫冈·哈肯（Wolfgang Haken）表示，不必给无穷多个可能的地图上色，这是不可能完成的，该问题可以简化为 1500 张不同的地图的上色。这是一项重大突破，就像是发现了制图元素周期表，所有地图都可由此构建。但手动查验这些地图"原子"也就意味着，即便阿佩尔和哈肯从 1976 年就开始这项任务，也得一直上色上到今天。相比之下，计算机首次完成了这个证明。计算时长为 1200 小时，不过最终得出了答案，是的，每张地图都可绘成四色。人类集体的智慧表明，你只需考虑 1500 张基础地图就能了解所有地图，再辅以计算机的强大力量，最终让格思里 1852 年的猜想得到了证实：任意一张地图只需四种颜色。

诚然，四色定理并无实际用途。听到这一消息时，制图者们并未因为不必出去买第五罐颜料就松了一口气。数学家们并非要等到这个问题得以证明，才能继续深入探索，他们不过是没能注意到另一个有待探索的角度。它不像黎曼假设，支撑着成千上万的结论。四色问题的重要性在于，它表明，我们对二维空间认知尚浅，因而无法回答这个问题。只要依然未解，它就会激励数学家们去寻求对我们周遭空间的深层理解。这就是为什么许多人没有止步于阿佩尔和哈肯的证明。计算机给了我们一个答案，却未曾加深我们的认知。

阿佩尔和哈肯对于四色问题的计算机辅助证明是否体现了"证明"的真正精神，这一点一直饱受争议。许多人因为计算机的作用感到不安，即便他们大多知道，比起许多人工证明，这个证明更有可能是正确的。证明需要让人看懂吗？对此，哈代喜欢这样描述："数学证明就应该像是简明的星座，而非散乱的银河。"四色问题的计算机证明艰难描绘出了天空的混沌，而非给出深刻的理解，阐释天空为何如此。

计算机辅助证明强调了数学家的快乐并非仅仅源于最终结果。我们阅读数学传奇不单单是要看侦探故事。在揭示真相的过程中，曲折的情节如何展露自身，才是乐趣所在。阿佩尔和哈肯的四色问题证明让我们在阅读数学时，丢失了孜孜以求的心境："啊哈，现在我明白了！"我们想要分享证明的创作者首次体验的惊喜时刻。计算机是否会拥有情感，这一争议将会持续几十年，但四色问题的证明显然没有给我们机会去分享计算机可能体验到的兴奋。

虽无审美可言，计算机仍在为数学界提供证明定理的服务。每当问题被简化为检查有限数量的事物时，计算机的确能够提供帮助。那么，计算机能否帮助我们攀登黎曼假设的高峰呢？二战结束之际，哈代去世，人们开始怀疑黎曼假设是错误的。正如图灵所认识到的，如果它是错的，那么借助计算机是可行的。可以在机器上设置程序，寻找偏离直线的零点。但如果假设为真，那计算机便没法证明无数个零点都在线上。它最多只能提供越来越充分的证据支持我们对黎曼假设的信心。

计算机还发挥了另一种作用。哈代去世之际，数学家们正陷入困境。黎曼假设的理论进程停滞不前。就现有技术而言，哈代、李特尔伍德和塞尔贝格似乎已经取得了关于黎曼图景中海平面上各点位置的最佳成果。他们充分发挥了这些技术的威力。数学家们大多认为，要有新颖的思路，才能在黎曼假设的证明上更进一步。因为缺乏新思路，所以计算机会给人以进步的印象。但这只是一种假象——计算机的参与掩盖了黎曼假设裹足不前的事实。计算机替代了思想，使头脑放松，让我们误以为自己正在取得真正的进步，而实际面对的却是一堵难以逾越的墙。

查吉尔：数学火枪手

1932年，西格尔在黎曼未发表的笔记中找到了一个秘密公式，能够准确高效地计算出黎曼图景中的零点位置。图灵曾试图用他复杂的齿轮系统来推进计算，但若想要发挥该公式的全部潜力，还需更多现代化机器。一旦将这一秘密公式编入计算机，人们便可开始探索前所未有的领域。20世纪60年代，随着人类开始利用无人航天器探索遥远的宇宙，数学家们也开始将计算机引入黎曼图景的外围。

数学家们在寻找零点时，越往北走，收集到的证据就越多。但这些证据有什么用呢？你要证出多少个零点在临界线上，才能确信黎曼假设为真？问题在于，正如李特尔伍德所示，数学上的信心很少源于证据。这就是为什么许多人认为计算机并非探究黎曼假设的有力工具。然而，一个意外的惊喜让最顽固的怀疑论者也开始相信，黎曼假设极有可能为真。

20世纪70年代初，一位数学家在这一小群怀疑论者中崭露头角。唐·查吉尔（Don Zagier）是当今数学界最富活力的数学家之一。当他穿梭于德国波恩的马克斯·普朗克数学研究所（相当于德国的普林斯顿高等研究院）的走廊时，他看起来风度翩翩。查吉尔就像是一位数学火枪手，舞动着犀利的智慧，随时准备解决任何难题。他的数学热情与活力带着砰砰的声响，以令人屏息的速度，将你卷入思想的旋风中。他的学科方法引人入胜。他会准备好一道道数学谜题，在研究所的午餐会上供大家消遣。

唐·查吉尔，马克斯·普朗克数学研究所教授

　　有些人单从美学角度出发，不顾真凭实据的不足，就选择相信黎曼假设，查吉尔对此格外气愤。对这一猜想的信心可能只是源自对数学上的简洁与美感的推崇。在这片美丽的图景中，偏离临界线的零点会成为污点。每个零点都为素数的音乐献上了一个音符。如果黎曼假设被证伪，意味着什么呢？对此，恩里科·邦别里是这样描述的："假设你在音乐会上聆听着音乐家们极其和谐的演奏，突然有一支大号奏响，极其洪亮，淹没了其余一切乐声。"数学世界如此美妙，我们无法相信，也不敢相信，大自然会选中一个黎曼假设不成立的不和谐宇宙。

　　对于这一点，头号怀疑者当属查吉尔，而邦别里则是典型的黎曼假设支持者。20 世纪 70 年代初，在搬到普林斯顿高等研究院之前，邦别里还在祖国意大利担任教授。正如查吉尔所解释的："邦别里对黎曼假设有着绝对的信心。这是一种宗教信仰：它必须是正确的，否则整个世界都会出问题。"诚然，正如邦别里所说："我在十一年级时了解了几位中世纪的哲学家。其中一位是奥卡姆的威廉（William of Occam），他提出，当我们必须二选一时，我们往往会选择更简单的解释。奥卡姆剃刀原则讲的便是避难就易。"对邦别里来说，偏离临界线的零点就像是管弦乐队中的那件乐器，"淹没了其他声响。这是对美的颠覆。奥卡姆的威廉有一位追随者是这样说的，我拒绝这个结论，所以我接受黎曼假设为真"。

在邦别里访问波恩的研究所时，转机出现了，茶余的谈话转向黎曼假设。数学界的悍将查吉尔终于有机会与邦别里一决高下。"喝茶的时候我就告诉他，没有足够的证据让我去相信另一种观点。所以我愿意跟你对赌。我倒没有觉得它肯定是错的，只不过，我就是想唱反调。"

邦别里回应道："好呀，我愿意接受你的提议。"查吉尔意识到，自己提出平赔率实在是太蠢了。邦别里是个坚定的信徒，他开出了十亿比一的赔率。赌注商定为：两瓶上好的波尔多葡萄酒供获胜者挑选。

查吉尔解释道："我们希望能在有生之年完成这场赌局，却很可能会把它带进坟墓。我们不想设定时间限制，比如十年后就放弃。这样好像太蠢了。十年时间能把黎曼假设怎么样呢？我们想要的是关乎数学的东西。"

因此，查吉尔讲述了以下内容。尽管图灵机在计算出前 1104 个零点后就瘫痪了，但在 1956 年，德里克·亨利·莱默取得了更大的成功。他用他那台位于加利福尼亚的机器验证了前 25 000 个零点都在临界线上。20 世纪 70 年代初，一项著名的计算证实，前 350 万个零点确实在临界线上。这是一项了不起的成果，它借助独到的理论技巧，将计算机技术推向了当时的绝对极限。正如查吉尔所说：

所以我说，好吧，现在已经算出 300 万个零点了，我还是没有被说服，哪怕好些人会说，我的天哪，300 万个零点，你还想要什么呢？大部分人会说，能有什么变数呢？300 万和 3 万亿有什么区别？我想说的就是这一点，不是这样的。300 万的时候我还是没有信服。不过，要是早点下注就好了，因为我已经开始动摇了。要是在 10 万的时候下注就好了，因为那时候完全没有理由相信黎曼假设。事实证明，10 万个零点完全无益于数据分析。300 万就开始有点意思了。

但查吉尔明白，3 亿零点是一个分水岭。有理论可以解释，为什么前几千个零点必须在黎曼的临界线上。然而，这些理由被压倒了，有更强大的理由可以解释为什么零点将会偏离临界线。查吉尔意识到，到 3 亿零点时，如果零点没有被推出临界线，那真是奇迹。

丘陵与低谷沿着黎曼的临界线起起伏伏，查吉尔分析了这一曲线图。该曲线提供了黎曼图景沿临界线的横截面呈现出的新视角。有趣的是，它促成了对黎曼假设的新解释。如果它穿过了黎曼的临界线，那么该区域内就一定有偏离临界线的零点，可以推翻黎曼假设。一开始，该曲线并未靠近临界线，甚而攀升至远处。但随着不断向北行进，它开始下降，直逼临界线。然而，如下图所示，每当查吉尔的曲线试图冲过临界线时，似乎便会被什么东西阻止。

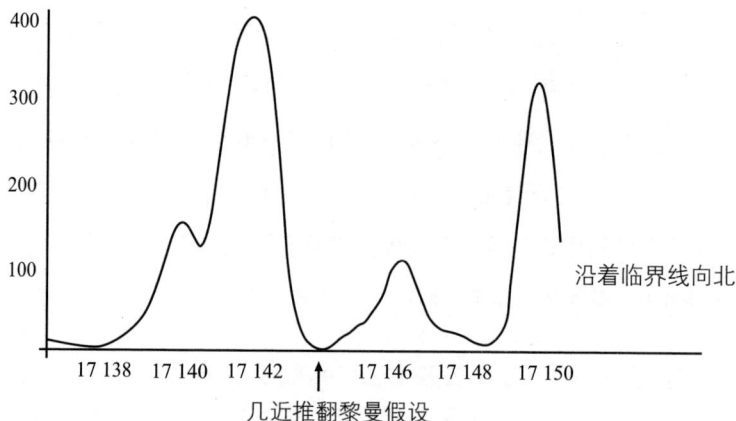

查吉尔的辅助图：若曲线越过横轴，则黎曼假设不成立

　　所以越往北走，该曲线越有可能越过临界线。查吉尔知道，第一个真正的弱点在第 3 亿个零点附近。临界线的这一区域将是真正的考验。当你向北行进至此，若曲线还是没有越过临界线，那就一定有理由就可以解释为什么没有。查吉尔断定，该理由可以表明黎曼假设为真。这也是为什么查吉尔将赌约门槛设为 3 亿零点：要么给出证明，要么计算出 3 亿零点，且没有反例，邦别里就能获胜。

　　查吉尔应该清楚，20 世纪 70 年代的计算机过于弱小，还没有能力探索黎曼临界线的这一区域。计算机已成功计算出 350 万个零点。查吉尔根据当时计算机技术的发展做出估计，或许只要等 30 年，就能算出 3 亿零点。但他没有料到，计算机革命近在咫尺。

　　约莫五年间，什么也没有发生。计算机缓步发展，但想要计算出两倍乃至百倍的零点，需要巨大的工作量，没有人愿意为此费心。毕竟，在这个领域中，劳心劳力只为带来双倍证据，是毫无意义的。然而，大约五年后，计算机技术突飞猛进，有两个团队接受挑战，要利用新技术算出更多零点。一支团队在荷兰阿姆斯特丹，由赫尔曼·特里尔（Herman te Riele）领导；另一支团队在澳大利亚，由理查德·布伦特（Richard Brent）领导。

　　1978 年，布伦特率先宣布，前 7500 万个零点都在临界线上。阿姆斯特丹团队随后加入布伦特。经过一年的努力，他们发表了一篇重磅论文，内容翔实，表述精美，一切完结就绪。他们算出了多少？2 亿！查吉尔笑了：

　　我松了一口气，因为这实在是一项大工程。谢天谢地，幸好他们停在了 2 亿。显然，他们本可实现 3 亿，不过还好没有。现在我可以缓上好几年了。他们不会只为了提高 50%，就继续下去。人们还等着他们实现 10 亿呢，而这需要很多年。可惜我没有考虑到我的朋友亨德里克·伦斯特拉（Hendrik Lenstra），他知道这个赌局，而且人就在阿姆斯特丹。

伦斯特拉跑去问特里尔:"为什么停在了2亿?你知道的,如果到3亿的话,唐·查吉尔就输了。"于是该团队向3亿迈进。他们自然没有找到偏离临界线的零点,所以查吉尔要兑现赌约了。他给邦别里带了两瓶酒,邦别里将第一瓶分给了查吉尔。正如查吉尔所说,这是他喝过最贵的酒,因为

前2亿个零点和我的赌约没关系,是独立的。但他们之所以计算出最后这1亿,就是因为听说了我的赌约。CPU大约运行了1000小时才算出另外1亿。CPU每运行一小时就要花费700美元。既然他们进行计算就只是为了让我输掉赌局,赔上两瓶酒,那我宣布,每瓶酒价值35万美元。这可比拍卖会上最贵的酒还要贵上许多。

不过,在查吉尔看来,现有证据大多支持这一猜想,这才是更重要的。作为一种计算工具,计算机终于有能力迈向黎曼ζ图景的更北处,也就有可能抛出反例。尽管查吉尔的辅助图若干次试图冲破黎曼的临界线,但显然遭到了某种巨大阻力的拦截。为什么呢?黎曼假设。

查吉尔现在承认:"这就是为什么我现在坚定地相信黎曼假设。"他将计算机比作支持理论物理的加速器。物理学家掌握构成物质的模型,但需要有足够的能量分裂原子,才能检验该模型。查吉尔认为,3亿零点总算有足够的能量来检验黎曼假设是否大概率为真了:

我相信,该证据以100%的说服力表明,有什么东西正在阻止曲线图越过临界线,而我唯一能想到的可能就是,黎曼假设为真。现在,我像邦别里一样坚定地相信黎曼假设,不是因为它过于美丽,如此精巧,或是上帝存在,而是因为这个证据。

2020年,戴夫·普拉特(Dave Platt)和蒂姆·特鲁吉安(Tim Trudgian)宣称,他们的计算机已通过计算证实,前12 363 153 437 138个

零点全都遵循黎曼假设。无论计算机计算多长时间，都无法提供相应的证明。不过但凡有一个零点偏离临界线，计算机或可揭示黎曼假设纯属幻想。

这就是计算机的作用——推翻猜想。20世纪80年代，零点的计算被用于推翻黎曼假设的近亲——默滕斯猜想（Mertens conjecture）。但这些计算并非进行于数学系的舒适环境中。人们对计算零点的兴趣转向产生于一个意外的来源：AT&T公司（American Telephone & Telegraph Company，美国电话电报公司）。

奥德里兹科：新泽西州的计算技术"大牛"

在AT&T研究实验室的资助下，美国新泽西州的中心地带，寂静的小镇弗洛勒姆帕克附近，一个出人意料的数学人才基地已然繁荣多年。2016年，诺基亚将其收购。当你走进他们的大楼时，你可能会误以为自己来到了某所大学的数学系。但这里其实是一家大型电信公司的总部。实验室的起源要追溯到20世纪20年代，AT&T贝尔实验室初创之时。图灵曾于战时在纽约的贝尔实验室工作过一段时日。他参与设计了一个语音加密系统，可以确保华盛顿与伦敦方面安全通话。图灵声称，他在贝尔实验室度过的时光要比在普林斯顿时期更为激动人心。不过，这或许和曼哈顿的乡村夜生活有关。埃尔德什在踏上数学之旅时就常常到访新泽西基地。

20世纪60年代，当电信行业面临技术爆炸的冲击，可以想见，要想站在行业前沿，AT&T公司愈发需要更为高端的数学技术。继大学迅速扩张的十年之后，对于想要找到学术工作的数学家而言，70年代相对萧条。借助科研设施的扩建，AT&T公司吸引了剩余人才。尽管他们的终极期待是将科研转化为技术创新，但他们也乐见数学家们能够继续追逐自己的数学热情。这听起来像是利他主义，其实是良好的商业模式：该公司在 20 世纪 70 年代处于垄断地位，所以在利润的使用方面有所受限。投资研究实验室被视为吸收部分利润的明智之举。

无论 AT&T 公司此举有何深意，都令数学受益匪浅。这家实验室迸发出的思想火花带来了一些最为有趣的理论进展。这是学术界与商界的精彩交融。我在到访该实验室，与数学家交流时，亲眼见证了这一融合。为了让 AT&T 公司赢得手机带宽的最高竞标价，几位数学家在工作午餐席间提出了一个理论模型，可以为公司提供最佳策略，以应对复杂的竞标过程。对数学家而言，这不过是一盘国际象棋的策略，而非在决定公司几百万美元的花费。但两者并不矛盾。

2001 年以前，这家科研实验室的负责人一直是安德鲁·奥德里兹科（Andrew Odlyzko）。来自波兰的他至今还有着浓厚但温和的东欧口音。他的从商经历让他十分擅长进行各种数学思想的交流。他那积极包容的态度鼓舞着你加入他的数学之旅。尽管如此，他为人十分严谨，一直都是完美的数学家：每一个步骤都不可含糊。奥德里兹科曾就读于麻省理工学院，是哈罗德·斯塔克（Harold Stark）的博士生，在此期间，对 ζ 函数产生了兴趣。他所研究的某个问题需要他尽可能准确地知道 ζ 图景中前几个零点的位置。

高精度计算正是计算机比人类更为擅长的领域。加入 AT&T 贝尔实验室不久后，奥德里兹科就取得了突破。这家实验室在 1978 年购买了他们的第一台超级计算机 Cray-1。这是第一台由一家私企，而非政府或大学拥有的克雷计算机。作为商业机构，AT&T 公司的大部分事务都受制于财务和预算，每个部门使用该大型计算机都要按时间付费。然而，人们需要一定的时间才能掌握克雷计算机的编程技巧，这台机器最开始也就没有派上用场。所以，计算机部门决定，让最具价值但缺乏资金的项目免费使用克雷计算机 5 小时。

安德鲁·奥德里兹科，任 AT&T 科研实验室负责人至 2001 年

奥德里兹科怎么会拒绝发挥克雷计算机的威力的机会呢？他联系了证实前 3 亿个零点都在临界线上的阿姆斯特丹和澳大利亚团队。他们有谁在黎曼临界线上找到了零点的准确位置呢？都没有。他们只专注于证明每个零点在东西轴上的坐标是黎曼所预测的 $\frac{1}{2}$，并未过多关注南北轴上的准确位置。

奥德里兹科申请了克雷计算机的使用时间，想要确定前 100 万个零点的准确位置。获得 AT&T 公司批准后，他在几十年间抓住公司能够腾出的一切计算机使用时间，计算出越来越多的零点。这些计算并非缺乏动力的练习。他的上司斯塔克掌握了定位前几个零点的方法后，据此证出高斯关于如何对虚数进行因数分解的猜想。另一边，奥德里兹科根据前 2000 个零点的位置推翻了一个自 20 世纪初就流传于数学界的猜想——默滕斯猜想。来自阿姆斯特丹的特里尔加入了推翻这一猜想的行列。这位数学家曾证出前 3 亿个零点都在黎曼的临界线上，让查吉尔输掉了赌局。默滕斯猜想与黎曼假设密切相关，它的不成立向数学家们表明，如果黎曼假设为真，也就只是正确而已。

对默滕斯猜想的最佳理解是投掷素数硬币游戏的变体。如果 N 由偶数个素数模块组成，那么在第 N 次投掷时，默滕斯硬币正面朝上。例如，$N = 15$ 时，因为 15 是 3 和 5 这两个素数的乘积，所以结果是正面朝上。反之，如果 N 由奇数个素数组成，比如 $N = 105 = 3 \times 5 \times 7$，结果就是反面朝上。不过还有第三种可能。如果 N 使用了某个模块两次，那么结果就为零。例如，12 是由两个 2 和一个 3 组成的（$12 = 2 \times 2 \times 3$），所以分值为 0。结果为零对应硬币脱离视线，或是立在桌上。默滕斯对随 N 增大而产生的硬币规律提出了一个猜想，与黎曼假设十分相似。黎曼假设认为素数硬币没有偏差，但默滕斯猜想对素数的预测要比黎曼稍加严苛。他认为误差要比我们对公平硬币的期待稍小一些。若该猜想为真，则黎曼假设也为真，但反之未必。

1897 年，默滕斯制作了 $N = 10\,000$ 以内的计算表来支持自己的猜想。到了 20 世纪 70 年代末，实验证据已达 10 亿数量级。但正如李特尔伍德所示，10 亿级别的证据是微不足道的。彼时默滕斯猜想的正确性愈发遭到怀疑。奥德里兹科与特里尔将前 2000 个零点的位置准确计算至百位小数，最终推翻了默滕斯猜想。不过，那些对大量实验数据印象深刻的人还需警惕，据奥德里兹科和特里尔判断，即便默滕斯分析的硬币投掷次数高达 10^{30}，他的猜想仍然看似成立。

在 AT&T 公司，奥德里兹科的计算机还在继续帮助数学家们探索素数的奥秘。但这并非单向的。素数正为空前发展的计算机时代贡献自己的力量。20 世纪 70 年代，素数突然成为确保电子通信隐私的钥匙。哈代曾经一直为数学，尤其是数论在现实世界中的无用而感到骄傲：

> "真"数学家的"真"数学，比如费马、欧拉、高斯、阿贝尔和黎曼的数学，几乎全然"无用"（"应用"数学与"纯粹"数学同样如此）。对于任何真正专业的数学家而言，依靠数学工作的"实用性"为其生活辩白是不可能的。

但他彻底错了，费马、高斯与黎曼的数学成了商业世界的核心。这就是为什么 AT&T 公司在 20 世纪 80 年代和 90 年代会招募更多数学家。电子地球村的安全取决于我们对素数的理解。

第 十 章

破解数与码

如果高斯还活着，他会成为黑客。

——彼得·萨纳克，普林斯顿大学教授

1903 年，纽约哥伦比亚大学数学教授弗兰克·纳尔逊·科尔（Frank Nelson Cole）在美国数学学会的一次会议上发表了一场颇为奇特的演讲。他一言不发地在一块黑板上写下一个梅森数，又在旁边的黑板上写出两个较小数相乘。在中间标出等号后，他就坐下了。

$$2^{67}-1=193\ 707\ 721\times 761\ 838\ 257\ 287$$

听众纷纷起身鼓掌，对于满屋子的数学家而言，这是少有的雷霆之声。不过，即便对世纪之交的数学家们来说，两数相乘应该也并不困难吧？事实上，科尔所做的恰恰相反。人们自 1876 年便知晓，$2^{67}-1$ 这个 20 位的梅森数并非素数，而是两个较小数的乘积，却无人知晓是哪两个。科尔耗时三年，投入所有的周日下午，"破解"出了这个数的两个素数组成部分。

科尔的壮举不只惊艳了 1903 年的听众。2000 年，有一场神奇的"外百老汇秀"①叫作《五个歇斯底里的女孩定理》（*The Five Hysterical Girls Theorem*）。剧中，有个女孩破解了科尔的数，致敬了科尔的计算。这部剧讲述了一个数学家庭的海滨之旅，素数这个主题反复出现在其中。剧中的父亲感叹自己的女儿即将长大成人，不是因为她已经到了可以和爱人私奔的年纪，而是因为 17 是一个素数，而 18 却可以被另外 4 个数整除。

两千多年前，古希腊人证实，每个数都能被写成素数的乘积。自此，数学家们始终没有快速高效的方法，来确认哪些素数构成了其他数。化学光谱学可以告诉化学家，一个化合物是由元素周期表中的哪些元素组成的，而数学上却没有相应的方法。如果谁能发现类似的数学方法，分解出数的素数组成，那么他所能赢得的将不仅仅是学术赞誉。

1903 年，人们将科尔的计算视为数学奇闻。大家为他起立鼓掌，是对

① 外百老汇秀（off-Broadway show）是指位于美国纽约百老汇以外地区规模相对较小的剧院演出的作品，通常更多样化，更具实验性。——编者注

他非凡的辛勤劳动表示认可，而非因为这个问题内在的重要性。如今，破解这个数不再是周日下午的消遣，而成了现代密码破译的核心。数学家们已经设计出一种方法，将破解数的难题与保护世界互联网金融的密码联系在一起。现如今，就几百位的数而言，找到素因数这一看似寻常的任务其实已经十分困难了，要花费的时间过于漫长，并不现实。因此，银行与电商都将金融交易的安全寄托于此。与此同时，这些新的数学密码已被应用于解决一个一直困扰密码学界的问题。

互联网加密的诞生

自人类能够交流以来，就需要传递秘密消息。为使重要信息免落歹人之手，我们的祖先曾设计过非常有趣的方式来掩盖信息内容。最早的一种隐藏方式是在 2500 多年前，由斯巴达军队设计的。发信人和收信人各有一个尺寸完全相同的圆筒，叫密码棒（scytale）。为了对信息进行加密，发信人首先会将一个窄窄的羊皮纸条螺旋向下缠绕密码棒。接下来，他会沿着密码棒在羊皮纸条上写下信息。如果将羊皮纸条从密码棒上解开，旁人看到的文本就毫无意义。只有将纸条缠绕在相同的圆筒上，信息才能重现。自此，一代又一代人发明了越来越复杂的加密方法。德军在二战中使用的恩尼格玛机就是最后一种机械编码器。

1977 年以前，任何想要发送秘密信息的人都面临着一个固有问题：发信人和收信人必须事先会面，以决定使用哪种密码作为加密方式。例如，斯巴达的将军们需要就密码棒的尺寸达成一致。即便有了高产能的恩尼格玛机，柏林方面仍需派出特工，将机器密码本交给 U 型潜水艇艇长和坦克指挥官，其中详细说明了每日信息的编码。当然，如果密码本落入敌军手中，游戏就结束了。

想象一下，使用这类加密系统从事互联网商务的逻辑是什么。在能够安全地发送银行业务信息前，我们先要从购物网站的运营公司收到安全信件，知晓编码信息。鉴于互联网的高访问量，许多信件极有可能遭遇拦截。因此，能够适用于全球快速通信时代的密码系统亟待开发。就像在英国的布莱切利园破解了恩尼格玛的数学家们一样，创造出新一代密码的数学家们将密码学从间谍小说中带进了地球村。这些数学密码促成了**公钥密码**的诞生。

编码和解码可以被视为锁门和开门。就传统的门而言，锁门和开门用的是同一把钥匙。恩尼格玛机中用于加密和破解信息的设置也是一样的。该设置，也就是**密钥**，必须是秘密的。收件人离发件人越远，发送用于加密和解密信息的密钥就越困难。假设有一名间谍专家，他想从不同特工手中安全地接收情报，但又不想让他们读到别人的信息，那么交给每名特工的得是不同的密钥。现在，代替几名特工的是几百万热切的互联网买家。这种规模的运作，虽然并非不可能，却实乃噩梦。首要问题是，消费者在浏览网站时，并不能立即下单，而是要等待安全密钥被发送过来。这样一来，万维网（World Wide Web）就成了"万维望"（World Wide Wait）。

被称为公钥密码学的系统，就像是一扇有两把不同钥匙的门：钥匙 A 锁门，而另一把钥匙 B 开门。这样一来，钥匙 A 就失去了保密的必要，别人拿走这把钥匙并不会危及安全。现在，想象一下，这扇门就位于某公司网站安全部分的出口。该公司可以直接向任何想要发送安全信息，比如信用卡号的网站访问者提供钥匙 A。尽管人人都使用相同的钥匙为自己的信息编码、锁门并保密，但没有谁可以读取旁人的编码信息。事实上，数据一旦被编码，客户就无法读取了，即便那是他们自己的数据。只有网站的运营公司才握有钥匙 B，可以开门，并读取信用卡号。

1976 年，来自美国加利福尼亚州斯坦福大学的两位数学家惠特菲尔德·迪菲（Whitfield Diffie）和马丁·赫尔曼（Martin Hellman）首次公开提出公钥加密。二人在密码界掀起反主流文化，挑战了政府机构对密码学的垄断。尤其是在 20 世纪 60 年代留着一头长发的迪菲，他是典型的反权威者。两人都热切地认为，密码学不该是个仅限于政府内部讨论的话题，为了个体的福祉，他们的想法应被公之于众。很久以后，人们才知道，许多政府安全机构都曾提出过这样的系统。但该提案并未见报，而是被打上"绝密"戳记，藏了起来。

斯坦福团队发表了以《密码学新方向》（"New Directions in Cryptography"）为题的论文，预示着加密与电子安全进入新时代。公钥加密有两把密钥，理论上听起来很棒，但能否将理论付诸实践，创造出这样的密码呢？经过几年的尝试，几位密码学家开始怀疑无法造出这样的"锁"。他们担心，在真实的间谍活动中，这种"学术锁"起不了作用。

RSA：麻省理工三杰

迪菲与赫尔曼的论文激励了许多人，其中包括来自麻省理工学院的罗纳德·李维斯特。不同于迪菲与赫尔曼的叛逆风格，李维斯特是个循规蹈矩的人。他为人内敛，柔声细语，审慎地回应周遭世界。读到《密码学新方向》这篇论文时，他志在成为学术机构的一员。他的梦想关乎教授职位和定理，而非间谍与密码。他并不知道，阅读这篇论文会让自己踏上一段旅程，通往有史以来最强大、在商业上最成功的密码系统之一。

在斯坦福和巴黎从事科研之后，李维斯特在 1974 年加入麻省理工学院计算机科学系。他和图灵一样，热衷于抽象理论与真实机器的交互。在斯坦福，他为智能机器人的制造投入了一些时间，但在想法上转向了计算机科学偏重理论的一面。

在图灵的时代，受希尔伯特第二问和第十问的启发，计算机领域的主要问题是，理论上是否存在可以解决特定问题的程序。图灵已经证明，没有程序可以判定哪些数学真理有证明，哪些没有。到了 20 世纪 70 年代，一个另类的理论问题风靡于计算机科学学术界。假设确实有一个程序可以解决特定的数学问题，是否可以分析出这个程序解决问题的速度有多快？如果该程序得到应用，这一点显然十分重要。这个问题需要高度的理论分析，却也根植于现实世界。正是这样的结合为李维斯特带来了最适合他的挑战。他抛下斯坦福的机器人，奔赴麻省理工学院，追寻计算的复杂性这一新兴课题。

李维斯特回忆道："有一天，一位研究生递给我一篇文章，说我可能会感兴趣。"那是迪菲与赫尔曼的论文，李维斯特立刻就被吸引了。"它以广阔的视野阐释了密码学是什么，可能是什么。要是能提出一个想法就太好了。"该论文的难点将李维斯特所有的兴趣集中在了一起：计算、逻辑与数学。这里提出的问题显然对现实世界具有实际意义，也与李维斯特的理论关切直接相关。他解释道："你在密码学中所关注的是将难易问题区分开来。这便是计算机科学的意义所在。"如果一个密码难以破解，那它必然是基于难以求解的数学问题。

李维斯特知道，有大量问题计算机需要大量时间才能解决，基于此，他开始尝试建立公钥密码。他还需要有人能与他交流想法。彼时，麻省理工学院已经开始打破传统的大学模式，放宽院系间的界限，希望鼓励跨学科互动。作为计算机科学家的李维斯特和数学系的成员们在同一楼层工作。两位数学家伦纳德·阿德曼和阿迪·沙米尔就在附近的办公室里。

阿德曼比李维斯特更擅交际，但仍是一个典型的学者，对于一些似乎脱离现实的事情有着疯狂又奇妙的想法。他回忆起来到李维斯特办公室的一个早晨："罗[①] 正坐在那里拿着这份手稿。'你看过斯坦福的这个东西吗？讲的是加密、密码、加扰之类的……'我的反应是：'挺好的，但

---

① 李维斯特的名罗纳德的简称。——编者注

是罗，我有重要的事情要讲。我对这些不感兴趣。'不过罗对这些东西非常感兴趣。"阿德曼关注的是高斯与欧拉的抽象世界。对他来说，破解费马大定理才是重中之重，而非诸如密码学之类的时髦课题。

　　以色列数学家阿迪·沙米尔是麻省理工学院的访问学者，他的办公室位于走廊尽头。在这里，李维斯特找到了更愿倾听的耳朵。沙米尔与李维斯特开始共同研究一些想法，以实现迪菲与赫尔曼的梦想。阿德曼尽管不是很感兴趣，却难以忽视李维斯特和沙米尔对这个问题的热情。"每次我进他们的办公室，他们都在聊这个。他们提出的大多系统都不靠谱，既然我人在那儿了，我就会加入他们的讨论，看看他们当天提出的想法是否有道理。"

　　当他们探索一系列"艰深"的数学问题时，其密码系统的雏形开始运用更多的数论思想。这正是阿德曼所擅长的领域。"既然这是我擅长的领域，我就能在分析他们的系统时提供更多帮助，大多时候都是这样。"当

（左起）阿迪·沙米尔、罗纳德·李维斯特和伦纳德·阿德曼

李维斯特和沙米尔提出一个看似极为安全的系统时，他觉得自己遇上对手了。但在彻夜不眠，研究完整个数论之后，他就知道自己可以怎样破解出他们的最终密码了。"这种情况一直在持续。我们会去滑雪，在滑雪途中讨论相关问题……甚至到达坡顶时，我们还在讨论……"

　　某天晚上，突破来临。当时，三人受邀去一位研究生家中庆祝逾越节的第一夜。阿德曼不喝酒，但他记得李维斯特畅饮了逾越节的酒。午夜，阿德曼回到家。很快，电话铃响了，是李维斯特。"我又有一个想法了……"阿德曼认真地听着。"罗，我觉得你这回成了。这个想法我听着可行。"关于因数分解的难题，他们已经思考了一段时间，始终没能提出巧妙的程序方案，可以将数分解成素数模块。这个问题很有潜力。在逾越节家宴酒的影响下，李维斯特想通了该如何将这个问题编入他的新密码。李维斯特回忆说："最开始感觉挺好。但是根据经验，我们知道，一开始感觉还不错的东西，仍会崩塌。所以我就把它丢在一边，直到天亮。"

　　第二天早上，当阿德曼进入麻省理工学院，来到系部时，李维斯特用一份手稿迎接他，手稿最上方写有阿德曼、李维斯特和沙米尔的名字。浏览全文时，阿德曼意识到，这是前一天晚上李维斯特在电话里讲给他听的内容。"于是我跟罗说，'把我的名字拿掉，这是你的东西'。接着，我们就论文上要不要署我的名字吵了一架。"阿德曼答应考虑一下。当时他觉得这件事情一点儿也不重要，这篇论文大概会是他所有作品里读者最少的。但他想起了曾令自己彻夜难眠的早期密码系统。他曾阻止他们仓促地发表一个不安全的密码，不然就该丢人现眼了。"于是我回到罗那里。'把我列在第三个。'"这就是 RSA 加密算法 [1] 名称的由来。

　　"李维斯特认为，他们最好搞清楚因数分解到底有多难。相关文献很少，很难准确估计已经提出的算法要花多长时间。"马丁·加德纳（Martin

---

[1]　一种非对称加密算法，RSA 即三人姓氏首字母组合。该算法采用公钥密码体制，能抵抗绝大多数密码攻击。——编者注

Gardner）是世界上最伟大的数学科普作家之一，刚好比大多数人都更了解这一问题。加德纳对李维斯特的提议颇感兴趣，询问他是否可以为自己在《科学美国人》（*Scientific American*）上的定期专栏写一篇文章，谈谈这个想法。

加德纳的文章所收获的反响最终令阿德曼相信，他们在做大事：

那年夏天，我在伯克利的一家书店里，一位顾客正和店员讨论着什么。顾客说："你看到《科学美国人》上说的那个密码了吗？"于是我说："嘿，我参与了那个项目。"那人转头对我说："我能跟你要个签名吗？"我们被要过多少次签名呢？零次。哇，这是怎么回事……难道真有大事发生！

加德纳曾在文章中说，无论谁寄来贴邮票的信封，这三位数学家都会寄去该论文的预印本。"当我回到麻省理工学院时，有成千上万，真的是成千上万的信封，来自世界各地，其中包括保加利亚国家安全什么的机构。"

三人组开始听说，他们要发财了。虽说在 20 世纪 70 年代，人们还难以想象何为电子商务，但已经明白这些想法所具备的潜力。阿德曼认为，财富会在前几个月开始涌入，于是径直出去买了辆小跑车来庆祝。邦别里并非唯一一个以跑车来庆祝数学成就的数学家。

阿德曼的车最终是靠他在麻省理工学院的固定收入分期付清的。安全机构与商界稍花了一些时间，才充分认识到 RSA 的安全性与威力。当阿德曼加速开着跑车，还寻思着费马时，李维斯特已经在思考他们的提案对现实世界的影响：

我们觉得这个方案或许并无商业潜力。我们通过了麻省理工学院专利办公室的审核，然后想看看是不是有公司有意愿将该产品投入市场。但在 20 世纪 80 年代早期确实没有市场。在那个阶段确实没什么吸引力，世界尚未被网络连接起来，人们的办公桌上还没有计算机。

谁会感兴趣？当然是安全机构。李维斯特说："安全机构正密切关注着一切技术的发展。他们尽其所能地不让我们的提案太快实现。"关起门来的情报界似乎也曾提出同样的想法。但安全机构并不确信，是否要将自家特工的生命交在几个数学家手中。这些数学家认为，数的破解并非易事。德国联邦信息安全办公室的安斯加尔·霍伊泽尔（Ansgar Heuser）回忆起他们在 20 世纪 80 年时如何看待 RSA 在其领域的应用。他们向数学家咨询，在数论方面，西方是否比苏联更强。得到否定的回答时，这个想法就被搁置了。但在随后十年间，RSA 不仅证明了自己可以保护特工的生命，还证明了自己在公共商业世界中的价值。

一个密码学纸牌戏法

目前，RSA 密码技术保障了大部分网络交易的安全。令人惊奇的是，使该公钥加密系统成为可能的数学原理，可以追溯至高斯的时钟计算器，以及费马小定理，该定理由皮埃尔·德·费马证出，他是阿德曼的偶像。

通过看 12 小时制的时钟，我们已熟悉高斯时钟计算器的加法。我们知道，9 点之后过 4 小时就是 1 点。时钟计算器的加法原理是这样的：将数相加，除以 12 之后求得余数。就像两百多年前的高斯一样，我们可以写出：4+9=1（模 12）。在高斯的时钟计算器上做乘法或是提升数的幂次，原理类似：计算出传统计算器的答案，然后除以 12 取余。

高斯意识到，我们不必拘泥于传统的 12 小时制时钟。而在高斯形成明确的时钟算术概念之前，费马就已取得重大发现。所谓的费马小定理，与**素数**小时制的时钟计算器有关。假定素数为 p，如果在计算器上取一个数，将其幂次升为 p，总会得到最初的数。例如，在 5 小时制时钟上，将 2 自乘五次，得到 32，这在 5 小时制的计算器上确实对应 2 点。费马每乘一个 2，时钟上的指针似乎就会绘制出一个图案。移动五次以后，指针周而复始：

2 的幂	2^1	2^2	2^3	2^4	2^5	2^6	2^7	2^8	2^9	2^{10}
传统计算器结果	2	4	8	16	32	64	128	256	512	1024
5 小时制时钟计算器结果	2	4	3	1	2	4	3	1	2	4

如果我们采用 13 小时制的时钟，以 3 为底数取幂，从 3^1、3^2，一直到 3^{13}，就会得到

$$3, 9, 1, 3, 9, 1, 3, 9, 1, 3, 9, 1, 3$$

这一次，指针并未遍历钟面上的所有时间，但依然实现了循环，在 3 自乘 13 次以后回到了 3 点。无论费马对素数 p 取何值，似乎都发生了同样的奇迹。根据高斯的时钟标记法或是模运算，费马发现，在 p 小时制时钟上，对于任意素数 p，任意时间 x，都有

$$x^p = x（模\ p）$$

费马的发现令数学家们热血沸腾。素数究竟有什么魔力？费马并未满足于实验观察，而是想要证明，无论选择什么素数时钟，素数都不会令他失望。

1640 年，他不是在书的页边，而是在写给好友贝纳尔·弗雷尼克勒·德贝西（Bernard Frenicle de Bessy）的信中宣称，自己找到了证明。不过这个证明和他的大定理一样，内容过长，无法在有限的篇幅中列出。尽管他承诺要将证明寄给弗雷尼克勒，却对外保密。我们又等了一百年才重新发现它。为什么在费马素数时钟的小时数取素数次幂后，指针总会回到起点？对此，莱昂哈德·欧拉在 1736 年找到了原因。欧拉还成功将费马

的发现推广至 N 小时制时钟,这里的 $N = p \times q$ 是两个素数 p 和 q 的乘积。欧拉发现,在这类时钟上,经过 $(p-1) \times (q-1) + 1$ 步之后,就会出现重复的模式。

在宿命般的逾越节晚餐之后,李维斯特静坐思考至深夜,闪现在他脑海中的正是费马所发现的素数时钟的魔力,以及欧拉做出的推广。他开始意识到,可以将费马小定理当作数学密码的钥匙,令信用卡号消失,而后神奇地重现。

给信用卡号加密就像是一场纸牌魔术。但这并非一副寻常纸牌:这副纸牌的数量相当庞大,写下来得有好几百位。顾客的信用卡号就是其中一张牌。顾客将信用卡号放在这副牌的最上方。经网站洗牌后,顾客的信用卡号似乎就彻底消失了。任何一个黑客都不可能将这张牌从打乱的整副牌中抽出来。不过,网站对此有妙招。得益于费马小定理,经过新一轮洗牌,信用卡号可以重新出现在这副牌的最上方。这里的第二轮洗牌便是仅网站所属公司知道的密钥。

李维斯特用于设计该密码窍门的数学原理十分简单。洗牌是借由数学计算完成的。当顾客在网站下单时,计算机会获取其信用卡号,并执行计算。该计算虽易于执行,但若不知密钥,几乎无法撤销。这是因为运行计算的并非传统的计算器,而是某个高斯时钟计算器。

当顾客在网上下单时,互联网公司会告知其时钟计算器使用的小时数(钟面小时数)。公司首先会取两个约为 300 位的大素数 p 和 q,然后将它们相乘得到第三个数 $N = p \times q$,这个数就是决定使用的钟面小时数。钟面小时数十分庞大,长达 600 位。每位顾客会使用同样的钟面小时数为其信用卡号编码。密码的安全性意味着,公司可以在几个月内使用同一个钟面小时数,而后才需考虑更换钟面小时数。

选取公开密钥的第一步是选择网站时钟计算器的钟面小时数。尽管 N

是公开的，但两个素数 p 和 q 是保密的。它们是密钥的两要素，用于破译加密的信用卡号。

接下来，每位顾客都会收到第二个数 E，也就是编码数。每个人的 E 都是一样的，就像公开的钟面小时数 N。顾客需在网站的时钟计算器上将其信用卡号 C 提升至 E 的次幂，从而实现加密。（可将 E 这个数看作魔术师的洗牌次数，通过洗牌隐藏你的选择。）结果以高斯符号表示为 C^E（模 N）。

这一方法何以如此安全呢？毕竟，任何一个黑客都可以看到流动于网络空间中的加密信用卡号，可以查阅公司的公钥。公钥由 N 小时时钟计算器和对信用卡号取 E 次幂的指令组成。黑客要想破译，只需找到这样一个数，在 N 小时时钟计算器上自乘 E 次后，会得到加密的信用卡号。但这谈何容易。在时钟计算器上执行幂次计算会造成额外的困扰。对于传统计算器，答案数字的增长和信用卡号自乘的次数成正比。而时钟计算器不会如此。在这里，你很快就会遗忘掉最初的数字，因为结果大小与之无关。经过 E 轮洗牌后，黑客就会完全迷失寻找结果数的方向。

如果黑客试图尝试时钟计算器所有可能的小时数呢？这是不可能的。密码学家正在使用的钟面总小时数 N 超过了 600 位，换言之，钟面小时数比宇宙中的原子还要多。（相比之下，编码数 E 就显得微不足道了。）然而，如果这个问题无法破解，互联网公司究竟要如何找回顾客的信用卡号呢？

李维斯特知道，费马小定理确保了神奇解码数 D 的存在。当互联网公司将加密的信用卡号自乘 D 次后，原始卡号就会重新出现。纸牌魔术也是同样的原理。经过几轮洗牌后，尽管这时的纸牌顺序是完全随机的，但魔术师知道，再洗几次，这副牌就会回归原始顺序。例如完美洗牌这一技巧，将一副牌平分，接着两部分一张一张交错洗牌，八轮之后就会复归原位。当然，魔术师的艺术在于能够连续八次完美洗牌。要经过多少轮完美洗牌，才能令 52 张纸牌回归原位？费马解决了时钟上类似的问题。李维斯特正是借助费马的秘诀来解码 RSA 的信息的。

　　尽管网站经过多轮洗牌，令你的信用卡号消失了，但互联网公司知道，再洗 D 次，你的卡号就会像数学魔术一般，出现在这副牌的最上方。不过，你只有知道秘密素数 p 和 q，才能得出 D。李维斯特运用了欧拉所发现的费马小定理的一般原理，该原理适用于由两个素数而非单个素数构成的时钟计算器。欧拉证实，在这些时钟上，经过 $(p-1)\times(q-1)+1$ 轮洗牌，就会出现重复的模式。因此，要想知道 $N=p\times q$ 小时制时钟经过多久开始循环，唯一的方法就是同时知道素数 p 和 q。对这两个素数的认知成为解开 RSA 秘密的关键。只有掌握着素数 p、q 绝密的互联网公司才知道，找回消失的信用卡号需要几轮洗牌。

　　尽管 p 和 q 这两个数一直是保密的，但它们的乘积 N 是公开的。因此，李维斯特的 RSA 密码，其安全性依赖于对 N 的因数分解这一难题。黑客与 20 世纪初的科尔教授面临着同样的难题：找到 N 的两个素数模块。

抛出RSA 129挑战

　　麻省理工的三位教授引用了伟大的高斯对因数分解的评价来说服企业，这是个历史悠久的问题："科学本身的尊严似乎要求我们借助一切可行的手段来解决如此优雅、知名的问题。"尽管高斯认可因数分解的重要性，却没能解决这个问题。如果连高斯都失败了，那么 RSA 当然可以保障企业安全。

　　尽管 RSA 系统得到了高斯的"认可"，但在被编入新代码之前，大数因数分解的问题一直处于数学边缘。大部分数学家对破译数的本质并无兴趣。如果穷尽宇宙岁月才能找到大数的素数模块，该怎么办呢？当然，这一点并无理论依据。但有了李维斯特、沙米尔和阿德曼的发现，因数分解这一问题被赋予了超越科尔时代的重要性。

那么，将一个数分解成素数到底有多难呢？没有电子计算机的科尔花了好几个星期天才发现，193 707 721 和 761 838 257 287 是梅森数 $2^{67}-1$ 的两个素数模块。拥有计算机的我们难道就不能依次核实每个数，直到找到要破解的那个数的因子吗？问题在于，要想破解一个百位以上的数，需要核实的数比可观宇宙中的粒子还要多。

李维斯特、沙米尔和阿德曼面对众多需要核实的数，信心十足地发起挑战：破解他们用两个素数构成的一个 129 位数。该数及其编码信息被发表于马丁·加德纳在《科学美国人》的文章中，引起了全世界的关注。彼时，他们还未成为百万富翁，因此仅为揭开"RSA 129"的两个素数组成部分提供 100 美元的奖金。他们在这篇文章中预测，破解 RSA 129 要花 40 万亿年。他们很快就意识到，自己在预估所需时间时计算有误。尽管如此，按照当时将数破解为素数的技术，仍需数千年时间。

RSA 似乎实现了密码编写者的梦想：一个坚不可摧的密码。需要核实的素数如此之多，也就印证了对于该系统牢不可破的信心。德国人曾经认为恩尼格玛是不可战胜的，因为它的可能组合比宇宙中的星星还要多，但布莱切利园的数学家们让我们看到，不能总对大数抱有信心。

RSA 129 的挑战现已抛出，世界各地的数学家们从不畏难，开始行动。接下来的几年中，他们着手设计了更为精妙的方案，来寻找李维斯特、沙米尔和阿德曼的两个秘密素数。该数的最终破解只用了短短 17 年，而非麻省理工三杰所预估的 40 万亿年。这样的时长足以让 RSA 129 所加密的信用卡被淘汰。尽管如此，我们不禁要问，要过多久，才会有数学家将 17 年缩短为 17 分钟？

新花样登场

　　密码学与数学的交互将现代数学家引向了更注重实验与实用科学的新文化。这是自 19 世纪德国学派从大革命时期的法国数学家手中接过接力棒以来，数学家们从未体验过的文化。法国人将自己的学科视为实用工具，是达成目的的手段，而威廉·冯·洪堡则秉持着对知识本身的追求。用亨德里克·伦斯特拉的话来说，那些沉浸于德国传统的理论家们迅速做出谴责，因数分解方法的研究就是"玫瑰园里的一头猪"。相比于追求无懈可击的证明，对素数的追寻在数学上被视为无足轻重的小事。但随着 RSA 在商业上愈发重要起来，以高效的方式揭开大数背后的素数模块，其现实意义已不容忽视。越来越多的数学家逐渐被破解 RSA 129 这一挑战所吸引。最终的突破并非来自更快的计算机，而是来自出乎意料的理论进步。尝试密码破译所引发的新问题推动了某种深奥数学的发展。

　　这一新兴学科吸引了一众数学家，其中包括卡尔·波默朗斯（Carl Pomerance）。波默朗斯一半时间穿梭于佐治亚大学的学术走廊上，一半时间沉浸在位于新泽西州默里希尔（Murray Hill）的贝尔实验室的商业环境中，乐此不疲。作为数学家，对玩弄数，对探寻数与数的新关联，他所怀揣的那份纯稚热爱从未失落。他写有一篇关于棒球比分的数字命理学的有趣文章，引起了匈牙利人保罗·埃尔德什的关注。文章中提出的一个奇怪问题促使埃尔德什来到佐治亚大学，与波默朗斯展开合作。他们共同发表了 20 多篇论文。

　　在高中时代的一次数学竞赛中，波默朗斯需要分解 8051 这个数，自此他对因数分解产生了兴趣。在便携计算器尚未问世的 20 世纪 60 年代，波默朗斯的答题时限是五分钟。波默朗斯具有出色的心算技能，但还是决定先找找快速求解的方法，而非一个一个数做尝试。"我花了几分钟去寻找巧妙的方法，但又开始担心，自己是不是浪费太多时间了。于是我过晚地开始了试除法，但已经浪费太多时间，我错过了这个问题。"

没能破解 8051，这令波默朗斯终其一生都在追寻因数分解的捷径。最终，他了解到自己的老师曾经掌握的方法。令人惊奇的是，1977 年以前，破解数的最佳方法来自那个人，他的小定理促成了 RSA 素数密码的发明。费马的快速方法是利用简单的代数来分解特殊的数。波默朗斯采用费马的方法，只花了几秒钟，就将 8051 分解成了 83×97。深爱密码理念的费马如果发现自己的成果在三个世纪以后成为制造和破解密码的核心，应该会很开心。

当波默朗斯听闻李维斯特、沙米尔和阿德曼发起的挑战时，他立刻意识到，破解这个 129 位数或可驱散自己童年失败的记忆。在 20 世纪 80 年代早期，他构想出了一种可以用到费马因数分解的方法。在各种时钟计算器上实施该方法，就能提供一个功能强大的因数分解机器。此时，高中数学竞赛的结果已经不再重要。这个叫作**二次筛法**（quadratic sieve）的新发现对新兴互联网安全领域产生了重大影响。

波默朗斯的二次筛法运用了费马的因数分解法，另需不断变换用于破解数的时钟计算器。

该方法与埃拉托色尼筛法类似，后者由一位古埃及亚历山大图书管理员发明，即依次筛出素数，然后剔除所有是该素数倍数的数。因此，用不同大小的筛子筛数，无须逐个考虑，即可将非素数剔除。在波默朗斯的方法中，取代素数筛子的是不同小时制的时钟计算器。各时钟计算器上运行的计算为波默朗斯提供了更多可能的因子信息。可用的计算器越多，就越接近将一个数分解为素因数。

这一理念所面临的终极考验是 RSA 129。但在 20 世纪 80 年代，这个数尚在波默朗斯因数分解机器的能力范围之外。20 世纪 90 年代早期，互联网的问世为此提供了帮助。两位数学家阿延·伦斯特拉（Arjen Lenstra）

和马克·马纳塞（Mark Manasse）意识到，互联网将成为二次筛法攻克 RSA 129 的绝佳盟友。波默朗斯方法的绝妙之处在于，可以将工作负荷分配给不同的计算机。互联网的作用就是给各计算机分配任务，从而寻找梅森素数。马纳塞和伦斯特拉意识到，此时，他们可以借助互联网进行协调，从而攻克 RSA 129。每台计算机都可配有不同时钟作为筛子。本应受代码保护的互联网突然就被要求帮助破解 RSA 129 的挑战。

伦斯特拉和马纳塞在互联网上发布了波默朗斯的二次筛法，并征召志愿者。1994 年 4 月，有公告宣称 RSA 129 已被破解。在麻省理工学院的德里克·阿特金斯（Derek Atkins）、艾奥瓦州立大学的迈克尔·格拉夫（Michael Graff）、牛津大学的保罗·莱兰（Paul Leyland），以及阿延·伦斯特拉主导的项目中，经过八个月的实时计算，来自 24 个国家的几百台计算机联合破解了 RSA 129。甚而有两台传真机也加入了搜索行动，尽管它们并未处理消息，却也为寻找 65 和 64 位的素数提供了帮助。该项目使用了 524 339 个不同的素数时钟。

20 世纪 90 年代晚期，李维斯特、沙米尔和阿德曼发布了一系列新挑战。1977 年以来，三人的财务状况已有飞跃，因而破解一个 RSA 挑战数的奖金在 1 万美元到 20 万美元。李维斯特丢弃了用于构建这些挑战数的素数，所以在这些数被破解之前，答案其实无人知晓。RSA 安全公司（RSA Security）认为，要想在当前的数译领域居于领先地位，这些奖金只是小钱。每每创下新纪录，RSA 都会建议企业选择更大的素数。

1999 年 8 月，一个以卡巴拉（Kabalah）救世主名义运作的数学家团队破解了 RSA 155。RSA 155 是一项重大的心理突破。20 世纪 80 年代中期，当安全机构还在考虑是否要使用 RSA 时，人们认为具备这一复杂等级的计算机已经足够安全。正如德国联邦信息安全办公室的安斯加尔·霍伊泽尔在德国埃森的一场密码学会议上承认的那样，如果继续前行，"我们将陷入灾难"。彼时，RSA 安全公司建议，时钟小时数 N 的位数至少为 230。

但对于联邦信息安全办公室这类有长期安全需求，需保护其特工的组织，建议使用位数超过 600 的时钟。如今，这已成为所有 RSA 事务的推荐安全等级。

2007 年，RSA 决定结束挑战，声称"该行业对于公钥算法的密码分析已有更为深入的了解"。

挑战落幕之际，仅有两个数被破解，较大的有 193 位，相应奖金为 2 万美元。自此之后，八项挑战中又有两个数被破解，分别是 212 位和 232 位的，但截至 2023 年，下一个 270 位的数尚未被破解。这些破译工作采用了一种叫作数域筛法的新筛法，取代了波默朗斯的二次筛法。

鸵鸟政策

数域筛法曾在好莱坞影片《通天神偷》(*Sneakers*) 中短暂亮相。罗伯特·雷德福 (Robert Redford) 在一位年轻数学家的讲座中了解到大数破解："数域筛法是目前最好的方法。也许有更优雅的方法存在，这样的可能令人向往。但也许，只是也许，会有一条捷径……"

果不其然，由多纳尔·洛格 (Donal Logue) 饰演的天才少年发现了这样的方法，完成了这项"对高斯比例的突破"，并将其装入小盒子里。不出所料，盒子落入了由本·金斯利 (Ben Kingsley) 饰演的反派魔爪中。因为剧情过于离奇，观众大多不会想到这样的事情还能发生在现实中。然而，"数学顾问：伦纳德·阿德曼"，也就是 RSA 中的 A，出现在了影片演职员表中。阿德曼表示，我们无法保证这一幕不会上演。《通天神偷》、《无语问苍天》(*Awakening*)、《战争游戏》(*War Games*) 的编剧拉里·拉斯卡尔 (Larry Lascar) 找到阿德曼，希望确保影片中数学内容的正确性。"我喜欢拉里，喜欢他的求真精神，就答应了。拉里提供了报酬，但我回绝了，理由是罗伯特·雷德福——要是能让我妻子洛丽（Lori）见到雷德福，我就愿意参与这部影片。"

面对这一学术突破，企业准备得如何了呢？有些企业准备得更为充分，但总体来看，多数企业都采取了鸵鸟政策。如果向企业和政府安全机构问询，他们的回答多少会令人担忧。以下是我记录在加密电路上的所有评论。

"我们达到了政府标准，而这正是我们所担忧的。"

"如果我们倒下了，那起码会有很多人跟我们一起倒下。"

"等到这一数学突破实现之际，我肯定已经退休了，所以它不会成为我的问题。"

"我们的工作准则是希望——希望目前没有人对重大突破抱有期待。"

"没有人能给出承诺。我们只是不抱期待。"

当我向企业介绍互联网安全时，我喜欢提出自己的 RSA 小挑战：谁能最先找出乘积为 126 619 的两个素数，即可获得一瓶香槟。我在全球不同区域的三场银行研讨会上分别提出这一挑战，得到的回应截然不同，由此我看到金融界在安全态度上的有趣文化差异。在威尼斯，欧洲银行家们对这一挑战以及背后的数学原理一头雾水，我只得安排一位听众来提供答案。欧洲银行家们大多都接受过人文教育，相比之下，远东银行界则具备更为深厚的科学素养。在巴厘岛，当演讲结束时，一位男士站起身来，凭借两个素数，赢得了香槟。可以看出，他们比欧洲同行更为理解数学，也懂得数学在电子商务中的应用。

但在美洲的演讲给予了我最为深刻的启发。我在演讲结束后回到房间的 15 分钟里，接到三次来电，都给出了正确答案。其中两位美国银行家上网下载了解码程序，将 126 619 输入其中。第三位则绝口不提自己的方法，我强烈怀疑他偷听了另外两位的谈话。

这一数学方法被企业给予信任，却很少有人亲自验证过。诚然，互联网日常商务面临的直接威胁更有可能源于管理不善，网站上的重要信息未曾加密。与任何加密系统一样，RSA 也会受人为错误影响。二战期间，德国操作员在密码本中犯下的大量错误令盟军受益，助力对方破解了恩尼格玛。操作员选择易于破解的数同样会弱化 RSA。如果你想破解密码，比起读一个纯数博士，或许更好的投资是去购买二手计算机。遗留在老式机器上的敏感信息量令人惊悚。向密钥看守人员行贿，或许比资助数学家团队破解密码更具性价比。正如布鲁斯·施奈尔（Bruce Schneier）在他的《应用密码学》（*Applied Cryptography*）中所评："在人类身上寻找漏洞远比在密码系统中寻找更为容易。"

　　然而，尽管这种安全漏洞对于参与其中的公司有着重大影响，但其对整个互联网商务并未构成威胁。这正是《通天神偷》这类电影的优势所在。尽管在数的破解方面取得突破的可能性微乎其微，但风险依然存在，其后果是全球性的灾难，将会引发电子商务的崩塌。我们**认为**，数的破解本身并非易事，但我们无法证明这一点。如果我们能向高管们承诺，不可能找出因数分解的快捷程序，他们或许就会如释重负。显然，我们很难证明这种东西并不存在。

　　数的破解是一项复杂的任务，并非因为数学尤为艰深，而是因为我们是要从大海中捞出两根针。关于这片"大海"的特性，还有许多其他问题。比如，虽然每张地图都可用四种颜色上色，但对于一张特定的地图，你该如何判断，是否实际只需三种颜色？唯一的方法似乎就是不辞辛苦地尝试所有可能的组合，直到你幸运地遇到一张只需三种颜色的地图。

　　P/NP 问题是兰登·克莱的新千年问题之一，在此类问题中相当有趣。如果因数分解或是地图上色这类问题的复杂性是基于大海般庞大的搜索规模的，是否总会有捞针的高效方法呢？对于 P/NP 问题，我们的直觉给出了否定的答案。有些问题具有内在复杂性，即便以当代高斯的黑客技术也无法解决。然而，如果答案是肯定的，那便诚如李维斯特所说，"这将是密码学界的一场灾难"。包括 RSA 在内的大多数密码系统都涉及大海捞针的问题。新千年问题的肯定回答或许意味着，确实存在破解数的快捷方法，只是我们还没找到罢了。

数学家们沉迷于在 100% 安全的根基之上建立数学大厦，商界对此则并未过多关注，这一点不足为奇。几千年来，数的破解始终是个难题，所以商界乐于在 99.99% 安全的根基之上建立互联网购物中心。大多数学家认为，数的破解在计算方面存在固有的困难。但无人能预测，未来几十年会有怎样的进展。毕竟，当李维斯特、沙米尔和阿德曼提出第一项挑战时，RSA 129 看起来是安全的。

因数分解如此困难的一个主要原因是素数的随机性。黎曼假设试图理解素数混乱无序的根源，取得证明即可提供新的洞见。1900 年，希尔伯特在介绍黎曼假设时强调，这一问题的解答或许会揭开与数相关的许多其他谜团。考虑到黎曼假设对于理解素数的核心作用，数学家们开始推测，如果取得证明，或将带来破解数的新方法。这就是为什么商界现在开始关注深奥的素数研究。商界对黎曼假设兴趣浓厚，还有另一个原因。互联网公司在使用 RSA 密码之前，首先必须找到两个百位的素数，当前电子商务的安全性所依赖的正是用于构建 RSA 密码的这些素数。若黎曼假设为真，便会有找到素数的快捷方式。

寻找大素数

鉴于互联网的飞速发展，以及对更大素数的持续需求，欧几里得对于素数永不枯竭的证明突然间具有了出乎意料的商业意义。如果素数毫无章法，那企业又该如何寻找大素数呢？素数可能有无穷多个，但当我们越往上数时，素数就变得越发稀少。如果数得越多，素数就越少，那么，是否有足够多 300 位左右的素数，能让世间每个人都有两个素数作为私人密钥呢？即便有足够多的素数，或许只是**刚好**够用而已，也就是说，两个人得到同一对素数的概率是很大的。

幸而大自然对电子商务领域是友善的。高斯的素数定理表明，位数为 300 的素数个数约为 10^{300} 除以 10^{300} 的对数。这意味着，有足够多 300 位的素数，足以令地球上的每个原子都有两个专属素数。不仅如此，比起将同一对素数分配给两个不同原子，你彩票中大奖的概率会更大。

既然素数足以共享，那我们又该如何确认一个数是素数呢？正如我们所见，找到一个非素数的素因数已是相当困难。如果候选数为素数，那么发现这一事实的难度岂非要加倍？毕竟，这意味着没有更小的数可除以候选数。

其实，判断一个数是否为素数并非像你以为的那么困难。有一项测试，即便你找不出任何素因数，也能快速验证一个数是否为素数。这就是为什么在宣布其计算结果之前的 27 年里，科尔和数学界的其他同人一样，知道自己正在破解的数并非素数。这项测试对于预测素数分布，也就是黎曼假设的核心，并无太大助益。不过，因为它能告诉我们某个数是否为素数，所以即便无法让我们欣赏到黎曼假设的完整乐章，却也让我们聆听到了其中的一些音符。

这项测试源于费马小定理。逾越节酒筵过后，发现 RSA 的那个夜晚，李维斯特就用到了这个定理。费马发现，如果他在小时数为素数 p 的时钟计算器上取一个数，并将其提升至 p 的幂次，总能得到最初的数。欧拉意识到，可以用费马小定理来证明一个数不是素数。例如，在 6 小时制的时钟上，将 2 连乘 6 次就会指向 4 点。而如果 6 是素数，我们就会再次回到 2 点。因此，费马小定理告诉我们，6 不可能是素数，否则它将是该定理的反例。

　　如果我们想知道 p 是否为素数，可以使用 p 小时制的时钟计算器。我们检验不同的时刻，将小时数提升至 p 的幂次，看看能否回到初始时刻。如果不能，我们就可将其排除，确认该数并非素数。每当发现确能满足费马测试的小时数时，我们虽未证明 p 为素数，但可以将时钟上的那小时数视为支持 p 是素数的凭证。

　　为什么验证时钟上的时间要比验证每个小于 p 的数能否整除 p 更好呢？关键在于，如果 p 未能通过费马测试，那么失败程度应该相当惨烈。钟面上有超过一半的数无法通过测试，表明 p 并非素数。有如此多的方式去证明一个数并非素数，这便是一项重要突破。这种方法与分步除法检验形成鲜明的对比，后者需检验每个数是否为 p 的因数。如果 p 是两个素数的乘积，那么在除法验证中，唯有这两个素数能证明 p 不是素数，其他任何数都毫无用处。除法测试须一击命中，方能起效。

　　在埃尔德什的众多合作成果中，有过一项估算（虽未严格证明），要想验证一个小于 10^{150} 的数是否为素数，只需在时钟上找到一个能够通过费马测试的时刻，那么该数不是素数的概率为 $\dfrac{1}{10^{43}}$。《素数记录》（The Book of Prime Number Records）一书的作者保罗·里本博因（Paulo Ribenboim）指出，借助该测试，任何售卖素数的商家都可以"保证满意，无忧退款"的标语真实推广其商品，不必过于忧虑破产问题。

　　几个世纪以来，数学家们一直在完善费马测试。20 世纪 80 年代，两位数学家加里·米勒（Gary Miller）和迈克尔·拉宾（Michael Rabin）完成改进，只需经过几次测试，就能确认一个数为素数。但米勒－拉宾测试在数学上有点小问题：须证出黎曼假设，才能对非常大的数起作用。（准确来说，你需要将黎曼假设稍加推广。）这可能是隐藏在黎曼高峰背后，我们所知道的最重要的事情之一。如果你能证明黎曼假设和它的推广，那么，你不仅能赚到 100 万美元，还能保证米勒 – 拉宾测试的确是快速有效的方式，可以确定一个数是否为素数。

2002 年 8 月，三位印度数学家马宁德拉·阿加瓦尔（Manindra Agrawal）、尼拉杰·卡亚勒（Neeraj Kayal）和尼廷·萨克塞纳（Nitin Saxena），在印度理工学院坎普尔分校设计出了米勒 – 拉宾测试的替代方法。这个方法稍慢一些，但避开了黎曼假设。这完全就是素数领域的惊喜。从坎普尔传出这一消息后的 20 小时内，全球有 3 万人，包括卡尔·波默朗斯在内，下载了这篇论文。这项测试对波默朗斯而言简洁明了。当天下午，他就在研讨会上向同事们展示了相关细节。他将该方法描述为“优雅妙极”。拉马努金的精神在印度依然蓬勃，三位数学家勇于挑战关于如何检验素数的传统。他们的故事让我们更加相信，终有一天，某个未知的数学家会提出思路，给出黎曼假设，也就是素数终极问题的最终解。

大自然对密码界的友善程度令人惊奇。它提供了生成素数的便捷方式，可用以构建互联网加密系统，却隐藏了分解素数的一切快捷方式。然而，大自然还能支持密码学家多久呢？

未来是光明的，未来是椭圆的

素数理论被应用于严肃的商业问题，这大大提升了数学的地位。但凡有人质疑资助数论这样深奥的领域是否有用，指出素数在 RSA 中的作用便是有力的反驳。在宣布克莱的千年大奖时，菲尔兹奖得主蒂莫西·高尔斯（Timothy Gowers）在题为《数学的重要性》（“The Importance of Mathematics”）的讲话中，正是用这个例子证明了数学的有用性。

新密码学问世以先，大多数学家很难提出抽象数学如此瞩目的应用，这样的应用迅速获得人们的关注。它为这门学科提供了幸运且及时的突破口。你几乎可以肯定，但凡申请数论研究资金，就会出现"可能涉及密码学"这样的台词。客观来说，RSA 密码学背后的数学并不深奥，大多数学家并不会将破解数的挑战与解开黎曼假设这类长期未解之谜相提并论。

尽管黎曼假设和 P/NP 问题的解答都可能对 RSA 产生影响，但几乎致使电子商务崩塌的是新千年问题中的另一个。1999 年初，流言飞速传开，据说，某个叫作 BSD 猜想（Birch and Swinnerton-Dyer conjecture，伯奇与斯温纳顿 – 戴尔猜想）、与椭圆曲线相关的问题，或许会暴露互联网安全的致命弱点。

1999 年 1 月，《泰晤士报》刊登了题为《少女破解邮箱密码》的头条文章。这项成就使爱尔兰少女萨拉·弗兰纳里（Sarah Flannery）在科学竞赛中赢得了一等奖，而它即将带来的财富则更为丰厚。从照片中可以看到，弗兰纳里站在一块令人印象深刻的黑板前，图注为："16 岁的萨拉·弗兰纳里凭借自己对密码学的领悟令评委踌躇。他们称其成就'辉煌'。"由于互联网对"邮箱密码"的依赖，这篇文章自然引起了媒体与大众的关注。进一步阅读后可知，标题中的"破解"并非对 RSA 安全的新型攻击，而是解决了当时 RSA 在实施中面临的一项实际困难。

要想通过 RSA 加密或解密信用卡号，需在小时数有好几百位的时钟计算器上，将该数自乘多次。在计算机上运行如此庞大的数的计算，耗时极长。多数网站要求你提供的信息不仅是信用卡详情，它们会通过 RSA 决定私钥，而你的计算机和该网站会借此对所有详情进行编码。私钥由发送者和接收者共享，其加密速度远胜 RSA 公钥。

如果你使用内存大、处理器快的私人计算机在舒适的家中网购，那么你甚至不会注意到加密信用卡号需要多长时间。然而，越来越多的人不仅仅是在舒适的家中上网，手机也开始具备上网功能。而在加密信用卡号时，手机的计算能力被推向了极限。

彼时，手机的用途并非大型运算。相比于台式机，手机内存极小，处理器过慢。不仅如此，相比电话线或电缆，移动设备传输信息的带宽要更小。因此，数据传输量需尽可能小。用于破解密码的计算机速度越来越快，RSA 要想处于领先地位，就需要更大的数，这与移动设备的有限能力并不适配。

密码学家一度想要找到具备 RSA 的安全性和功能，但更小更快的新型公钥密码系统。1999 年，《泰晤士报》和其他媒体因为 16 岁的萨拉·弗兰纳里可能发现了这样一种新的密码系统而雀跃。弗兰纳里的密码速度更快，但在其公开后的六个月内，有人发现了它的缺陷，使之不再安全。这个故事是对商界的有益警告，曾有商界人士希望能因弗兰纳里的新密码获利。值得称道的是，弗兰纳里从未宣称自己的密码是安全的。安全性只能由时间和测验来证实——而这两样都未曾得到媒体的重视。最终，密码的加速方式暴露了太多隐藏手段。

RSA 的竞争对手出现了，它足以应对新兴的移动无线通信或移动电子商务带来的挑战。这些新密码背后并非素数，而是更为神奇的存在：**椭圆曲线**。这些由特殊方程定义的曲线，是安德鲁·怀尔斯证明费马大定理的核心。作为快速将数分解为素数的新方法，它们已然触及密码世界的大门。密码破译者会为密码创造者带来更为强大的密码，这似乎是一项不成文的规定。美国西雅图华盛顿大学的尼尔·科布利茨（Neal Koblitz）在研究这一破解密码的方法时发现，椭圆曲线还可用于制作密码。20 世纪 80 年代中期，科布利茨提出了他的椭圆曲线密码学理念。与此同时，新泽西拉马波学院的维克托·米勒（Victor Miller）也发现了如何用椭圆曲线构建密码。基于椭圆曲线的密码虽然更为复杂，但无需数值过大的密钥，因而与移动电子商务完美适配。

科布利茨创造了适用于移动设备的加密方式，因而被卷入商业世界，但他依然心系哈代的纯数论世界。作为数论圈的资深数学家之一，他依然怀揣着儿时对数学的热情，而这样的热情源自一段经历：

6岁时，我们一家在印度巴罗达住了一年。那里的数学要求比美国学校更高。第二年，当我回到美国时，成绩远超其他同学，老师因此误以为我有特殊的数学天赋。这种误解和老师们的其他错误观点一样，会成为自我实现的预言。从印度回来后我所受到的这些鼓励，让我走上了成为数学家的道路。

科布利茨儿时在印度的经历不仅促成了他在数学上的发展，也唤醒了他对社会不公的认知。成年后，他参加了去往越南和中美洲的数学代表团。在他关于数论与密码学的众多著作中，有一本便是"献给在反抗美国侵略斗争中牺牲的越南、尼加拉瓜、萨尔瓦多学生"的。该书所得利润被用于向这三个国家的人民提供书籍。

再看美国国内，美国国家安全局对数学领域的压制令科布利茨深恶痛绝。如今，某些数论成果要想问世，即便是发表在最为深奥的数学期刊上，也须有美国国家安全局的许可。科布利茨的新理念令椭圆曲线和素数一样，被列入官方密切留意的研究"限制清单"。

李维斯特、沙米尔和阿德曼曾用高斯的时钟计算器打乱信用卡号。科布利茨则提出，沿着这些奇怪的曲线，在某处隐藏你的信用卡号。相比于时钟小时数自乘，科布利茨希望借由曲线上的点来定义某种特殊乘法。

迦勒底诗歌之趣

起初，RSA 对新密码的到来产生了强烈的危机感。这是对其互联网加密技术垄断的挑战。RSA 的焦虑在 1997 年达到顶峰，彼时他们开设了一个叫作 ECC Central 的网站。该网站发布了一些杰出数学家与密码破译者的言论，他们对椭圆曲线的安全性提出了质疑。有人称，数的因数分解历史悠久，可追溯至高斯时代，如果连高斯都无法做到，那么你的安全并无保障。其他人则表示，椭圆曲线的结构如此丰富，足以令黑客获取攻击该问题的据点。这一密码技术过于新颖，因此我们无从判断，以我们当前对椭圆曲线的认知，是否足以破解配备这种较小密钥的密码。毕竟，萨拉·弗兰纳里的密码仅仅维持了六个月的安全期。

RSA 团队还指出，如果你与银行家们讨论其数十亿美元交易的安全基础为何，解释数的因数分解不算太难。但当你开始写下 $y^2 = x^3 + \cdots$ 时，他们很快就要睁大眼睛了。椭圆曲线加密技术的支持者 Certicom 公司对该意见持反对态度，声称当他们开设的金融安全课程结束时，银行家们都愉快地摆弄起了椭圆曲线上的点。

不过，令椭圆曲线的支持者们最为气愤的却是罗纳德·李维斯特，即 RSA 中的 R 的一句评论："试图评估椭圆曲线密码系统的安全性，就类似于试图评估新近发现的迦勒底诗歌。"

ECC Central 网站开放之际，尼尔·科布利茨正在加利福尼亚大学伯克利分校发表关于椭圆曲线的演讲。他从未听说过迦勒底诗歌，于是急忙到大学图书馆一探究竟。在那里，他了解到，迦勒底人是古闪米特人的一支，曾在公元前 625 年到公元前 539 年期间统治过巴比伦尼亚南部。他说："他们的诗歌可真棒。"于是，他定制了印有一条椭圆曲线和"我爱迦勒底诗歌"字样的衬衫，并在讲座上分发。

椭圆曲线密码如今已经受住时间的考验，被奉为政府标准。多年来，手机和智能卡都采用这一新密码。你的信用卡号就是在椭圆曲线上飞速移动，在移动中掩去踪迹的。椭圆曲线密码最初是为小型移动设备设计，而今正成为大型系统的安全选择。德国联邦信息安全办公室公开表示，现已将其特工生命安全托付给椭圆曲线。即便是你我的性命，也在每一次飞行中被托付给了这些曲线。椭圆曲线已在世界各地被用于保障航空交通管制系统的安全。RSA 随后关闭其 ECC Central 网站，并开始自行研究如何使椭圆曲线密码与其 RSA 系统并肩作战。

　　然而，1998 年夏天，曾为椭圆曲线安全性注资的人们产生了担忧，椭圆曲线的额外结构或将毁灭其密码学。早在几个月前，尼尔·科布利茨曾断言，BSD 猜想（关于椭圆曲线的绝妙问题之一）绝不会影响椭圆曲线在密码学中的应用。但正如哈代曾说数论绝不会有用一样，科布利茨的预言未能应验。或许正是科布利茨的极端言论促使布朗大学的约瑟夫·西尔弗曼（Joseph Silverman）基于 BSD 猜想的启发发起攻击。

　　BSD 猜想是新千年问题之一。它提出了一种方法，可以确认椭圆曲线方程的解是否为有限个。1960 年，两位英国数学家，布赖恩·伯奇（Bryan Birch）和彼得·斯温纳顿－戴尔爵士（Sir Peter Swinnerton-Dyer）提出猜测，答案便隐藏于和黎曼图景相类似的虚拟图景中。这一猜想令伯奇和斯温纳顿－戴尔这两个名字在数学家眼中就像劳雷尔与哈迪①一样密不可分，虽然很多人都误以为这背后其实有三名数学家——伯奇、斯温纳顿和戴尔。伯奇以其笨拙扮演斯坦·劳雷尔，斯温纳顿－戴尔则是相对沉闷的奥利弗·哈迪。

　　黎曼发现了从素数进入 ζ 图景的虫洞。另一位格丁根数学家赫尔穆特·哈塞（Helmut Hasse）则提出，每条椭圆曲线都有其虚拟图景。哈塞在德国数学史上颇具争议。在希特勒摧毁格丁根数学系期间，纳粹任命哈塞接管数学系。由于哈塞对纳粹的认同，以及他的数学能力，无论是当局

---

① 斯坦·劳雷尔（Stan Laurel, 1890—1965），英国喜剧演员、导演。奥利弗·哈迪（Oliver Hardy, 1892—1957），美国喜剧演员。二人的喜剧组合"劳雷尔和哈迪"（一译"劳莱与哈台"），在 20 世纪中前期风靡一时。——编者注

还是希望保留格丁根传统的德国数学家，都视其为合适人选。

数学界对哈塞褒贬不一。很少有人能原谅他的政治选择。1937 年，他甚至致信当局，要求从档案中删除他的一位犹太祖先，以便他能加入纳粹党。据卡尔·路德维希·西格尔回忆，1938 年，当他旅行归来时，发现"哈塞第一次戴上了纳粹党徽！我没法理解，一个有智商、有良知的人怎么能做出这种事"。抛开政治不谈，他的数学见解还是相当靠谱的。哈塞 ζ 函数令他的名字永垂不朽，该函数所构建的图景藏有求解椭圆曲线方程的秘密。

黎曼可以构建出虚数地图的完整图景，哈塞对这些椭圆图景却无能为力。他可以构建出每条椭圆曲线的部分图景，但在越过某个点后，就会面向一条南北走向的山脊，而他无力翻越。不过，怀尔斯对费马大定理的证明最终展示了如何跨越边界，绘制出剩余图景。

然而，在我们尚不知晓山脊对面是否有风景时，伯奇与斯温纳顿－戴尔便已做出假设，这片假想的景观可以告诉我们什么。他们预测，每个图景中应有一个暗藏机密的点，可以揭示用以构建图景的椭圆曲线是否有无穷多个解。该点位于数 1 上方，诀窍是测量此处的景观高度。若景观实际位于海平面上，椭圆曲线就会有无穷多个分数解。反之，若景观不在海平面上，分数解的数量定然是有限的。若 BSD 猜想为真，各图景中，该点确实暗藏求解椭圆曲线的机密，那它便是另一个体现虚拟图景之力的突出案例。

尽管伯奇与斯温纳顿－戴尔是在理论思考中得到启发的，但他们的猜想主要还是对特定椭圆曲线进行实验的结果。伯奇回忆起豁然开朗的那一刻。当时他正琢磨着自己计算出的数。"那会儿我在德国黑森林，住在一家很棒的酒店里。我将得到的数绘制成图，瞧见十几个点排成了四条平行线……真奇妙啊！"这些线条表明，是某种紧密的关联迫使这些点排列成行。"那一刻起，一目了然，确实有点儿什么。我回去告诉彼得：'哎呀，看这个!'"然后,伯奇好像又令他们陷入了窘境,"彼得回道:'我告诉过你。'他确实说过。"

自 20 世纪 60 年代被提出以来,这一猜想已取得重大进展。怀尔斯和查吉尔都做出了重要贡献,但仍有漫漫征途。这一猜想能入选新千年问题,其重要性可见一斑。但伯奇相信,赢得克莱奖还遥遥无期。尽管如此,BSD 猜想几乎成了通行证,倒不是通向克莱的百万美金,而是通向依赖于互联网密码安全的百万美金。

这些凭椭圆曲线而设的密码依仗的是特定算术问题的求解难度。约瑟夫·西尔弗曼认为,BSD 猜想的启发或许能为他提供扭转密码问题的方法,揭示求解线索。这绝非易事,他也坦言,自己并不确定这一攻击手段是否有效。但专家们都不能轻易排除这一可能,或许它的确是黑客们孜孜以求的快捷程序。

西尔弗曼本可将自己的提议公之于众。媒体会疯狂报道,RSA 会扬扬得意,Certicom 公司股价会暴跌。即便攻克未果,椭圆曲线也再无法恢复其可靠形象。然而,西尔弗曼选择了更为学术的方式。他给科布利茨发去电子邮件,提出这一建议,三周后,他将在会议上发表阐述其想法的论文。

这周末,科布利茨会飞往加拿大滑铁卢,也就是 Certicom 的总部所在地。Certicom 的董事们当即向他发去传真,希望他立刻解决问题,或是说明这一攻击终将失败。"一开始,我想不出任何理由能说明西尔弗曼的提议不可行。"科布利茨喜欢在飞行当日早起,他知道自己必须做点什么来安慰滑铁卢的朋友们。登机时,他已说服自己,如果西尔弗曼的攻击成功了,RSA 也无法幸免。所以,如果他们倒下了,RSA 也会步其后尘。

"那是至暗时刻。"科布利茨回忆道,"我在邮件中告诉西尔弗曼,这种时候,人们会乐意做个数学家,而不是商人。你开始意识到,生活远比电影更刺激。"不过，就算西尔弗曼看到 RSA 一同倒下，或许也不会有多难过。他所在的团队正在开发一种新型加密系统，叫作 NTRU。他们未曾透露 NTRU 代表什么，不过，我们通常认为，它指的是 "Number Theorists 'R' Us"[①]。他们的密码不同于其他密码，不会受西尔弗曼的攻击影响。这对 NTRU 是个转机。

科布利茨在两周内充分了解了椭圆曲线的特殊结构，从而证明西尔弗曼的提议在计算上尚不可行。一种名为高度函数的技术拯救了椭圆曲线密码学，科布利茨现称其为"金盾"。它似乎不仅能保护密码免受西尔弗曼的攻击，还能使其免遭其他攻击。经历过最初的恐慌后，学术上总算复归平静，科布利茨也乐意为整个事件发表演讲，题为《纯粹数学何以几乎摧毁电子商务》。这则故事表明，在数学世界中最晦涩或是最抽象的角落里诞生的进步，现如今可能会令商业垮台。

量子计算机的到来或许是 RSA 等密码面临的最新威胁。1994 年，彼得·肖尔（Peter Shor）开发出一种可以在量子计算机上实现的算法，能够轻松破解这些密码。问题在于，虽然他开发出了软件，但当时的硬件极为落后。不过，这一情况正开始转变。在 2022 年的 IBM 量子峰会上，IBM 公司发布了 Osprey，一台由 433 个量子比特组成的量子计算机。量子比特是这些新机器的关键组成部分。这会威胁到 RSA 吗？日本富士通（Fujitsu）的研究人员曾估计，破解 RSA 密钥需要一台 1 万个量子比特组成的量子计算机，另外还需 104 天计算时间。

然而，在肖尔提出用量子计算机破解密码之前，量子物理世界早已开始涉足素数。20 世纪 80 至 90 年代，AT&T 公司负责人安德鲁·奥德里兹科便开始将公司的超级计算机对准黎曼图景中未曾被考虑过的区域。你

---

① 意即"我们是数论家"或"数论家是我们"，"R" Us 是 Are Us 的简写，这是一种在品牌命名、广告宣传中常用的说法。——编者注

或许会问，这些计算有什么意义？如果未曾期待找到黎曼假设的反例，那何必耗费大量精力，投入 AT&T 的大量资金来计算零点呢？在黎曼的神秘力量线上，关于远处的零点，美国数学家休·蒙哥马利（Hugh Montgomery）提出过一些奇怪的理论预测，引起了奥德里兹科的兴趣。奥德里兹科意识到，如果这些预测为真，那么，素数故事中最奇怪、最意外的转折即将揭晓。

第十一章

从有序零点到量子混沌

真正的发现之旅不在于追寻新景观,而在于拥有新眼光。

——马塞尔·普鲁斯特,《追忆似水年华》

在ζ图景中，海平面上的点是如何沿着黎曼的神秘力量线排列的呢？这似乎是一个疯狂的问题，但休·蒙哥马利原本无意问及此。人们大多认为，如果不能事先证明这些点都在线上，便是贸然发问。然而，当蒙哥马利提出这一问题以后，他发现的惊人规律是迄今为止最好的证据，告诉我们该从何处寻找黎曼假设的解。蒙哥马利最初思考这一问题是因为由此理解了一个并不相干的问题，一个自读研时就令他感兴趣的问题。他在数学世界中一直徘徊于一个看似无关的区域，试图留下自己的印记，那时，他就像爱丽丝一样，不知不觉地穿过秘密通道，发现自己置身秘境，而此处正是黎曼图景所在。

不同于那些趿拉着凉拖、套着T恤衫、穿着牛仔裤的数学家，蒙哥马利总是西装革履、打着领带。他的着装反映了他作为一名数学家的矜持与自控。虽然他来自美国，但选择在英国剑桥攻读博士，并在此感受到了大学生活的华丽。蒙哥马利能够成长为年轻数学家，要得益于20世纪60年代向中小学生教授数学的教学实验。这一实验的目的并非教授公认准则，对数学家如何取得发现不做解释，而是要呈现积极实践的真正的数学家精神。蒙哥马利和那个时代的人们被告知基本公理，还受到鼓励，要自己推演公理。只要掌握了推演规则，他们就能自行重建数学大厦，而非只做纪念碑前的游客。蒙哥马利由此启航：

我真幸运，因此踏上了数学之路。我在高中时就知道成为数学家意味着什么。这门课的麻烦之处在于，所有数学老师必须重新接受培训才能授课。我有幸受该系统的一位创始人教导。虽然教授的学生不多，却培养出了一批专业的数学家。

上学时，蒙哥马利非常喜欢探索数的性质，尤其是素数。但他也发现，我们对素数知之甚少。有无穷多对像17和19，或是1 000 037和1 000 039这样的孪生素数吗？是否如哥德巴赫所猜想，每个偶数都是两个素数之和呢？直到来剑桥大学读研，蒙哥马利才听说最伟大的素数问题——黎曼假设。然而，当他沉浸于剑桥的伟大数学传统时，引起他注意的却是另一个问题。

蒙哥马利是 20 世纪 60 年代末来到剑桥的，那时校园里气氛热烈。大师高斯提出的某个问题取得了突破，数学系正为此庆祝。三一学院研究员艾伦·贝克在虚数因数分解这一难题上取得了重要进展。高斯在《算术探索》中对这一问题着墨甚多。对于一个普通的数，比如 140，只有一组素数模块，本例中是 2, 2, 5, 7。没有其他选择可令素数相乘得到 140。但虚数并没有这样的规律。高斯极为震惊地发现，用素数模块构建虚数的方式有时不止一种。

贝克对高斯问题的解决引起了兴奋，蒙哥马利希望能加以利用。他相信自己可以在数学上有所贡献，他要将贝克的想法推广至高斯提出的其他问题。推广贝克的成果并非易事，但蒙哥马利无所畏惧。他开始广泛阅读，尽可能多地认识数论。他已身处最好的环境。哈代与李特尔伍德夯实了剑桥的悠久传统，这里是吸收新思想的好地方。蒙哥马利了解到，哈代和李特尔伍德曾对孪生素数的出现频率做出过奇妙的猜想，这是他上大学前便深深着迷的问题。

他还了解到令人不安的哥德尔定理。上大学前，蒙哥马利便知晓，如何由已知公理推导出定理，从而构建数学大厦。然而，根据哥德尔的理论，这一方法在某些问题上是行不通的。显然，总有一些关于数的猜想，凭借蒙哥马利在中小学校园里学到的公理，是绝对无法得证的。如果他想解决的素数问题并无证明，该怎么办呢？他或许会穷其一生，追寻一个影子。

为了在剑桥的尖顶方院之外开拓视野，蒙哥马利决定去普林斯顿高等研究院待一年。在那里，他有机会表达自己对于证明不可证之事的忧虑。按照惯例，研究院的每位访客，无论资历深浅，都会受邀与院长共进午餐。当院长问及蒙哥马利的研究时，他说自己一直都对孪生素数猜想很感兴趣，但不得不承认，哥德尔定理令他感到困扰。院长的回答让年轻的蒙哥马利紧张起来："好吧，我们干吗不问问哥德尔呢？"哥德尔随即被请来说说看法。很遗憾，哥德尔无法向蒙哥马利保证，可以用现有的数论公理证出诸如孪生素数猜想之类的问题。

哥德尔本人在谈及黎曼假设时，也表达了此类担忧：或许奠定数学大厦根基的公理并非面面俱到，不足以支撑所需证明，这种情况下，你或许会继续向上建造，然后永远都找不到黎曼假设的线索。然而，他还提供了些许安慰。哥德尔相信，任何引人注目的猜想都绝非永远遥不可及，只待我们找到新基石，拓宽大厦根基。只有回归学科基础，将其拓宽，才能构建缺失的证明。如果你确实在意这一猜想——如果这一猜想的结果是对已证结论的自然延伸，那么，哥德尔认为，你总能找到一块刚好适用于现有基础的石头，由此证实你的猜想。哥德尔已经证明，这一过程中，总有其他猜想未被解释，但随着数学公理基础不断扩展，会有越来越多的未解问题被破解。

回到剑桥后，蒙哥马利确认自己想要理解数的奥秘并非一场空梦。他重新研究起高斯的虚数因数分解问题。在阅读中，他了解到，黎曼图景的性质与高斯努力的方向不无关系。尤其是在 20 世纪初，在证明高斯某个关于分解虚数的猜想时，黎曼假设起到了相当矛盾的作用。这里提到的猜想叫作类数猜想。

1916 年，德国数学家埃里克·赫克（Erich Hecke）成功证明，若黎曼假设为真，高斯的类数猜想也为真。整个 20 世纪，许多条件证明都依赖登顶黎曼高峰，才能获取其隐藏宝藏，这个证明便是其中之一。在黎曼假设得证以前，它们都算不上是真正的"证明"。关于高斯的类数猜想，蒙哥马利了解到的充满矛盾的转折出现在几年后。三位数学家马克斯·多伊林（Max Deuring）、路易斯·莫德尔（Louis Mordell）和汉斯·海尔布隆成功证出，即便黎曼假设不成立，也能用以证明高斯关于虚数因数分解的猜想是正确的。这里出现了"必赢"的局面。无论如何，这都意味着，高斯对因数分解的直觉是正确的。高斯类数猜想的无条件证明结合了赫克的证明，以及多伊林、莫德尔和海尔布隆的证明，是黎曼假设最为奇特的应用之一。

此时，蒙哥马利意识到，黎曼零点对于解决高斯关于虚数因数分解的某些未决问题有多重要。他确信，只要能证明零点集中在黎曼的神秘力量线上，就可推广贝克的伟大成果。他相信零点会不断涌现，是受孪生素数猜想启发，他喜欢这个猜想很久了。他能证明海平面上的点就像我们所期待的无穷多对孪生素数一样，是紧密相连的吗？在海平面上密集排列点会对虚数因数分解问题产生重大影响。这会是蒙哥马利的第一场胜仗吗？会是每位研究生梦寐以求的在残酷的学术界留下脚印的奖励吗？

蒙哥马利愿意相信，随机分布在黎曼神秘力量线上的零点以某种方式反映了显然沿数轴随机分布的素数。毕竟，如果素数看起来是由抛硬币随机选出的，公平起见，ζ函数的零点也该是随机分布的。随机总会带来集群，这就是为什么公交车总是三五成群地到来，彩票中奖号码总是挨得很近。蒙哥马利希望在随机分布中找到紧密相连的零点。他在临界线上一路向北，希望能看到连续的零点，用以证明虚数因数分解的相关问题。

问题是，缺乏证据可依。已经计算出的零点不足以呈现零点的聚集，蒙哥马利只得从侧面入手。既然缺乏实验证据，是否可以从理论层面预测这种聚集呢？他对零点通常扮演的角色进行了有趣的逆转。黎曼用ζ图景发现的显式公式表述了素数和零点的直接关联。这种方法旨在通过研究零点理解素数。蒙哥马利所做的就是调转公式。他要通过对素数的认知推导出黎曼神秘力量线上的零点特性。他记得，哈代和李特尔伍德曾对孪生素数在所有素数中出现的频率提出猜测。或许他可以将这一猜测推广至零点特性。但是，当他将哈代和李特尔伍德的猜测代入黎曼的显式公式时，他大失所望，结果预测，零点并不会聚集在一起。

蒙哥马利开始详尽地探索这一预测。它似乎表明，当我们沿着黎曼临界线向北行进，与素数不同，零点是会相互排斥的。蒙哥马利很快意识到，零点根本不会相互靠近。不同于素数的特性，不会时不时便有其他零点紧随零点之后。事实上，蒙哥马利的预测表明，零点很有可能是非常规则地沿着黎曼临界线排列的，而非他所期望的随机分布（见下图）。

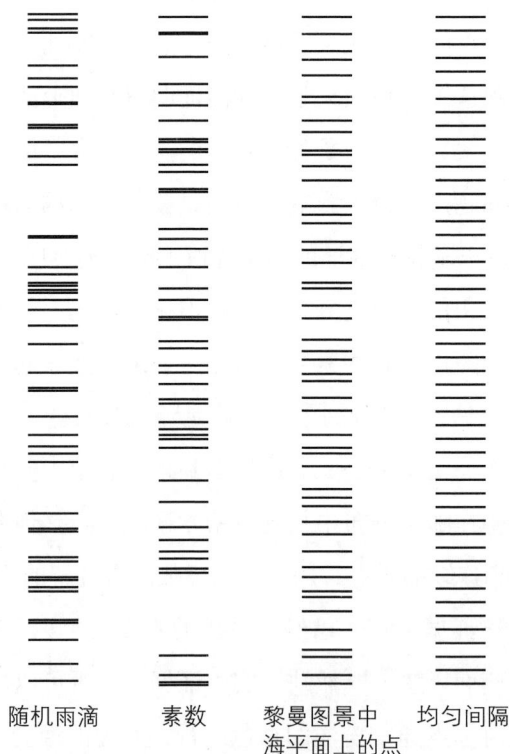

随机雨滴   素数   黎曼图景中   均匀间隔
海平面上的点

随机雨滴、素数和黎曼零点的间隔

蒙哥马利希望找到方法来描述他对海平面上各点之间的间隔如何变化做出的预测。他用配对关联图呈现出零点间隔的预期范围（见下页图）。这是他从未见过的曲线。这张图看起来并不像是你随机选一组人，绘制出的身高差图像，而是与经典的高斯钟形曲线有关。

　　蒙哥马利的图像记录了每组可能的间距上应该有多少对零点。从图像前面的部分可知，零点并不密集，因为图像高度较低。蒙哥马利相信，图像右侧会出现起伏，表现出不同寻常的统计现象。他无法证明零点之间的距离最终便是如此，也未能计算出足够的零点，以实验佐证其预测。他绘制出这张奇怪的图，纯粹是基于哈代和李特尔伍德关于孪生素数频率的猜想。然而，该图像并非如蒙哥马利最初以为的那样新奇。

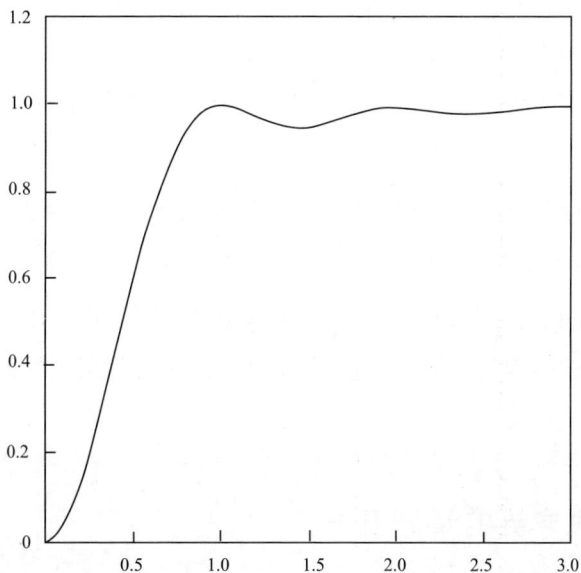

蒙哥马利的图像。横轴是零点对之间的距离，纵轴是给定距离间有多少对零点

　　蒙哥马利一直期待发现零点是密集的，因而认为自己失败了。他曾计划用黎曼临界线上的零点簇来解决高斯关于虚数因数分解的一些未解之谜，但事与愿违。如果蒙哥马利的新猜想是正确的，零点往往互斥，那便无益于他最初的想法。就是这样，当你踏上旅途的时候，你未必知晓终点在何方。蒙哥马利在剑桥期间，李特尔伍德曾向他提出忠告："不必害怕钻研难题，因为沿途你或许会解决什么有趣的问题。"李特尔伍德在艰难的研究过程中明白了这个道理，当他还是研究生时，导师曾在无意间让他去解决黎曼假设。

1971 年秋天，蒙哥马利偶然发现了令人意外的零点间隔分布。1972 年 3 月，他完成博士论文答辩，入职密歇根大学，现在是该校荣誉教授。他相信自己的观点新颖有趣，但心中仍有不容忽视的困惑。他知道阿特勒·塞尔贝格就如高斯再世。"塞尔贝格有许多未曾发表的成果，总有这样一种风险，他会说：'哦，这个啊，我几年前就知道了。'"就像勒让德宣称取得新发现，最终被证明是高斯的旧成果，几年前就已记录在其未曾发表的手稿中，现代数学家常常发现，塞尔贝格就是这样打败了他们。塞尔贝格在素数定理的初等证明上与埃尔德什有过不愉快的交集，所以他总是独自研究数论，其中大多未曾发表。

1972 年春天，蒙哥马利去参加一场数论会议，中途绕道普林斯顿，向塞尔贝格展示了他的发现。另外有件事困扰着他："我有点苦恼，因为我觉得自己的成果中包含着某条信息，而我不知道这条信息是什么。"不过，帮助蒙哥马利解读这条信息的并不是塞尔贝格，而是普林斯顿的另一位成员。

戴森：物理学界的青蛙王子

战后不久，英国物理学家弗里曼·戴森（Freeman Dyson）因为支持特立独行的科学家理查德·费曼（Richard Feynman）而成名。在英国剑桥大学完成学位后，戴森获得奖学金，去往美国康奈尔大学研究物理。在那里，他遇见了年轻的费曼，对方在量子物理上取得了独到的个人见解。最初，许多人都未曾理会费曼的说法，因为他们无法理解他那过于个性化的语言。戴森领会到了费曼观点的力量，帮助他更为清晰地阐述了他的革命性理论。现在，费曼开发的工具对粒子物理学家的大多数计算都起到了关键作用。如果没有戴森的阐释技能，这些工具或许就永远消失了。

最先抓住戴森想象力的并非物理学。他出身音乐世家，与科学并无交集。然而，在校时，扣人心弦的数学旋律吸引了年轻的戴森。赢得哈代的某本数论著作后，他对拉马努金的分拆理论产生了浓厚的兴趣。"那是快乐的一天，往后40年中，我常常回到拉马努金的花园。每次回去，我都会遇见鲜花盛开。这便是拉马努金最了不起的地方。他的发现如此之多，然而他的花园中还留有丰富的遗存，待他人发现。"

戴森认为，科学家们虽然探索的是同一片领域，却分属两个群体：鸟与青蛙。鸟儿翱翔于高空，能看到贯穿这片景观的宏大联系；青蛙在泥地里消磨时光，在熟悉的小池塘里游泳。数学家们更像是鸟类，而戴森自认为是青蛙，于是转而关注物理学中的实际问题。

他成功推广了费曼的量子物理学，引起了普林斯顿高等研究院院长罗伯特·奥本海默（Robert Oppenheimer）的注意，这位物理学家在二战期间主导了美国的核计划。1953年，戴森接受奥本海默的长期任职邀请，进入研究院。戴森讲话轻言细语，为人谦逊，但他的坦率观点让他在学术圈外崭露头角。存在外星文明的推测令他声名鹊起。20世纪50年代末至60年代初的猎户座计划提议，建造能将人类送往火星和土星的宇宙飞船，戴森参与其中，这令向往外太空的公众对他更为推崇。

1970—1971学年，蒙哥马利曾在研究院停留，第一次见到了哥德尔，但哥德尔与物理学家无甚交集。普林斯顿数论家众多，足以令其无暇他顾。尽管如此，据他回忆："我见过戴森，我们点头致意，微笑示好，但我不确定他认不认识我。我知道他是谁，因为二战期间，他在伦敦从事过数论工作。"

会前绕道那次，蒙哥马利在普林斯顿待了一整天，向塞尔贝格和到访研究院的其他数论家阐释了自己的想法。时间一到，他们便开始执行大部分数学系的惯例：下午茶。下午茶向来是研究院的重要场合，因为各系成员可以在此交流。蒙哥马利和出席其讲话的数论家萨拉瓦达姆·乔拉攀谈起来。乔拉是李特尔伍德的印度学生。1947年巴基斯坦与印度建立自治领时，他的家乡拉合尔被划归巴基斯坦，于是他逃往美国。作为研究院的常客，他活泼幽默，深受永久成员们的喜爱。与蒙哥马利交谈之际，这位印度数学家注意到了对面房间的戴森。

"乔拉说：'你见过戴森吗？'我说没有。'我给你引见一下。'我说不要。"但乔拉从来不把拒绝当回事儿，他可是唯一说服塞尔贝格合写论文的人。"乔拉坚持，拉着我去引见。我不太好意思打扰戴森，不过对方十分热情，还问我在研究什么。"蒙哥马利开始说起每对零点的间距可能有何特点，当他提及自己的间距分布图时，戴森眼前一亮。"这和随机埃尔米特矩阵的每对特征值之差是同一种模式啊！"

戴森迅速向蒙哥马利做出解释，量子物理学家正在使用这种听起来很古怪的数学方法预测重原子核遭低能中子轰击时的能级。身处该项研究前沿的戴森向蒙哥马利介绍了一些记录能级的实验。果不其然，蒙哥马利观察到68号元素铒的原子核能级差时，感到异常熟悉。如果他从黎曼的神秘力量线上提取一串零点，沿实验中所记录的能级排列，当即就能发现，这两者惊人地相似。零点与能级的间距极其有序，绝非随机选择而得。

蒙哥马利简直不敢相信，他所预测的零点分布规律正是量子物理学家在重原子核能级中所发现的。如此独特的规律出现高度相似，这绝非巧合。这就是蒙哥马利一直在寻找的信息：重核的量子能级所涉及的数学或许正是决定黎曼零点位置的数学。

解释能级的数学可追溯至推动20世纪量子物理发展的启示。电子与光子等基本粒子有两个看似矛盾的特征。一方面，它们就像是微型台球；但另一方面，只有将这些基本"粒子"视为波，实验所揭示的另一特征才能得到解释。量子物理便诞生于试图解释亚原子分裂特征的科学尝试，该特征叫作波粒二象性。

量子鼓

　　20 世纪初，原子被视为由不可分割的粒子构成的迷你太阳系，位于迷你太阳系中心的太阳被称为原子核。物理学家后来发现，原子核由质子和中子组成。电子则围绕原子核运转，是原子结构中的行星。理论与实验进步很快促使物理学家重新思考这一模型。他们开始意识到，原子的行为模式不似行星系统，更似一面鼓。击鼓时产生的振动源自频率各异的基本波形。理论上，存在无穷多种可能的频率，鼓声便是这些频率的组合。不同于小提琴弦的谐波，鼓声的频率组合更为复杂，取决于鼓的形状、鼓皮张力、外部气压，以及其他影响因素。击鼓生成的各种波形以其复杂性解释了为什么管弦乐队中的许多打击乐器都无法奏出可识别的音。

　　有一种方法可以呈现鼓声振动的复杂性。18 世纪科学家恩斯特·克拉尼（Ernst Chladni）设计了一项实验，在欧洲宫廷中进行表演。（拿破仑对此十分着迷，赠予他 6000 法郎。）克拉尼以一块方形金属板为鼓。当他敲击金属板时，金属板发出了刺耳的响声，但若以小提琴弓巧妙地使金属板振动，克拉尼便可区分出不同频率。他在金属板上撒了一层细沙，向观众展示了各基础频率下的振动。沙子会聚集在未振动的区域，形成奇怪的图案。每当克拉尼用小提琴弓奏出新的声响，沙子上就会显现新图案，代表新频率（见下页图）。

　　20 世纪 20 年代，物理学家意识到，用以描述鼓声频率的数学也可预测电子在原子中振动的特征能级。原子边界与鼓类似：原子中的力量控制着亚原子粒子的振动，正如鼓皮张力或是周遭空气压力控制着形成鼓声的振动。每个原子都如同克拉尼的金属板。原子中的电子仅以特定模式振动，就像克拉尼展示的图案一样。激发原子以新频率振动，就像克拉尼用小提琴弓令金属板上的沙子呈现新图案。元素周期表中的原子各有其频

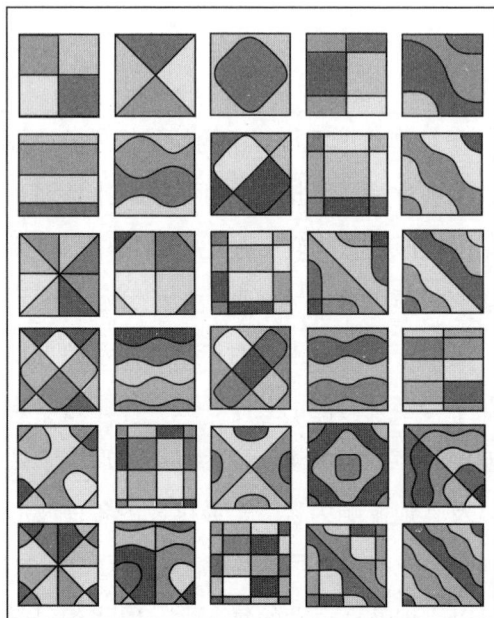

克拉尼用以取悦拿破仑的金属板的奇异振动模式

率，其中的电子往往依其频率振动。这些频率就是原子的专属印记，光谱学家借助它们来识别物质中的原子种类。

人们建立了一套数学理论来描述鼓面上的图案，或者说波形。该理论可追溯至欧拉的**波方程**。将鼓的物理特性，包括形状、鼓皮张力、周遭气压等代入方程，由解可知可能的波形。原子物理学与鼓的物理学的不同之处在于，它涉及虚数。为解出支配原子行为的方程，物理学家只得进入抽象的虚数世界。正是虚数将奇特的概率特征赋予量子物理。

在日常的宏观世界中，我们可以在不影响测量对象的情况下进行测量。用秒表为运动员计时，不会令其减速；测量标枪落点，不会改变投掷距离。作为观察者，我们是独立于被测系统的。但微观世界与此不同。当我们观察电子，与之交互时，我们必然会改变它的行为。

量子物理试图解释粒子在观察者介入之前的经历。只要我们尚未在宏观世界中观察到量子世界，它便只存在于虚数世界中。正是这些虚数解释了从宏观角度难以理解的现象。例如，未被观测到的电子似乎可以同时出现在两个地方，或者以多种频率、不同能级振动。当我们观察量子世界中的某一事件时，看到的似乎并非它在自然领域中的面貌，而是这一事件投射到普通数所在的"真实"世界中的影子。观察这一行为会使二维的虚数世界坍缩成一行一维普通数。电子在被观测之前，就像鼓一样，以不同频率组合振动。但在观察过程中，我们不再像聆听鼓声时那样，可以同时听见所有的频率，我们只能听到电子以单一的频率振动。

格丁根物理学家维尔纳·海森伯（Werner Heisenberg）和马克斯·玻恩（Max Born）是为量子新世界绘制地图的两位关键人物。希尔伯特从办公室朝下望去，常常看见海森伯和玻恩在数学系外的草地上来回踱步，深入探讨 20 世纪的原子模型。希尔伯特开始好奇，海森伯用以解释原子能级的振动数学是否能说明黎曼图景中的零点位置。这在当时并无进展。蒙哥马利的发现重新推出希尔伯特的观点，玻恩和海森伯为解释能级而创建的量子鼓数学就是理解黎曼零点的最大希望所在。虚数与波的混合为鼓声提供了一组独特的特征频率，它们源自量子物理，而非古典乐团。然而，正如蒙哥马利在普林斯顿的某个房间与戴森会面时所了解到的，最终与黎曼零点位置最为契合的特征频率源自量子乐团中最为复杂的原子。

迷人的节奏

量子物理学家最先能够分析的是氢原子。氢原子是一种极为简单的鼓：一个电子绕着一个质子转动。决定电子和质子频率或能级的方程非常简单，可以精确求解。电子的频率与小提琴弦奏出的泛音十分相似。量子物理学家顺利分析了氢原子，在进一步探索元素周期表时，却发现自己无法准确描述数学鼓。原子核里的中子和质子越多，绕轨道运行的电子就越多，任务难度也随之增大。物理学家们研究到组成铀-238 的 92 个质子和146 个中子时，已经晕头转向。他们面临的最大困难是要确定可能的原子核能级，这是位于原子太阳系中心的太阳。数学鼓的形状决定着原子核能级，但形状的计算过于复杂。即便物理学家能够找到与这些能级相对应的数学鼓，面对如此复杂的鼓，想要确认其频率，也并无可能。

直到 20 世纪 50 年代，分析这一复杂体系的方法出现了。尤金·维格纳（Eugene Wigner）与列夫·朗道（Lev Landau）并未试图寻找各能级的准确值，而是将目光投向了能级的统计数据。他们研究能级的方式与高斯研究素数如出一辙。高斯的研究重点不再是准确预测素数何时出现，而是估计出，随着计数增加，平均会出现多少个素数。同样地，维格纳与朗道主张以更简单的方式理解原子能级。统计数据将会揭示在一小段频率区间内发现某个原子核能级的概率。

铀核极其复杂，以至于有许许多多的方程，它们描述了不同铀核状态下的能级。因此，如果统计数据随着原子核状态改变发生剧变，那么，要想评估这些能级的统计结果，希望渺茫。既然通过分析量子鼓便可判定能级，维格纳与朗道决定看看，如果改变鼓的形状，频率的统计结果是否会大幅变动。幸好大部分鼓都不是这样。维格纳与朗道发现，当他们随机选取量子鼓时，具体频率会改变，但频率的统计结果是不变的。大部分量子鼓的统计值都是相同的，但重原子核的表现会与普通量子鼓一致吗？维格纳与朗道认为，特定的鼓并无特别之处，比如专门描述铀核的鼓就与大部分量子鼓毫无二致。

维格纳与朗道的直觉是正确的。当他们将随机选择的量子鼓能级统计数据与实验中观察到的能级统计数据两相对照时，二者完美契合。甚而在观察铀核的能级间距时，他们还发现能级似乎是互斥的。这就是为什么弗里曼·戴森在普林斯顿与蒙哥马利会面时会非常兴奋。蒙哥马利向他展示的图像带有能级统计的特征。然而，蒙哥马利却是在毫不相干的科学领域揭开了这一规律。

接下来的问题就是，能级与黎曼零点，这两个领域为何会产生交集，又是如何产生交集的。蒙哥马利肯定非常惊讶，就像考古学家在地球两端的洞穴中发现同样的旧石器时代绘画一样。两者必有关联。蒙哥马利坦言，他与戴森的对话一定是科学史上最幸运的巧合之一："真是意外的好运，我刚好出现在了对的地方。"自伽利略和牛顿以来，物理学与数学时常涉足相似的领域，但谁也没想到，黎曼的数论与量子物理会有如此密切的关联。蒙哥马利试图理解虚数的因数分解，未能如愿，却偶然取得了更为有趣的发现。蒙哥马利微笑着说："就失败的研究而言，它已好过大多数。"

在普林斯顿喝茶之际取得的这些发现，对黎曼假设有何意义呢？如果能用物理学中的能级数学来解释黎曼图景中位于海平面上的点，那便有望证明海平面上的点为何会排成一条直线。线外零点就如同虚数能级，这种东西绝对不能出现在量子物理的方程中。这便是为黎曼假设提供解释的最大希望所在。

维格纳与朗道的大原子能级模型已在实验中得到确认，但蒙哥马利依然没有实验证据能说明黎曼图景中海平面上的点与他的理论预测一致。没有人测试过这些零点是否真的如他所言，是相互排斥的。难点在于，在黎曼图景中，这些统计值可能出现的区域远远超出蒙哥马利的计算能力。

在剑桥，蒙哥马利了解到李特尔伍德的发现，即要数出多少素数，它们才会显露本色。尽管李特尔伍德已从理论上证实，高斯的猜想有时会低估素数个数，但还未曾有人在实验上取得过成功。蒙哥马利正遭遇同样的命运。实验物理学家耗费不少时间造出了粒子加速器，它所生成的能量足以证实维格纳与朗道的预测。蒙哥马利担心，数学家们永远都无法计算出足够大的数，来验证临界线远处的零点是否与他的预测一致。

但蒙哥马利没有注意到安德鲁·奥德里兹科和他的克雷超级计算机所

拥有的计算能力，那台机器就位于新泽西州中心，放在 AT&T 研究实验室里。奥德里兹科听说了蒙哥马利关于零点间隔的预测，了解到重原子能级背后的随机鼓也是同样的道理。这正是吸引他的挑战。他开始在黎曼的神秘力量线上寻找远至 10^{12} 个单位的零点。这是一项非凡的计算。我们假设黎曼图景的中心就在新泽西州，临界线上的一个单位等同于 1 厘米，那么奥德里兹科所要观察的间距总长约为地月距离的 25 倍。当克雷超级计算机计算出大约 10 万个零点后，奥德里兹科就可以开始研究这些零点间距的统计数据了。20 世纪 80 年代中期，他已准备好发表计算结果。黎曼图景中的零点间距的确与重原子能级间距相似，但显然并非完全一致。没有统计学家会对这一匹配结果感到满意。蒙哥马利错了吗？还是必须去到更北处探索？

奥德里兹科不畏艰难，继续向北行至 10^{20} 个单位。从我们以新泽西州为中心的虚拟地图上看，奥德里兹科正在探索 100 光年之外的地方，这个距离已经超出织女星，也就是卡尔·萨根的《接触》中发出素数信息的那颗恒星到地球的距离。1989 年，奥德里兹科绘制出零点间距，并与蒙哥马利的预测做了对比，匹配程度极高。这一令人信服的证据证实了零点的新特征。远至 10^{20} 个单位处的零点发来明确信息，它们源自某种复杂的数学鼓。

数学魔术

安德鲁·奥德里兹科的统计匹配有多重要呢？或许用一些毫不相干的数学知识就能复刻这类统计数据。蒙哥马利和奥德里兹科是为我们指明了正确的方向，还是让我们徒劳一场呢？

为了回答这些问题，我们最好去问问斯坦福大学统计学家佩尔西·迪亚科尼斯（Persi Diaconis），他是揭秘灵异现象的大师，还曾揭穿声称在古希伯来文中发现隐藏信息的"圣经密码"（Bible code）骗局。面对相关数据，迪亚科尼斯坦言，再没有比这更好的统计匹配了。"我当了一辈子统计学家，从未见过如此吻合的数据。"迪亚科尼斯比大多数人都清楚，从某个角度看起来很好的事物，还需从其他角度审视，以确保没有掩盖重要缺陷。迪亚科尼斯深谙此道，最先吸引他想象力的是魔术，而非数学。

儿时在纽约，迪亚科尼斯常常逃课去魔术店闲逛。他的魔术技艺吸引了戴·弗农（Dai Vernon）。弗农是美国最伟大的魔术师之一。据迪亚科尼斯回忆，时年68岁的弗农向他提供了一个在路上做助手的机会："我明天去特拉华州，你要和我一起走吗？"14岁的迪亚科尼斯没有告诉父母，收拾好行李就离开了。此后两年，他们的足迹遍布美国：

我们就像奥利弗·特威斯特和费金[1]一样。魔术界非常团结。魔术不是低劣的狂欢，或是什么类似的存在，而是上层中产阶级的业余爱好。魔术师都喜欢赌徒。我和弗农会去找那些狡猾的赌徒，如果听说有因纽特人能用雪鞋发二张[2]，我们就会前往阿拉斯加——就是这样的冒险。我们随风飘荡了两年。和赌徒在一起，总会聊到赔率，然后我就迷上了概率，想要了解更多。

迪亚科尼斯在旅途中读起了概率学。又是这样，有一本书命中注定般地介入，为我们这一代中最迷人的一位数学家点燃了职业生涯的火花。他读的是威廉·费勒（William Feller）的《概率论及其应用》（*An Introduction*

---

[1] 狄更斯小说《雾都孤儿》中的人物，奥利弗·特威斯特（Oliver Twist）是故事主角，他加入了费金（Fagin）组织的儿童盗贼团伙。费金将一群无家可归的孩子聚集在身边，提供基本的生存保障，训练他们偷窃，以谋取利益。——编者注

[2] 一种纸牌魔术或作弊技巧，发牌时通过隐秘的手法发出牌堆的第二张，而非顶部的牌。
——编者注

to Probability Theory and Its Applications）[1]，这是大学里常用的概率论课本。他不懂微积分，所以什么也读不明白。迪亚科尼斯确信，唯一的出路就是去纽约的城市学院上夜校。因为喜欢，不到两年半，他就毕业了，并热切地想要申请研究生院。哈佛大学给这位与众不同的学生提供了机会，从此他便一路向前。

迪亚科尼斯仍旧热爱魔术，他认为这两种艺术有许多共同之处：

我从事数学的方式和表演魔术十分相似。这两个领域都是在约束条件下解决问题。数学中的限制是要借助现有工具给出合理论证；魔术中的限制是要瞒过观众，用工具和技巧达成特定的效果。两个领域的思考过程几乎一样。魔术与数学的区别在于竞争，数学的竞争远比魔术激烈。

作为统计学家，迪亚科尼斯喜欢探究事物的随机性。他对洗牌的分析登上了《纽约时报》（*New York Times*）的头版。他认为，普通牌手需要洗牌 7 次，才能打乱纸牌顺序。不过，这里说的是普通的牌手和普通的洗牌。如果牌手拥有一双迪亚科尼斯的巧手，情况就不一样了。他凭借完美的洗牌手艺表演了许多花样。他知道，连续 8 次完美洗牌就会让纸牌恢复原样，观众却会相信纸牌的顺序是随机的。他对于洗牌是否被"操纵"非常敏感。迪亚科尼斯在他人只见混沌之处发现了规律，因而声名显赫，并受邀为拉斯维加斯检查电动洗牌机是否会向眼尖的赌客透露信息。

蒙哥马利与奥德里兹科认为，黎曼图景中的零点就像是某面随机鼓的频率，当数论家们开始宣传这一观点时，这引起了迪亚科尼斯的特别关注。如果谁能嗅出蛛丝马迹，就是他了。"所以我给安德鲁打了电话，说我想要一些零点。于是他给了我约莫 5 万个零点，大约是从 10^{20} 开始的。"然后，迪亚科尼斯尝试了新的测试方法，那是他在 AT&T 公司从事电话加密工作时发现的方法。他说："我对它们进行了彻底的测试，结果和预测

---

[1] 参见《概率论及其应用（第 3 版）》，人民邮电出版社，2021 年。——编者注

佩尔西·迪亚科尼斯，斯坦福大学教授

的情况完美匹配。"这进一步证明，零点源于随机数学鼓的节拍，鼓的频率与量子物理中的能级表现一致。迪亚科尼斯认为，素数与能级的关联不是大自然的恶意欺骗，而是真正的魔法。

取得新的统计值后，到处都能遇见它们：重核、黎曼的 ζ 函数零点、DNA 测序、玻璃的性质。最神奇的一点大概就是，迪亚科尼斯发现，这些统计值或许能回答另一个未解问题：你在耐心纸牌游戏中有多少胜算？

最常见的一种耐心游戏是，纸牌分 7 沓，第一沓 1 张，第二沓 2 张，最后一沓 7 张。翻开每沓纸牌最上面的一张。剩余纸牌每三张为一组翻开。允许将已经翻开的纸牌放在另一张纸牌上，前提是两张纸牌颜色不同，上方纸牌点数需比下方纸牌点数小一点。例如，红 7 可以放在黑 8 上面，黑桃 J 可以放在红桃 Q 上面。出现 A 时放在一边，依次清空所有纸牌，构建出各花色序列。

这个游戏有许多名字，比如"克朗代克"（Klondike）和"傻瓜的快乐"。它的版本也很多。在拉斯维加斯，你可以花 52 美元买一副纸牌，可以查看每张牌，但只能看一次，而不是在剩余纸牌中不断查看每三张牌。每当你向牌堆上放一张纸牌，你就能获得 5 美元。

这个游戏自 1780 年前后便已诞生，用过台式计算机的人几乎都知道它[①]，但没有人知道成功清牌的概率是多少。在拉斯维加斯，一张牌就能赚 5 美元，所以了解一下胜算还是值得的。即便是这样一个看似简单的游戏，其复杂程度也足以令迪亚科尼斯在尝试计算胜率时一筹莫展。不过，根据他多年来收集的数据，清空整副牌的概率似乎在 15% 左右。但迪亚科尼斯还是希望能取得证明。

解决数学问题的常见策略是从相对简单的问题入手。迪亚科尼斯分析过一个简易版的"克朗代克"，叫作"耐心排序"。他兴奋地发现，简易版耐心游戏的获胜概率与随机数学鼓的频率理论密切相关。虽然取得了进展，但他认为，要想全面地分析"克朗代克"，还有很长的路要走。他向学生们保证，一旦取得突破，他们就能登上《纽约时报》的头版。尽管"克朗代克"和黎曼假设都与随机数学之鼓有着令人着迷的关联，但依然是未解之谜。

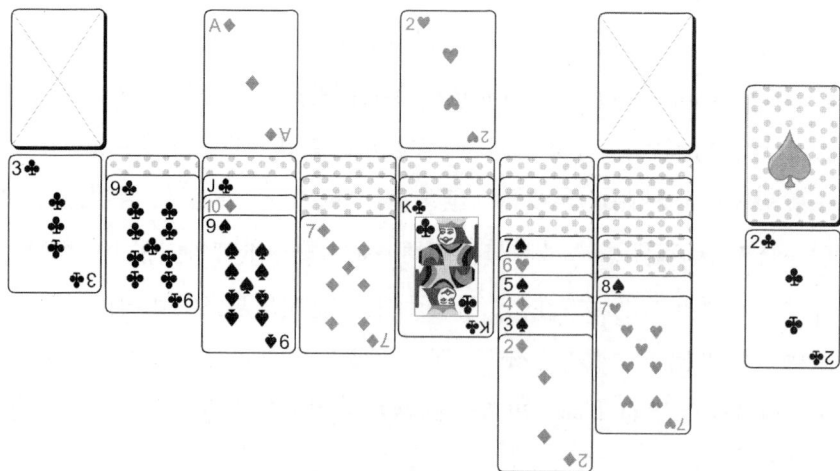

"克朗代克"或"傻瓜的快乐"，最受欢迎的耐心游戏之一，数学家眼中的谜

[①]　在中文的微软 Windows 7 等旧版计算机操作系统中，这个系统自带游戏称"纸牌"。——编者注

量子台球

　　蒙哥马利和戴森在茶余之际为数论带来神奇的转折，自此，数论家们就一直在努力接受这一转变。尽管蒙哥马利的分析似乎表明，量子鼓所涉及的物理学就是黎曼零点的起源，但很少有人了解这一新领域。这面神奇的鼓藏在哪儿呢？从当时已有的统计结果和证据来看，这面鼓似乎与随意选择的任何一面鼓都惊人地相似。这对找到对应黎曼零点的那面鼓并无太大助益。随着对这一奇怪联系的进一步研究，人们清楚地看到，在黎曼零点的故事里，与量子物理的关联并非唯一的转折。能够帮助数学家们寻找这面鼓的新关联出现了。

　　迪亚科尼斯和其他统计学家开发出了一系列精密的武器，用以检验任意命题。"圣经密码"之所以看起来具有统计学意义，是因为它的支持者们要求你只从一个角度看问题。在其他测试的压力下，"圣经密码"最终屈服。尽管迪亚科尼斯的研究并未推翻蒙哥马利的预测，但在回到新泽西州以后，奥德里兹科还是开始担心起自己的新计算。他开始着手进行另一项统计检验，想要确认黎曼零点与量子物理的关联是否合理。他注意到，一些极其麻烦的差异开始渗入黎曼零点的数据中。

　　奥德里兹科正在研究数方差统计图。他绘制了黎曼零点对应的图像，并和随机量子鼓的频率对应的图像做了对比。他在观察图像变化时发现，虽然最开始的匹配度很高，但到后来，黎曼零点的数据突然偏离了随机量子鼓的预测图。图像前段所测试的依然是相邻零点的间距统计结果。但当奥德里兹科分析图像的持续动态时，他发现，差异开始出现了。随着图像的演变，它追踪的不再是相邻零点间距的统计结果，反倒更像是第 N 个零点和第 $N+1000$ 个零点间距的统计结果。奥德里兹科最初以为，一定是自己在计算上出了什么差错，才产生了这种偏差。事实上，他所见证的是第一个表明黎曼图景受**混沌理论**影响的证据。该理论是 20 世纪的另一重要科学主题。

混沌理论和量子物理一样，成功在主流文化中站稳了脚跟。不将分形图投到墙上，就不是一场完整的 90 年代狂欢。分形看似复杂，却是由极其简单的规则生成的。这些图片背后的数学原理叫作混沌理论，可以解释为什么大自然中的简单规则在现实中表现得极其复杂。当一个动态系统对初始条件十分敏感时，我们就会用到"混沌"一词。实验设置稍有变动，就会令结果大相径庭，这就是混沌的特征。

数学混沌的案例之一是台球游戏。当你在台球桌上击中一个台球时，它的轨迹取决于和台边相撞的角度。有趣之处在于，你可以稍稍改变击球的初始方向，球的轨迹会和最初大相径庭吗？答案取决于球桌形状。在传统的矩形球桌上，台球轨迹不会呈现混沌特征（尽管大多数业余爱好者认为会）。其轨迹极易预测，初始方向的轻微变化不会显著改变台球轨迹。然而，在形似田径场的台球桌上，台球轨迹将会截然不同。如果我们以稍有差异的初始方向打出两个台球，就会发现，它们的轨迹相去甚远，看起来毫无关联。如下图所示，田径场形的球桌上的台球轨迹呈现混沌的物理

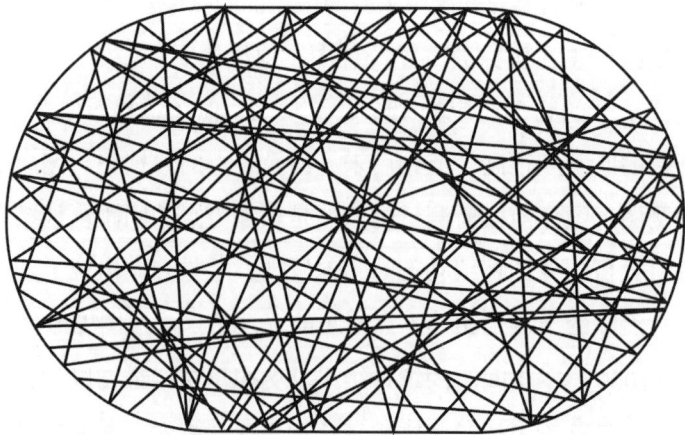

混沌运动：在形似田径场的台球桌上绘制出的台球轨迹

特征，不似矩形球桌上的轨迹极易预测。

20 世纪 70 年代，混沌数学兴起，一些量子物理学家开始关注这一新理论对物理学的影响。他们特别好奇，如果在原子尺度上打台球，会发生什么。毕竟，从某种角度看，电子的表现与微型台球极其相似。

使用制造计算机芯片的半导体材料就能雕刻出微型台球桌，一根针的针尖上就可以容纳 100 张这样的台球桌。物理学家开始探索电子在微型桌面上弹跳时的运动轨迹。电子不再受制于原子，而是可以在半导体中自由移动。数据在计算机芯片中的传输正是基于这一运动。但电子的轨迹并非完全不受限制。虽然电子不再绕原子核运行，但现在只能在桌面范围内运动。物理学家们好奇，不同形状的桌面会对电子的波状行为和粒子状台球运动产生什么影响。受制于原子的电子会以特定的频率振动，在微型台球桌上运动的自由电子也是如此。

物理学家分析能级统计结果时发现，统计结果的变化取决于台球桌上呈现的是混沌轨迹还是常规轨迹。如果电子是在矩形区域内跳动，以规律的非混沌轨迹运动，它们的能级就是随机分布的，甚而总是聚集在一起。然而，如果电子被限制在田径场形的区域内，以混沌轨迹运动，就会出现截然不同的统计结果。能级不再是随机的，而是以更加均衡的模式排列，两两无法靠近。

这是能级奇异的互斥的另一种表现。混沌量子台球与重原子能级以及黎曼零点的位置呈现出相同的规律。不同能级与随机量子鼓的统计数据高度吻合。物理学家们逐渐明白，第 N 个能级与第 $N+1000$ 个能级的间距统计值取决于你是在打量子台球，还是在测量随机量子鼓的频率。

英国布里斯托大学的迈克尔·贝里（Michael Berry）爵士是研究混沌理论和量子物理学的专家。奥德里兹科注意到，黎曼零点和随机量子鼓的数方差图像存在偏差，对此，贝里最先明白，这表明混沌量子系统或许能为素数的行为提供最好的物理模型。贝里是一位充满魅力的科学人物。他为自己的专业带来了优雅的文化氛围，沉浸于科学世界的人们有时正缺乏这种氛围。他是文艺复兴式的人物，喜欢引用文学巨匠和科学泰斗的名言，说服他人接受他的观点。他是寻找完美图像的专家，能看穿复杂的数学公式。数学家们在研究黎曼假设时有幸邀请到了这位英国骑士。

20世纪80年代，他在《数学智者》（ *The Mathematical Intelligencer* ）上读到一篇名为《前五千万个素数》的文章，从此迷上素数。这篇文章出自马克斯·普朗克数学研究所的数学火枪手唐·查吉尔，他曾与邦别里争论过黎曼假设。查吉尔没有单调地列出几千万个数，而是讲述了黎曼图景中的零点如何构成波，而这些波神奇地再现了随着计数增加，会出现多少素数。"文章很美。我觉得黎曼零点真奇妙。"素数蕴含着悠扬的音乐，黎曼假设的这一物理解释吸引了贝里。

作为物理学家，贝里为素数研究带来了大部分数学家所缺乏的物理直觉。数学家们长期专注于思维构建的世界，以至于忘记了抽象的数学世界和周遭物理世界的一切关联。黎曼将素数转化为波函数；对于贝里这样的物理学家而言，这些波并非只是抽象的音乐，而可以被译作人人都能听见的物理声音。他在介绍黎曼假设时，总会播放黎曼的音乐——低沉轰响的白噪声。贝里将它描述为"一种相当后现代的音乐，但因为黎曼的成果，我们可以用上萧伯纳对瓦格纳的评价：这音乐比听起来更美"。

随着贝里愈发理解量子台球和随机量子鼓的电子能级在统计上的差异，他对素数的兴趣也愈发浓厚起来。"我觉得，如果根据其与量子混沌的新联系，重读黎曼零点的故事与戴森的观点，应该会很有趣。"贝里发现的量子台球能级统计结果会体现在黎曼零点的统计结果中吗？"我觉得，如果能看到零点确实有这样的表现，那就太好了，于是我做了一些粗略的计算。"但他没有足够的数据。"后来，我听说奥德里兹科已经完成了这些史诗般的计算。我写信给他，得到了他的大力帮助。他向我解释了他的顾虑，这些计算在超出某个点后就开始出现偏差。他觉得自己肯定在计算中出了什么差错。"

奥德里兹科并不具备物理学家的洞察力。当贝里将零点与混沌量子台球的能级进行比较时，他发现两者是完美契合的。奥德里兹科观察到的差异成了最早的征兆，表明随机量子鼓的频率与混沌量子台球的能级在统计结果上并不相同。他并未认出这一崭新的混沌量子体系，但贝里一眼看穿：

真是个伟大的时刻，因为这显然是正确的。这是令我绝对信服的旁证，也就是说，如果你觉得黎曼假设为真，那么黎曼零点背后所蕴藏的就不仅仅是个量子系统，而是一个具有对应经典系统的量子系统，是相对简单的混沌量子系统。真是个美好的时刻！如果你同意的话，这就是量子力学为黎曼零点理论提供的内容。

令人惊奇的是，如果素数的奥秘真的就是一场量子台球游戏，那么素数便可用台球桌上的特殊轨迹来表示，其中一些轨迹是这样的：台球在球桌上绕行几圈后，回到起点，然后往复循环。这些特殊的轨迹似乎就代表着素数：每条轨迹对应一个素数，进入循环之前，轨迹越长，对应的素数就越大。

最终，贝里的新转折将三个伟大的科学主题联系在了一起：量子物理（研究微小物体的物理学）、混沌（研究不可预测性的数学）和素数（算术的原子）。黎曼希望在素数中揭开的秩序或许能由量子混沌来描述。素数又一次展现了自己的神秘。零点统计结果与能级统计结果的关联显而易见，许多物理学家因此加入求证黎曼假设的行列中。零点或许就源于数学鼓的频率，要是这样，最有可能找到这些鼓的就是量子物理学家。他们的生命中回响着鼓声。

我们的一切证据都表明，黎曼零点就是振动，但我们不知道什么在振动。也许根源是非常数学化的事物，并没有物理模型。解释零点的数学或许就是解释量子混沌的数学，但这并不代表答案就会呈现出物理特征。不过贝里并不这样认为。他相信，一旦确认了数学解释，就会有相应的物理模型，其能级将反映黎曼零点。"我毫不怀疑，如果有人找到了零点的来源，那就有人能够实现它。"它是否已经存在，就藏在宇宙的某个角落，等待着有人发现它呢？在卡尔·萨根的《接触》中，也许埃莉·阿罗韦探测到的宇宙素数并非外星生命的迹象，而是某颗振动的中子星发出的频率。正如贝里所解释的："有一个众所周知的霸道准则，物理学认同的事物都能在自然界找到。我怀疑这条准则在这里不适用，但你或许能以某种方式实现它。"

就像奥德里兹科拥有 AT&T 公司的支持，多年来，另一家先进的商业机构一直在资助贝里和他的研究团队。惠普公司在英国的布里斯托尔有重要的分部，它向贝里研究团队的成员寻求过帮助，想要使用量子物理的力量。惠普公司知道，黎曼假设的任何进展都有可能帮助我们更好地理解量子台球游戏。电子在计算机芯片的凹槽中穿行，因而量子台球的规则有助于确定计算机电路。所以他们知道，及时掌握身边的专业量子台球玩家取得的进展有多重要。

42：终极问题的答案

21 世纪初，计算机行业经济萧条，AT&T 和惠普等巨头被迫缩减了对素数的投资，但仍有玩家愿意继续推进相关研究，探索这一看似抽象的游戏。弗赖伊电子公司（Fry's Electronics）拥有 20 多家大型电子设备连锁店，遍布美国西部，为全美提供计算机配件和电子产品。它的赞助并不能与 AT&T 和惠普这样的巨头相提并论，但如果你去加利福尼亚州帕洛阿尔托参观过弗赖伊电子的总部，就会注意到商店正门旁边有一扇破旧的金属门，上面挂着"美国数学研究所"（American Institute of Mathematics）的牌子。

这间研究所是公司董事之一约翰·弗赖伊（John Fry）的创意。他曾与布赖恩·康里在圣克拉拉大学一起学习数学。康里在黎曼临界线上证出了迄今为止最高百分比的零点，在这一领域赢得了一席之地；弗赖伊则是开启了一场商业化的冒险，却从未失去对数学的兴趣。随着电子产业蒸蒸日上，他开始思考，能否为这一学科提供支持。他已经赞助了一支五人制足球队，于是转而希望资助一支数学团队。

弗赖伊联系了康里，他们一起制订计划，想要齐心协力证出黎曼假设。1996 年，证出素数定理的百年纪念年，他们赞助了一场位于西雅图的会议，由此开启了他们的冒险事业。这不单单是出钱的问题，他们希望培育一种全新的合作精神。黎曼大奖如此令人垂涎，以至于许多人甚至不愿分享自己最粗略的想法，生怕为他人的拼图提供了关键的缺失部分。康里和弗赖伊希望打破这一无果循环。研讨会的重点应该是分享交流未必能够实现的想法。他们甚至让数学家围桌而坐，就像探讨商业计划一样。

这场西雅图会议为黎曼假设和量子混沌的关联带来了一些最好的证据。纯粹基于对两个难以区分的图像的观察，就确认这一关联，一些参会的数学家对此表示担忧，而证据就是在这之后出现的。提出合理怀疑的是彼得·萨纳克。他对量子混沌与黎曼 ζ 函数的零点之间的类比印象深刻，但仍未确信两者存在真正的关联。

萨纳克是普林斯顿大学的领军人物之一。在安德鲁·怀尔斯秘密攻克费马大定理期间，萨纳克是他的知己。萨纳克对黎曼假设的兴趣始于 20世纪 70 年代中期，那时他从南非来到斯坦福大学，与保罗·科恩共事，就在弗赖伊电子公司对面。作为学生，萨纳克之所以接触科恩，是因为喜欢数理逻辑。十年前，也就是 1963 年，科恩通过巧妙的逻辑论证解决了希尔伯特二十三问中的第一问，令世界震惊。希尔伯特希望以"是"或"否"回答这一问题，科恩却证明，我们可以**选择**自己想要的答案。

来到斯坦福后，这位南非人以为自己会被安排研究一些同样刁钻的逻辑难题。科恩却将目光投向了希尔伯特的另一个问题——第八问。希尔伯特第一问的解决十分艰难，科恩认为，只有黎曼假设能让他体验到比先前更多的乐趣。他和萨纳克分享了自己关于这一问题的想法，激起了萨纳克对数论的终身热爱。

萨纳克对数学的热情极富感染力，他总是带着活力与激情谈及数学。塞尔贝格晚年听力不好，却表示，萨纳克是他在普林斯顿少数能听清的数学家之一。当萨纳克热切地说起数学新进展时，他的南非口音响彻整个数学系。从量子物理进入神圣数论殿堂的入口令人兴奋不已，但萨纳克还想要更多：有证据能表明能级与零点的关联推动了某项进程吗？

这一交集或许为我们寻找解释提供了方向，但并未告诉我们任何未知之事。这种关联似乎是基于各种统计数据的高度匹配得出的。两张图的高度相似并非数论家眼中令人信服的证据。毕竟，数学家仍对图像揭示真理的力量表示怀疑，即便黎曼已将几何带入主流。

除了深刻的数学洞察力，没有什么能揭开黎曼图景的重要信息，抱着这样的疑虑，萨纳克抵达了西雅图会场。在听完黎曼零点与量子混沌台球的类比，以及贝里播放的素数音乐后，萨纳克再也无法忍受。相同的图像出现在两个领域中，确实精彩，但谁能指出这些联系对数论的真正贡献呢？他向量子物理学家提出挑战：用量子混沌与数论的类比告诉我们一些关于黎曼图景的未知信息，一些无法隐藏在统计数据背后的具体信息。奖励是一瓶上好的葡萄酒。

贝里之前的一位学生乔恩·基廷（Jon Keating）赢得了萨纳克的葡萄酒，这要感谢一个特殊的数——42，它发挥了重要作用。如果你爱读科幻小说，就会知道42的特殊意义。在道格拉斯·亚当斯（Douglas Adams）的《银河系漫游指南》（*The Hitchhiker's Guide to the Galaxy*）中，赞福德·毕博布鲁克斯（Zaphod Beeblebrox）发现，生命、宇宙以及万事万物的终极答案（尽管问题并不清晰）是 42。19 世纪后半叶的牛津大学数学家刘易斯·卡罗尔（Lewis Carroll）也喜欢 42。在卡罗尔的《爱丽丝梦游仙境》中，国王审判红心武士时宣布："第四十二条，所有身高 1 英尺以上者退出法庭。"卡罗尔的作品中总是提及这个数。《猎鲨记》（*The Hunting of the Snark*）中的一个人带来"四十二只箱子，全部仔细打包过，上面清晰地印着他的名字"。奇怪的是，这个数即将走进黎曼假设的故事，说服那些抱有疑虑的数论家去相信量子混沌是同一枚素数硬币的另一面。

康里听说萨纳克会提供一瓶上好的葡萄酒，也向物理学家们提出了一项具体的挑战作为测试。这一挑战戳到了康里的心坎上，因为它与康里研究多年但未有成果的问题息息相关。黎曼 ζ 函数的某些特性被称为**矩**（moment），借此可以生成一个数列。问题是，数学家们对于如何计算这一数列毫无头绪。哈代和李特尔伍德已经证实，该数列的第一个数是 1。20 世纪 20 年代，李特尔伍德的学生艾伯特·英厄姆证出下一个数是 2。这并不足以提供规律，帮助他们进一步探索。

在西雅图会议之前，康里与同事阿米特·高希（Amit Ghosh）合作，对下一个数做了大量研究，结果表明，第三个数会跃升至 42。对此，康里"感到惊讶。这表明，这个序列有点复杂"。他们无法由此猜测这一数列会如何发展下去。康里要求物理学家们用量子物理的类比来解释 42。他指出："42 是一个数。你要么能解释，要么解释不了。这不仅仅要看曲线的拟合效果有多好。"

乔恩·基廷毫不气馁地离开西雅图，开始努力工作。这场会议如此成功，于是弗赖伊与康里决定再办一场。两年后，会议在奥地利维也纳的薛定谔研究所举行，考虑到薛定谔（Schrodinger）为发现数论与量子物理的新联系提供的帮助，这个场地或许很合适。

与此同时，康里还与另一位数学家史蒂夫·戈内克（Steve Gonek）展开了合作。他们付出了巨大努力，穷尽自己掌握的一切数论知识，猜出数列的第四个数是 24 024。康里回忆说："我们的数列是：1, 2, 42, 24 024, …。我们像狄更斯一样试图猜出这是个什么数列。我们知道自己的方法不能更进一步了，因为它给出的下一个答案是负数。"我们知道，该数列的每个数都大于零。康里来到维也纳，准备谈谈为什么他们觉得这个数列的下一个数是 24 024。

"基廷到得稍微有点晚。即将演讲的那天下午，我遇见了他。我已经看过他的题目，并开始好奇，他是不是有答案了。他一出现，我就立刻前去问他：'你解出来了？'他说是的，他算出 42 了。"其实，基廷已经和他的研究生尼娜·斯奈思（Nina Snaith）一起构建出了一个公式，能够生成这一数列中的每个数。"然后我和他说起 24 024。"这是真正的考验。基廷和斯奈思的公式会给出与康里和戈内克猜测的 24 024 一致的结果吗？毕竟，基廷知道自己应该得到的结果是 42，所以他可能为了得到这个结果而捏造公式。24 024 对基廷来说是个全新的数，他没法伪造。

"在乔恩即将发表演讲前，我们在薛定谔研究所找了一块黑板，用他的公式计算了数列的第四个数。"他们一直在犯数值错误——数学家们在多年的抽象思考中，很少会用到我们儿时学会的乘法表，所以有时未必擅长心算。最终，他们完成了计算。"算出 24 024 的那一刻真是令人难以置信。"基廷随即赶去发表演讲，首次公开了他与斯奈思的公式，依然沉浸在与康里和戈内克的猜测相吻合的兴奋中。基廷将在黑板前的经历描述为"我的科学生涯中最为激动的几秒钟"。

作为一名物理学家，基廷一想到要在一群数论家面前发表演讲，讲述他们多年来一直试图理解的问题，就感到紧张。但得到 24 024 的兴奋给了他必要的信心。听众里坐着塞尔贝格，现在已是这门学科的鼻祖。在基廷的演讲结尾，他受邀提问。塞尔贝格的知名之处不在于提问，而在于在演讲结束之际发表声明，比如"我在 50 年代就证出这一点了"，或者"我在 30 年前尝试过这个方法，但行不通"。对于这种避无可避的情形，基廷做好了应对的准备。然而，塞尔贝格却抛出了一个又一个问题，显然是被这个新想法吸引了。当基廷勇敢地回答了塞尔贝格的所有问题后，塞尔贝格才做出声明："这肯定是对的。"基廷接受了萨纳克的挑战，向数学家们讲述了他们不知道的内容。萨纳克如约递上葡萄酒。

黎曼零点与量子物理的类比具有双重力量。第一，它告诉我们应该在何处求解黎曼假设。第二，正如基廷所证，它能预测黎曼图景的其他性质。贝里说："这个类比并无坚实的数学根基。要根据它在数学证明中起到的作用对它加以评判。对此，我并不羞愧。作为一名物理学家，我很喜欢费曼的格言：'已知的事物远远多过已证的。'"即便物理学家无法得到能够生成零点的物理模型，数学家们依然承认，最终证出黎曼假设的很可能是物理学家。这就是为什么本书开篇提到的邦别里愚人节玩笑会是如此可信。

黎曼的最终转折

物理学家相信，黎曼零点之所以会在一条直线上，原因在于，它们其实是某面数学鼓的频率。偏离该线的零点对应理论上不存在的虚数频率。以这种论证方式解答问题并非第一次。基廷、贝里以及其他物理学家在学生时代都学习过流体力学中的一个经典问题，其解答正是基于类似的推理的。该问题涉及旋转的流体球，球内粒子在相互引力作用下聚成一团。例如，恒星就是一个由旋转的气体粒子构成的球，它们凭借自身引力聚集在一起。问题是，如果你轻轻一踢，这个旋转的流体球会发生什么呢？是短暂晃动后依然完好，还是彻底摧毁？答案取决于为什么某些虚数位于一条直线上。如果它们确实在一条直线上，这个旋转流体球便会保持完好。这些虚数排成直线的原因与量子物理学家证明黎曼假设的思路十分相近。是谁发现了这种解法？是谁借助数学振动令虚数排成直线？不是别人，正是伯恩哈德·黎曼。

从薛定谔研究所凯旋后不久，基廷应邀前往格丁根大学发表演讲，讲述如何借助与量子物理的联系阐明黎曼假设。大部分数学家路过格丁根时，都会抽空去图书馆查看黎曼未曾发表的手稿，他的著名遗产。这不单单是与数学史上重要人物的感人邂逅，这些遗稿中仍然包含着许多未解之谜，锁在黎曼的潦草涂鸦中。它已成为数学界的罗塞塔石碑①。

在基廷动身前往格丁根之前，数学系的一位同事菲利普·德拉津（Philip Drazin）建议他读一读黎曼遗稿中解决流体力学经典问题的部分。尽管黎曼的管家烧毁了他的大量成果，但遗稿中仍有丰富的内容，已被划分成许多部分，涵盖黎曼的不同人生阶段以及各种兴趣领域。

基廷根据自己的需求，在格丁根大学图书馆借阅了黎曼遗稿中的两个部分：第一部分是黎曼对ζ图景中零点的想法，第二部分是他对流体力学的研究。保管库只拿出了一沓文件，基廷强调，他要求查阅的是两个部分。图书管理员告诉他，这两个"部分"在同一份论文里。研究过程中，基廷惊讶地发现，黎曼在思考ζ图景中海平面上的零点时，一直在构建旋转流体球的相关证明。现代物理学家提出的令黎曼零点排列成行的方法正是黎曼用以解决流体力学问题的方法。基廷面前的同一份论文里包含了黎曼对两个问题的思考。

黎曼遗稿再一次揭示了黎曼的超越性。他不可能意识不到他对流体力学问题的解答有怎样的重要性。在他分析流体球时出现的虚数都在一条直线上，为什么呢？他的方法给出了解释。与此同时，他在同一篇论文中试图证明，为什么ζ图景中的零点都在一条直线上。取得素数和流体力学的相关发现后，第二年，他在一个小黑本上记录了新的想法，可气的是，这

---

① 制作于公元前196年的石碑，用古埃及象形文字、古埃及世俗体文字、古希腊文字记录了古埃及法老托勒密五世诏书，是研究古埃及历史、文字的重要材料。——编者注

本笔记从档案里消失了。一同消失的还有黎曼对于将数论问题和物理问题结合起来的思考。

在黎曼去世后的几十年间，数学与物理学开始分道而行。虽然黎曼很乐意将这两门学科结合起来，但越来越多的科学家对二者的交叉越发不感兴趣。直到 20 世纪，数学与物理学才再一次并肩作战，正是这一重新联合，或将带来黎曼梦寐以求的突破。

尽管这些与物理学的联系令人兴奋，许多数学家依然坚信自己的学科有能力揭开素数之谜。许多数学家都同意萨纳克的观点，认为黎曼假设的解答就深藏于数学中心。之所以坚信数学能够独自给出答案，原因可以追溯至 20 世纪 40 年代，追溯至一名特殊的法国囚犯的所作所为。

第十二章

缺失的那块拼图

有人说，数学史的进程正如一部交响乐的赏析。主题很多，你多少能听出某个主题是第一次出现。接下来，它会与其他主题相融合，作曲家的艺术在于同时演绎所有主题。有时候，小提琴演奏一个主题，长笛演奏另一个，然后交换主题，如此往复循环。数学史也是如此。

——安德烈·韦伊，《数论今昔两讲》

（"Two Lectures on Number Theory,

Past and Present"）

　　量子台球游戏或许能解释黎曼假设，这一事实令人兴奋，但许多数学家依然对物理学家闯入纯数论的世界表示疑虑。他们中的大多数依然相信数学有能力解释素数的表现模式。量子现象与素数蕴藏着同样的数学原理，这似乎是合理的，但许多数学家还是认为，物理直觉对于证明黎曼假设并无助益。最成功的一位纯数理论缔造者已将注意力转向黎曼假设，这一消息一传开，数学家们的自信似乎得到了印证。20 世纪 90 年代中期，阿兰·科纳开始宣讲自己的求解思路。许多人以为黎曼假设的时代终于到来。

　　科纳直面黎曼假设的挑战，这一事件本身便值得关注。比如塞尔贝格就曾坦言，他从未真正尝试证明黎曼假设。他说，如果没有武器，就没有必要参战。科纳写下了自己参与战斗的决定："我的第一位老师古斯塔夫·肖凯（Gustave Choquet）说过，如果一个人公开挑战众所周知的未解之谜，人们或许就只会记得他的失败。到了一定的年纪以后，我意识到，'安全'地等到生命终结同样是自我放弃。"

　　科纳似乎拥有一套强大的技术，他曾借此在数学的其他角落解开谜题。他创建的非交换几何被誉为现代版的黎曼几何，后者深刻影响了 19 世纪的数学。正如黎曼的成果为爱因斯坦在相对论上的突破铺平了道路，科纳的非交换几何也被证明是理解量子物理世界复杂性的有力语言。

　　科纳创立的新数学被视为 20 世纪的一个数学里程碑，并为他赢得了 1983 年的菲尔兹奖。不过，科纳的新语言并非突然出现，它是二战期间法国数学复兴的一部分。随着躲避欧洲迫害的知识分子大批涌入，普林斯顿高等研究院蓬勃发展起来，此时的科纳则是一家法国研究所的教授。这间研究所成立于 20 世纪 50 年代，后来帮助巴黎重新回到数学舞台的中央。早先在拿破仑统治期间，巴黎的数学地位曾被格丁根所取代。

　　在一场奔向复杂与抽象的数学运动中，科纳的思想占据了一席之地。过去一个世纪里，数学语言经历了进化式的转变，如今还在继续演变。许多人认为，在这一进程终结以前，我们无法拥有足够先进的语言来解释为什么素数会如黎曼假设所预测的那样表现。这场法国数学革命发源于二战期间的一间法国牢房。从这间牢房里，一种数学新语言诞生了。在探索黎曼为理解素数而构建的图景时，它很快就展现出了自己的力量。

语言奇才

　　1940 年，《法国科学院报告》编辑埃利·嘉当（Élie Cartan）收到一个信封。自从 19 世纪初柯西发表了关于虚数数学的史诗性论文以来，《法国科学院报告》就成了公布振奋人心的新成果的首要期刊之一。包裹的寄出地址吸引了嘉当的注意：法国鲁昂的博讷努韦勒（Bonne-Nouvelle）军事监狱。要不是认出了信封上的笔迹，嘉当大概会把它扔到一边，以为这又是哪个"怪人"寄来的，宣称自己证出了费马大定理。包裹上是数学家安德烈·韦伊的笔迹。韦伊已是知名的法国青年数学之星。嘉当知道，韦伊的任何文字都值得一读。

　　撕开信封后，嘉当对信件内容的震惊超出了对收到军事监狱来信的震惊。韦伊找到了一种方法，能够证明为什么在某些图景中，海平面上的点总会排成直线。虽然这个方法在黎曼图景中行不通，但在其他图景中发挥了作用，因此足以向嘉当表明其重要性。韦伊的定理后来成了数学家们求证黎曼假设的指路明灯。科纳提出的方法在很大程度上得益于韦伊在鲁昂安静的牢房里构想出的内容。

　　韦伊之所以有能力探索旁人都未能掌握的图景，要归功于他早年对古典语言的热爱，尤其是梵文。他认为，数学新思想的发展与复杂语言形式的发展是密切相关的。在印度，语法的发明要先于十进制计数和负数的出现，阿拉伯代数则诞生于阿拉伯语成熟发展的中世纪。在韦伊看来，这些都毫不意外。

韦伊的强大语言技艺造就了他那创造数学新语言的超凡能力,令他能够阐释向来难以表述的微妙之处。但正是对语言的痴迷,尤其是对古典梵文作品《摩诃婆罗多》的喜爱,让这位优秀的年轻数学家在 1940 年身陷囹圄。

韦伊自小就表现出了数学天分。他的第一位老师是这样说起自己这名 6 岁的学生的:"无论我告诉他什么数学知识,他似乎早就知道了。"他的母亲确信,如果儿子在班级里一直遥遥领先,那就无法充分激发他的智力。她找到校长,坚持让小韦伊跳级。校长惊讶地回答说:"女士,这还是第一次有妈妈向我抱怨自己的儿子名列前茅。"多亏母亲积极上进,韦伊进入了蒙贝格(Monbeig)先生的班级。

韦伊认为,是蒙贝格不循传统的教学方式将他培养成了数学家。比方说,这位老师开发出一套精细的代数符号系统,用以揭示现象背后的规律,而不是让学生死记硬背。多年后,当韦伊接触到诺姆·乔姆斯基(Noam Chomsky)的革命性语言学思想时,感觉似乎也没什么新鲜的。韦伊意识到,"早期的非平凡符号实践定然具有非凡的教育意义,尤其是对于未来的数学家而言"。

数学成了韦伊的热爱与嗜好。"当我摔疼时,我妹妹西蒙娜(Simone)想不出别的办法,只会跑去将我的代数书拿过来安慰我。"韦伊的天分引起了一位法国传奇数学家的注意。雅克·阿达马在世纪之交证出高斯的素数定理,一鸣惊人。他鼓励韦伊追求数学。韦伊在 16 岁时进入创建于法国大革命时期的巴黎高等师范学院,开始接受专业的数学训练。

在高等师范学院学习数学的同时,韦伊还沉醉于古典语言。这份热爱后来成就了一个崭新的数学世界,但此时,韦伊只是想用原文读一读古希腊和古印度的史诗。甚而其中一篇史诗——《薄伽梵歌》与他相伴一生,这是出自《摩诃婆罗多》的神明之歌。在巴黎,他学习梵文和研究数学的时间一样多。

韦伊认为，不仅是史诗，想要体验任何文本全部的美，唯一的方法就是读原文。数学也是这样，要回过头读一读大师们的原始论文，而不是依赖对其成果的二手研究。"我相信，人类历史中真正重要的是真正伟大的头脑，了解这些头脑的唯一方式就是直接接触他们的作品。"他在自传《一个数学家的学徒生涯》(*The Apprenticeship of a Mathematician*)中这样说道。他就是这样研究起了黎曼的成果。"我一直心存感激，能有这样幸运的开始。"后来，黎曼对素数性质的假设贯穿韦伊的数学生涯。

完成巴黎高等师范学院的考试后，韦伊还未到服兵役的年龄，于是开始了一场精彩的欧洲数学之旅。他踏遍这片大陆——米兰、哥本哈根、柏林、斯德哥尔摩，参加讲座，和当时的数学先驱交流。在尚未遭受希特勒学术清洗的格丁根，韦伊头脑中的想法聚在了一起，为他后来的博士论文打下了基础。高斯、黎曼和希尔伯特是三位最杰出的欧洲数学家，在他们的故乡，韦伊清晰地感受到，巴黎已经失去了在傅里叶与柯西的光辉时代所享有的数学盛誉。部分原因在于，许多初出茅庐的法国数学家原本有望在 20 世纪 30 年代成长为精锐，却在一战中失去了生命。这是失落的一代。在战后的阴霾下，很少有德国巨匠会来巴黎展示自己的成果，这座城市缺少新思想。伟大的法国数学遗产将会如何？回到费马时代吗？韦伊和一众年轻数学家决意将命运掌握在自己手中。

这群志存高远的年轻学生缺少一个父亲般的主心骨，于是便自己创造了一个：尼古拉·布尔巴基(Nicolas Bourbaki)。他们以此笔名共同编写了讲述当代数学现状的著作。他们的指导精神回归至数学不同于其他科学的根源。数学是一座建立在公理之上的大厦，古希腊人证出的定理在 21 世纪的数学中依然成立。布尔巴基小组着手调研了大厦现状，以现代数学语言提供了一份全面的报告。两千年前，欧几里得以其著作开创西方数学，他们从中汲取灵感，将自己的成果命名为《数学原本》(*Éléments de*

Mathématique）。这是一场继承了古希腊传统的法国盛事。重点在于一切成果的广泛来源。如果这意味着忽略了数学诞生之初需要回答的具体问题，那也没关系。

尼古拉·布尔巴基其实是一位鲜为人知的法国将军。之所以选择这个名字来领导这场数学斗争，还要从 20 世纪初巴黎高等师范学院的一项仪式说起。新生入学典礼上，会有高年级学生扮作外宾，就知名的数学定理发表精心准备的演讲。演讲者会刻意在证明中穿插一些错误，新生们则需指正。线索就是，有错误的定理会被归给一些默默无闻的法国将军，而非指明正确出处。

这群年轻法国作者的会议一片混乱。创始人之一让·迪厄多内（Jean Dieudonné）是这样描述的："每当有外国人受邀旁听布尔巴基会议，都会觉得这是一群疯子。他们没法想象，这些大喊大叫的人——有时是三四个人同时叫嚷——怎么能运筹帷幄。"布尔巴基的成员相信，这种无拘无束的状态对于项目的运作至关重要。当他们为数学现状的统一而奋斗时，韦伊后来推进的新语言开始萌芽。

1930 年，韦伊首次被任命为教授，入职距印度德里不远的阿里格尔穆斯林大学，这要感谢他对古典语言以及梵语文学的热爱。校方本想安排他教授法国文化，但最终还是决定让他教授数学。在印度期间，韦伊遇见了甘地。后来，当韦伊回到准备开战的欧洲时，甘地的哲学以及对于《薄伽梵歌》的解读影响了他的人生轨迹。《薄伽梵歌》中，克利须那建议阿周那依法则行事，忠于自己的行为准则。对于出身武士阶层的阿周那而言，这意味着，纵然毁灭不可避免，仍须战斗。韦伊觉得自己的法则恰恰相反，他要忠于自己的和平主义信仰。他下定决心，如果战争爆发，就逃往中立国，以免被征召入伍。

1939 年夏天，韦伊与妻子前往芬兰。他原本以为芬兰是个合适的中转站，可以从这里逃往美国，但事与愿违。1939 年 9 月，战争爆发，芬兰政府知道，不久后，他们的国家也会陷入战争，因此，与苏联的任何关联都会遭受极大的怀疑。那时，当局发现了一位法国游客寄往苏联的信，其中写满了难以理解的方程，他们随即判定，这名游客效命于敌方。1939 年 12 月，这位法国人被当作苏联间谍锒铛入狱。在他即将被处决的前一天晚上，警察局局长出席了一场国宴，刚好坐在芬兰赫尔辛基大学数学家罗尔夫·奈旺林纳（Rolf Nevanlinna）旁边。

喝咖啡时，这位局长转头对奈旺林纳说道："明天我们要处决一个间谍，他说认识你。我一般不会因为这种琐事就来打扰你，但毕竟我们现在都在这儿，我很高兴能有机会问问你。"这位学者问道："他叫什么？"局长回答说："安德烈·韦伊。"奈旺林纳非常震惊。这年夏天，他曾在湖畔的家中招待过韦伊和他的妻子。他恳求道："非得处决吗？不能把他驱逐出境吗？""好吧，是个办法，我倒是没想过。"这场邂逅让韦伊躲过了子弹，数学界也没有失去 20 世纪最伟大的实践者之一。

1940 年 2 月，韦伊回到法国，却陷入鲁昂的监狱，煎熬地等待着针对他逃跑行为的审判。数学的乐趣之一在于，除了笔、纸和想象力，无需其他设备。监狱提供了前两样，第三样，韦伊有很多。在祖国挪威，塞尔贝格发现，战争造成的与世隔绝是从事数学研究的最佳环境。印度职员拉马努金在未受正规训练的情况下茁壮成长。哈代的学生维贾亚拉加万（Vijayaraghavan）曾是韦伊在印度的同事，他常对韦伊开玩笑说："要是我能在监狱里待上一年半载，那我肯定能证出黎曼假设。"机会来得猝不及防，韦伊可以将维贾亚拉加万的想法付诸实践了。

在黎曼创建的图景中，海平面上的点掌握着素数的秘密。韦伊需要说明为什么海平面上的零点会排成一条直线，才能证明黎曼假设。他多番尝试探索黎曼图景，都未能成功。不过，自黎曼发现连接素数与 ζ 图景的虫洞以后，数学家们还发现了类似的图景，可以用来解释数论中的其他问题。各图景由 ζ 函数的变体定义，威力强大，令数学家们为之倾倒。它们

（左起）安德烈·韦伊（1906—1998）与维贾亚拉加万以及两位学生，1931年摄于印度阿里格尔

后来成了解决数论问题的常用方法，以至于塞尔贝格曾宣称，应该下达禁令，以防 ζ 函数进一步扩散。

　　韦伊在探索相关图景时发现了一种方法，能够解释为什么海平面上的零点通常会排成一条直线。韦伊取得成功的图景与素数并无关联，却是借助高斯时钟计算器计算 $y^2 = x^3 - x$ 这类方程有多少解的关键。例如，我们用 5 小时制计算器来计算上述方程。如果我们令方程右侧的 x 为 2，就会得到 $2^3 - 2 = 8 - 2 = 6$，在 5 小时制时钟计算器上对应 1 点。类似地，令方程另一侧的 y 为 4，可得 16，在 5 小时时钟计算器上也对应 1 点。我们可以将这一结果写作 $(x, y) = (2, 4)$，称其为方程的一个解，因为在 5 小时制时钟计算器上计算时，方程两边是相等的。事实上，共有七组 (x, y) 可以令等式成立：

$$(x,y) = (0,0), \ (1,0), \ (2,1), \ (2,4), \ (3,2), \ (3,3), \ (4,0)$$

如果另选一个 p 小时制的素数时钟，会怎样呢？能够满足方程的选择约有 p 种，但并不绝对。正如高斯对素数个数的对数方面的猜测会在实际个数左右波动，p 也是这样，会高估或低估方程解的个数。事实上，高斯已经最先证出，特定方程的估计值误差不会超过 $\sqrt{p}$ 的两倍，结论就写在他的数学日记最后。高斯使用的特殊方法在其他方程中并不起作用。韦伊的证明美在，它适用于任何以变量 x 和 y 构成的方程。通过证明在每个方程的 ζ 图景中，海平面上的零点都位于一条直线上，韦伊将高斯的发现一般化，即估计值误差基本不会超过 $\sqrt{p}$ 的两倍。

韦伊的证明与黎曼的素数假设并无直接关联，却是一次重要的心理突破。他找到了一种方法，可以证明在 $y^2 = x^3 - x$ 这类方程构建的图景中，海平面上的零点都位于一条直线上。当嘉当打开韦伊的信，看到这个证明时激动不已，因为他可以想见这些新技术将如何有助于理解黎曼的原始图景。

韦伊向理解方程解的新语言迈出了第一步。弗朗切斯科·塞韦里（Francesco Severi）与圭多·卡斯泰尔诺沃（Guido Castelnuovo）在罗马领导了一支意大利数学家团队，他们已经做过类似的研究，韦伊在欧洲旅行时了解到他们的成果。但意大利团队的成果根基不稳，并不足以支撑韦伊所需的数学。韦伊的想法成了代数几何的基础，而这门学科正是求证费马大定理的核心。

韦伊借助新语言，为每个方程构建出了非常特殊的数学鼓。它的频率是有限的，而物理鼓的频率和量子物理中的能级都是无限的。韦伊的鼓按照频率准确标出了海平面上的点在方程图景中的坐标。但要想令这些点排成直线，仍需努力。这些频率不再反映量子物理能级，偏离直线的零点对应虚数能级，而虚数能级是与物理学理论相悖的。他需要其他方法使零点落在一条直线上。

当韦伊坐在牢中聆听自己构造的鼓声时，他突然意识到，自己已经掌握了最后一块拼图，能够解释为什么这些鼓的频率位于一条直线上。欧洲之旅期间，还是研究生的他了解到了意大利数学家圭多·卡斯泰尔诺沃推导出的一个定理，现已证实，该定理是让这些零点在方程图景中有序排列的关键。如果没有卡斯泰尔诺沃的成果带来的意外突破，这些图景或许仍像黎曼图景一样难以攻克。正如普林斯顿大学的彼得·萨纳克所言："韦伊能完成这一证明，真是奇迹。"

韦伊部分实现了维贾亚拉加万的梦想。他或许没能揭开黎曼的素数假设，但找到了一种方法证明，海平面上的点在相关图景中位于一条直线上。1940 年 4 月 7 日，他写信告诉妻子伊夫琳（Eveline）："我的数学成果完全超出了我的想象，我有点担心，如果我只有蹲在监狱里才能取得这么好的研究进展，那我是不是得每年腾出两三个月，把自己关进去？"韦伊原本在发表任何成果之前，都会观望一段时间，而今前途未卜，刻不容缓。他准备好要发表在《法国科学院报告》上的笔记，寄给了埃利·嘉当。

韦伊在写给妻子的信中谈及自己的论文："我很满意，尤其是因为写作地点（这在数学史上肯定开创了先河），也是因为这是一种很好的方式，能让散落在世界各地的朋友们都知道我还在。我的定理真美，我很激动。"埃利·嘉当的儿子亨利（Henri）是韦伊的朋友，也是数学同人，读完这份笔记后，他羡慕不已，在回信中写道："我们都没有你那么幸运，可以蹲在那儿，不受打扰地搞研究……"

嘉当非常乐意发表这篇论文。1940 年 5 月 3 日，韦伊高产的监禁期结束了。嘉当出庭做证，韦伊将其形容为"相当拙劣的喜剧"。韦伊因未能按时报到入伍被判处五年监禁，但如果他同意进入作战部队服役，就能获得缓刑。尽管在鲁昂的监狱里数学成就斐然，但他还是同意参军。事实证明，出狱是明智的。一个月后，德军进犯，法军将鲁昂监狱里的囚犯全部枪决，据说是为了让狱方尽快撤退。

1941 年，韦伊在英国伪造了医疗证明，以肺炎为由退伍。他设法为自己和家人办理了美国签证，随后在普林斯顿高等研究院见到了西格尔。两人结识于韦伊的欧洲之旅。西格尔就是在韦伊的陪同下拿到了黎曼未发表的笔记，而后发现黎曼计算零点的秘密公式。他显然很想知道，韦伊在相关图景中取得的成功是否有助于理解黎曼的原始图景。

和西格尔一样，很多人都相信，无论是什么让韦伊的证明在相关图景中取得成效，它都该为摘取黎曼假设的圣杯提供必要的线索。多年来，韦伊一直在寻找其与黎曼图景的关联。遗憾的是，获得自由的他再未取得能与囚徒时期相提并论的成就。晚年时，韦伊以落寞的声音说起自己多想再一次体验取得第一项发现时的激动之情："每个真正的数学家都经历过……那种亢奋的状态，奇迹般地思如泉涌……那种感觉会持续好几小时，甚至几天。一旦经历过，你就会渴望再次体验，但这非意志所能成就，或许唯有孜孜不倦地努力……"

1979 年，韦伊在接受《科学》(*Pour la Science*) 杂志采访时被问及最想证明的定理，他回答说："我以前偶尔会想，要是能证出 1859 年提出的黎曼假设，我就留到 1959 年百年纪念的时候再揭晓。"尽管大家都努力了，但还是未见成效。"1959 年之后，我就觉得自己离它好远。我渐渐放弃了，遗憾还是有的。"

韦伊一直与日本数学家志村五郎 (Goro Shimura) 保持着密切联系。安德鲁·怀尔斯在求证费马大定理期间解决的另一猜想便是由志村五郎与另一位日本数学家提出的。据志村五郎回忆，韦伊在晚年曾向他坦言："我希望能在死前看到黎曼假设得证，但这是不可能的。"志村五郎记得，他们曾经聊过查理·卓别林。据说卓别林年轻时曾拜访过一位算命先生，对方准确算出了他的未来。韦伊不无伤感地笑称："好吧，我可以在自传里说，年轻时候有个算命先生告诉我，我永远都证不出黎曼假设。"

韦伊梦想着能够证出黎曼假设，或者起码能见其得证，但未能如愿。尽管如此，他的成就无疑影响深远。韦伊的证明让数学家们愿意相信，黎曼假设是可以被征服的。他们也因此相信，黎曼的直觉很可能是正确的。如果海平面上的点在 ζ 图景中排成了直线，那它们就很有可能在素数图景中也排成一条直线。不仅如此，早在黎曼假设与量子混沌的关联告诉我们这是寻找证明的好方法之前，韦伊就已借助奇怪的数学鼓探索他的图景了。正如彼得·萨纳克所说："韦伊的成果成了我们求证黎曼假设的指路明灯。"

韦伊的数学新语言——代数几何，令他能够阐释方程解中向来难以表述的微妙之处。基于韦伊的理念求证黎曼假设，是否可行呢？显然，我们需要超越韦伊在鲁昂的监狱里打下的根基。此后，另一位巴黎数学家为韦伊新语言的骨架注入了生命力。完成这一任务的大师叫作亚历山大·格罗滕迪克（Alexandre Grothendieck），他是 20 世纪最古怪、最具革命性的数学家之一。

法国新革命

拿破仑通过创立巴黎综合理工学院和巴黎高等师范学院等院校，开启了他的学术革命。但因为过于强调服务于国家需求的数学，巴黎失去了数学活动的中心地位。中世纪小镇格丁根取而代之，高斯与黎曼的抽象方法兴盛于此。20 世纪后半叶，法国洋溢着新的乐观情绪——巴黎将重新占据于数学世界的领先地位。

莱昂·莫查纳（Léon Motchane）自俄国移民瑞士，而后来到法国，是一位热爱科学的实业家，他倡议建立新的研究所，以成功的普林斯顿高等研究院为蓝本，由布尔巴基小组中的关键人物提供学术指导。不同于拿破仑的学术机构，这所新院校不受国家掌控。在私人企业的资助下，法国高等科学研究所成立于 1958 年。其建筑坐落于距巴黎不远的布瓦玛丽（Bois-Marie）森林中。多年来，它成功实现了缔造者们的梦想。前任所长马塞尔·布瓦特（Marcel Boiteux）称其为"灿烂明亮的壁炉、生机盎然的蜂巢、一座修道院，深埋的种子以自己的节奏发芽生长"。研究所的第一批教授中有一位年轻的数学之星，叫作亚历山大·格罗滕迪克。这第一颗种子将以最烂漫的方式盛开。

格罗滕迪克是一位朴素的数学家。他的办公室里只挂了一幅父亲的油画，别无他物。这幅画出自他父亲在某间集中营的狱友之手。他的父亲后来被转送去奥斯威辛，1942 年在那里过世。他与画像中被剃光头的父亲一样，眸中有光，在燃烧。

格罗滕迪克对父亲知之甚少，是母亲对父亲的夸耀深深影响了他。他曾评价说，父亲的职业生涯读起来就像是 1900 年到 1940 年间的欧洲名人录：从 1917 年 10 月领导布尔什维克革命，到后来在柏林街头与纳粹发生冲突，再到后来于西班牙内战期间加入无政府主义民兵，最终在法国落入纳粹手中，作为犹太人被交给维希政府。

亚历山大·格罗滕迪克（1928—2014），任法国高等科学研究所教授至 1970 年

格罗滕迪克自己的革命并非发生于政治战场,而是在数学舞台上。他进一步完善了韦伊尝试建设的数学新语言。就像黎曼的新洞见标志着数学的转折点,格罗滕迪克的几何代数新语言见证了一种辩证法的诞生,数学家们可以借此阐释从前难以表述的思想。这一新观点可与 18 世纪末开辟的新视野相提并论,那时的数学家们最终接受了虚数的概念。但是,学习这种新语言并非易事。格罗滕迪克的抽象新世界甚至令韦伊也极为不安。

战后,法国高等科学研究所自然成为布尔巴基项目的大本营,该团队依然忙于百科全书式的现代数学调研与汇编。格罗滕迪克成为该项目的主要贡献者之一。当年逾五十的老一辈成员退出布尔巴基团队,人们开始寻找新鲜血液接替他们。最重要的是,布尔巴基的出版物致力于将法国重新建设为数学世界的中心。许多数学家认为,布尔巴基是一个独立的人,甚而还曾申请加入美国数学学会。

在法国之外,许多人都在批判布尔巴基对数学的影响,认为他是有选择地汇编文档。人们认为,布尔巴基将数学作为成品而非发展中的有机体呈现出来,因此抹杀了数学研究。他强调广泛性,忽视了这门学科的奇妙,以及常见的特别之处。但布尔巴基认为自己的项目遭到了误解。他的署名著作支持了我们如今的坚固立场。两千年前,欧几里得创作《几何原本》作为跳板,而布尔巴基的著作便是新的《几何原本》,是这一跳板的现代版。

活跃于二战以前的老一辈数学家开始抱怨,他们再也认不出自己为之奋斗多年的学科了。西格尔曾经这样评价采用新语言对布尔巴基的作品进行的阐述:

这种方法将我对这门学科的贡献改得面目全非,真是可恶。我们在数论大师拉格朗日和高斯,或是稍逊一些的哈代和兰道的作品中欣赏到的是简洁与诚实。这里的风格截然相反,我瞧见一头猪闯进了美丽的花园,将所有的花与树连根拱起。

面对这种抽象，他对数学的未来感到悲观："我把现在这种无意义的抽象趋势叫作空集理论，如果不能加以遏制，我担心没到世纪末，数学就要消亡了。"

很多人都是这样认为的。有一场讲座介绍了一个或许能用以证明黎曼假设的抽象框架，塞尔贝格听完后描述了自己的印象："我觉得这种讲座真是前所未有。讲座结束后，我向别人说起自己的想法：愿望若是骏马，乞丐亦可驰骋①。"讲座中提出了抽象假设的整套框架。如果这种语言能够适用于素数理论，那么演讲者就能证出黎曼假设。但正如塞尔贝格所抱怨的："他想要的假设一个都没有。这不太可能是思考数学的正确方式。我们应该从自己能够掌握并理解的内容出发。演讲中提到许多有趣的内容，但我觉得这种趋势很危险。"

不过，对格罗滕迪克而言，这并非为了抽象而抽象。他认为，这是一场革命，是数学试图解答的问题所必需的。他一卷又一卷地讲述这种新语言。格罗滕迪克颇有远见，逐渐吸引了一群年轻弟子。他的成果极其丰富，约有 1 万页。当一位来访者抱怨起研究所的图书馆的糟糕状况时，他回答说："我们在这儿不是读书，而是写书。"

哥德尔曾经说过，只有拓展这门学科的根基，才有可能真正掌握黎曼假设。格罗滕迪克的革命性新语言就是第一步。不过，虽然他付出了种种努力，黎曼假设还是遥不可及。他的革命回答了许多其他问题，包括韦伊做出的重要猜想，和方程解的计数有关，但不是这个问题。

格罗滕迪克未能登顶黎曼高峰，其实要归咎于他父亲的政治经历。格罗滕迪克尽其所能地践行父亲的政治理念。他是一位坚定的和平主义者，在 20 世纪 60 年代高声反对军事扩张。他对不断恶化的政局极为反感，以至于当他凭借代数几何的成就荣获 1966 年的菲尔兹奖时，他拒绝前往莫斯科领取奖章，以此抗议苏联军事升级。

---

① 英语谚语，原文是 "If wishes were horses, then beggars can ride"。——编者注

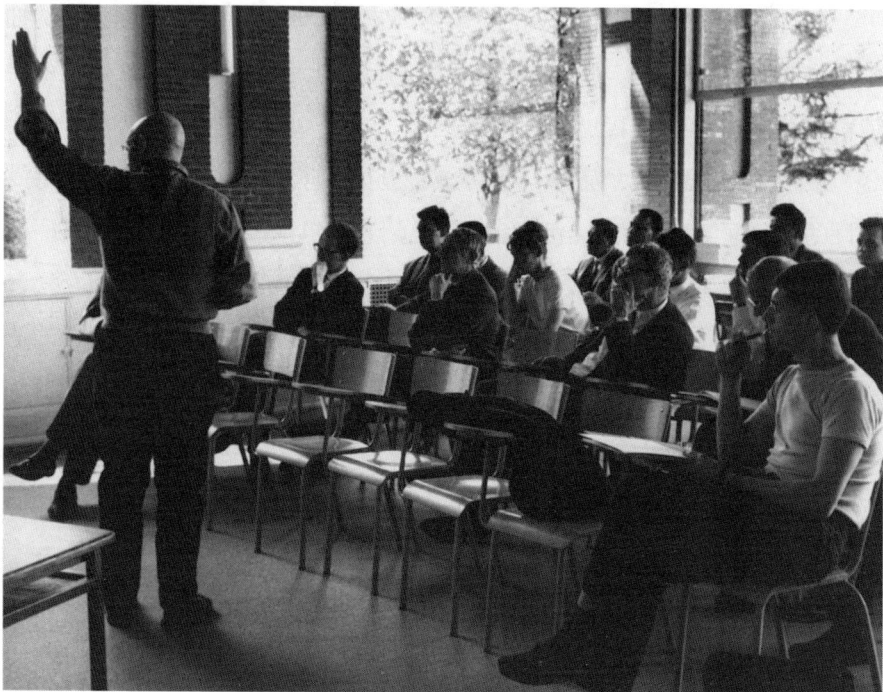

格罗滕迪克在法国高等科学研究所讲课

　　长期沉浸于数学世界让格罗滕迪克在政治上过于幼稚。有一回，他是某场会议的主讲人，当他看到一张宣传北约赞助本次会议的海报时，他便天真地问起"北约"代表什么。当知道这是一个军事组织后，他便致信会议组织者，要求退出。（组织者为挽留他，放弃了赞助。）1967 年，格罗滕迪克在越南北部丛林给一群困惑的听众简单讲述了抽象的代数几何，当时河内大学在轰炸期间被疏散至此。他将自己讲述的深奥思想视为一种抗议，抗议近在咫尺的战争。

　　1979 年，格罗滕迪克发现研究所的部分私人资金来自军方。高潮来了，他径直找到所长莱昂·莫查纳，威胁要辞职。参与建所的莫查纳并不像几年前的会议组织者们那样灵活。格罗滕迪克坚持自己的原则，离开了。熟悉他的人认为，他或许是以军方资助为借口，逃离这座金色牢笼。

格罗滕迪克似乎觉得自己不过是当权者的数学要员。被放逐反而更让他开心——他讨厌舒适圈。他已经 42 岁了，数学家到了 40 岁就巅峰已过的说法令他开始担忧。如果余下的数学生涯没有了创造力，该怎么办呢？他不是一个守着功劳簿过活的人。在海平面上绘制点图未有进展，也让他感到失望。在舒适的研究所里，他并没有比韦伊在牢房里做得更好。离开研究所以后，他几乎告别了数学。

格罗滕迪克开始流离转徙。他成立了一个反对军事、关注生态的组织，叫作"生存"（Survive）。他开始热切地修习佛法，对此他的哈西德先祖应该会认可。无法完成数学愿景的痛苦在几千页的自传里沸腾，他在自传中猛烈抨击他的数学遗产被解读的模样。他无法接受自己发起的革命已由他的数学后辈来领导，还烙有他们的印记。

格罗滕迪克最终搬去比利牛斯山脉的一处偏远村庄，2014 年在那里过世。在他临终前探望过他的数学家们表示："他净想着魔鬼，说是看到魔鬼的势力遍布全球，正在破坏神圣的和谐。"他觉得魔鬼还要对光速负责，它把完美的 300 000 千米 / 秒改成了"难看的"299 887 千米 / 秒[①]。所有的数学家都需要一点疯狂，才能在数学世界中如鱼得水。格罗滕迪克在数学的边缘探索太久，以致迷失了归途。

格罗滕迪克并非唯一一个因求证黎曼假设而陷入疯狂的数学家。20 世纪 50 年代，约翰·福布斯·纳什（John Forbes Nash）在取得早期成就以后，被求证黎曼假设的前景所吸引。西尔维娅·娜萨（Sylvia Nasar）在《美丽心灵：纳什传》（A Beautiful Mind）中提到，人们"谣传纳什爱上了科恩"，而科恩也在研究黎曼假设。纳什曾与保罗·科恩详细交流过自己的想法，但科恩认为这样毫无进展。有人认为，科恩在情感与数学上对纳什的双重拒绝导致纳什后来智力衰退。1959 年，纳什应邀去往位于纽约的哥伦比亚大学，在一场美国数学学会举办的会议上介绍他求证黎曼假设的思

---

① 原文如此。真空中光速的准确值为 299 792 458 米 / 秒。——编者注

路。这是一场灾难。眼见他走火入魔般地提出一系列荒谬的论点，声称要证明黎曼假设，听众目瞪口呆地坐在那里，陷入一片沉默。格罗滕迪克曾与纳什说明了醉心于数学的危险。（不同于格罗滕迪克，纳什重获生机，凭借博弈论的数学成就荣获 1994 年的诺贝尔经济学奖。）

格罗滕迪克的内心崩溃了，他的数学建树却依然挺立。许多人相信，我们仍旧缺失的关键思路将会推进格罗滕迪克的革命，最终揭开素数的面纱。20 世纪 90 年代中期，数学界开始盛传，格罗滕迪克的继任者或许已经出现。

最后的胜利

当阿兰·科纳正在研究黎曼假设的消息传开时，许多人都感到惊讶。科纳是法国高等科学研究所和法兰西公学院的教授。这位重量级人物与格罗滕迪克声誉相当。他发明的非交换几何的确超越了韦伊与格罗滕迪克的几何。和格罗滕迪克一样，科纳能在他人只见混沌之处寻见结构。

在数学中，"非交换"意味着顺序的重要性。例如，拿一张方形的人脸照片，面朝下放置。首先，从右向左翻转照片，然后将它顺时针旋转90°。现在重新实验，但是先旋转，后翻面（再次强调，确保自右向左翻转），你会发现，照片的方向相反。第一步做什么很重要。在量子物理中，许多谜团的核心正是这一原理。海森伯的不确定性原理表明，我们绝对无法知晓粒子的准确位置和动量。这种不确定性的数学原因在于，测量位置与动量的顺序会产生影响。

科纳将韦伊和格罗滕迪克的代数几何带入对称性被打破的数学领域，展示了一个崭新的数学世界。尽管数学家们大多忙于更好地理解周遭可见的数学景观，但每隔几代总会出现一位勇往直前、发现新大陆的探索者。

科纳便是其中一位。

科纳将全部的热情倾注在这些探索中。他对这门学科的热爱可以从 7 岁时对于初等数学问题的思考说起。"我清楚地记得那种强烈的快乐，那是我沉浸于从事数学所需的专注状态时体会到的。"他似乎从未走出过这种沉醉的状态。科纳的理论与抽象概念令人生畏，但他依然保留着 7 岁时的童趣。科纳认为，数学最能够带领我们接近终极真理。自儿时起，对于这一目标愉悦的追寻便是他对这门学科的热忱的一部分。如他所言，因为"数学现实是独立于时空的，即便有幸发现其中最微小的一部分，那它也会实现某种永恒的价值感，为你带来奇妙的快乐"。

他眼中的数学家应当是活跃的，总是在寻找可以踏足的新领域。当他人驶向熟悉的海岸时，科纳却会驶离熟悉的数学景观，奔赴现有数学视野之外的未知水域。非交换几何的世界极度抽象，他能看出素数与这一世界的关联，这要多亏他擅于借鉴自己在数学旅程中体验到的各种数学文化。一些数学家喜欢成群结队地做研究，技能的叠加可以帮助他们跨越数学的海洋，这是孤军奋战未必能及的。但科纳是享受孤独的旅人："唯有独自前行，才能取得发现。"

科纳的新几何源自韦伊和格罗滕迪克的代数几何。韦伊和格罗滕迪克提供了一本新词典，可以将几何译作代数。当需要将几何语言无法清晰表述的问题以代数语言清晰呈现时，这本词典便发挥了价值。韦伊正是以这种方式求得了方程解的个数，证出相关图景中的零点都在一条直线上。如果只是试图理解这些方程刻画出的几何形状，他将一无所获。但是，他拥有了这本代数几何词典，于是豁然开朗。

韦伊的几何回答了纯数论的问题，科纳的理念则提供了几何学的数学描述，这正是弦理论家和量子物理学家追寻已久的。20 世纪 70 年代，为解决量子力学与相对论的不相容问题，弦理论诞生。20 世纪末的物理学家们一直迫切需要一种能够支撑弦理论的新几何。科纳很感兴趣，于是开始寻找物理学家们认为应该存在的几何。他意识到，即便没有几何物理方面的清晰图像，他还是能够构建出其中的抽象代数部分。单凭物理直觉，怎能取得这一发现？只有在抽象的数学世界中长大的人，才能做到。

亚原子世界的奇特模式迫使科纳彻底抛开了理解传统物理学的标准方式。如果黎曼的几何革命为爱因斯坦提供了描述宏观物理的语言，那么科纳的几何便为物理学家们提供了进入微观几何世界的机会。感谢他让我们终于有望破译精密的空间结构。

休·蒙哥马利与迈克尔·贝里强调了素数与量子混沌可能的关联。科纳的语言完美阐释了量子物理世界，基于这一事实，人们愈发相信他能攻克黎曼假设。法国数学的复兴已经孕育出探索 ζ 图景的新技术，科纳在这样的时代横空出世，令数学界有理由相信胜利在望。最终，一切线索似乎汇聚在一起。

科纳在代数世界中发现了一种极为复杂的几何空间，叫作赋值向量的非交换空间。为构建这一空间，他采用了 20 世纪初发现的奇特的 p 进数。每个 p 进数系统都与某个素数 p 相关。科纳相信，将这些数联结在一起，观察乘法在高度奇异的空间中的作用，就会看到黎曼零点在此共振。他的方法是许多元素的奇特混合，几个世纪以来的素数研究成果都在其中。因此，数学家们对他充满信心也就不足为奇了。

科纳不仅是出类拔萃的数学家，还是魅力超凡的表演者。他将黎曼假设娓娓道来，吸引了许多人。我曾听过他的演讲，那时我便确信，他所讲述的成果必将推动证明的出现。他已战胜一切困难，其他人只需加上那点睛之笔。科纳知道，尽管自己似乎已经取得了旁人梦寐以求的伟大构想，但仍有未竟之功。"验证的过程可能会非常痛苦：特别害怕出错……极度焦虑，因为从来都不知道自己的直觉正确与否——就像做梦一样，直觉总被证伪。"

　　1997 年春天，科纳去往普林斯顿，向大师邦别里、塞尔贝格和萨纳克阐述他的新思路。尽管巴黎正在努力夺回主动权，但普林斯顿仍是黎曼假设绝对的圣地。塞尔贝格与素数争斗了半个世纪，已然成为这个问题的教父，没有什么能逃过他的审判。萨纳克是青年翘楚，能以利剑般的智慧斩断一切不完美。彼时，他正与同属普林斯顿的尼克·卡茨（Nick Katz）展开合作，在韦伊与格罗滕迪克创建的数学领域中，对方是无可争议的大师。他们一起证出了随机鼓的奇特统计特征也存在于韦伊与格罗滕迪克所考虑的图景中，我们相信，这些特征描绘了黎曼图景中的零点。卡茨目光如炬，几乎能够穿透一切事物。几年前，正是他在怀尔斯对于费马大定理的初始证明中发现了一个错误。

　　最后是邦别里，毫无疑问，他是研究黎曼假设的大师。在素数实际个数与高斯的猜想间的误差方面，他取得了迄今为止最重要的成果，因此荣获菲尔兹奖。相关证明被数学家们称为"平均黎曼假设"。在安静的办公室里，他一边俯瞰研究所周边的树林，一边整理多年来的所有发现，为完美解答做最后冲刺。和卡茨一样，邦别里擅于发现细节。作为集邮爱好者，他曾有机会购买一枚极为罕见的邮票。经过仔细检查，他发现了三处瑕疵，于是将邮票交还卖家，指出了其中两处。他没有说出第三处瑕疵，以防将来收到升级的赝品。任何可能成立的黎曼假设证明都会经受同样严苛的审查。

　　塞尔贝格、萨纳克、卡茨、邦别里，阵容强大，但科纳毫不畏缩。有力的论点与鲜明的个性让他完全可以匹敌普林斯顿的顶尖人物。虽然知道自己尚未取得证明，但他确信自己的观点为解决黎曼假设提供了迄今为止最好的前景。他的成果将量子物理学家的观点，以及韦伊和格罗滕迪克的数学洞见结合在了一起。

　　普林斯顿的成员们都对已经取得的进展表示认同，但也能看到依然存在的问题。萨纳克意识到，科纳已经成功推进的想法是他刚到斯坦福不久，从导师保罗·科恩那里听说的想法。区别在于，科纳此刻掌握了一种复杂的新语言和新技术，能够将科恩的想法具体化。但科纳的方法存在一个问题：他似乎做了什么安排，让任何偏离黎曼临界线的零点都无法被察觉。科纳就像一位魔术师一样，只给你看直线上的点，而线外的点都消失在他的数学袖子里。

萨纳克说："科纳催眠了观众。他真是个能让人心悦诚服的家伙。他很有魅力。当你指出他的方法有问题后，他会在下次见面时告诉你：'你是对的。'他就是这么容易招你待见。"

萨纳克接着解释道，科纳很快就会在论点中引入新转折。不过，萨纳克觉得，科纳还是缺少1940年韦伊在狱中取得突破时所依仗的那种魔力。邦别里表示同意："我还是觉得这里缺少一些重要的新思路。"

科纳演讲后不久，邦别里收到了朋友的邮件，来自美国天普大学的多伦·才奥伯格（Doron Zeilberger），对方似乎宣称发现了 π 最神奇的新特性。尽管邦别里机智地注意到4月1日这个日期，但为了表示自己已经看穿了这个玩笑，他回复了类似的邮件。科纳为寻找素数规律做出的贡献引发热议，对此，邦别里淘气地加以利用："阿兰·科纳上周三在普林斯顿高等研究院的演讲带来了不起的进展……"听众里，一位年轻的物理学家灵光乍现，想出了如何完成科纳的研究。黎曼假设是正确的。"请对此大力宣传。"

才奥伯格没有推辞，一周后，即将召开的国际数学家大会就贴出了电子公告，供全世界的数学家阅读。过了好一段时间，邦别里掀起的轰动才得以平息。科纳回到巴黎后，发现大家都在讨论这件事。尽管玩笑是开在物理学家身上，但他显然十分不悦。

邦别里的愚人节玩笑似乎标志着人们对于科纳研究黎曼假设的兴奋感结束了。现在尘埃落定，人们对于科纳能揭开素数之谜的殷切期望破灭了。尽管他有复杂的非交换世界，但素数依然难以捉摸。在科纳横空出世几年后，黎曼要塞仍然屹立不倒。当然，科纳的方法仍有可能开花结果，它有许多可取之处。但是，科纳为证明开启了方便之门的这一看法已经烟消云散。现在，捍卫黎曼假设的高墙看起来稍有不同，但还是和从前一样坚不可摧。

面对僵局，科纳本人是镇定的。正如他在黎曼假设被标以百万大奖时所说："我认为，数学是培养谦虚品质的最好学校。极致的难题就如同数学中的喜马拉雅山脉，是数学重要价值的体现。登顶极难，我们或许甚至得付出一些代价。但如果我们抵达了山顶，那里的风景必然精彩。"他未曾放弃追寻，仍在战斗，希望获取能够结束这段旅程的终极构想。他渴望着每位数学家生命中的美妙时刻，渴望着一切都汇聚在一起的那一刻。"在那光辉灿烂的时刻，怎会消极，怎会冷漠，情感无可按捺。在那些难能可贵的情境下，我无法抑制眼中的泪珠。"

我们依然聆听着素数的传奇节拍：2, 3, 5, 7, 11, 13, 17, 19, …。素数延伸至远方，从未枯竭。它们对数学至关重要，构建出其余的一切。纵然期待秩序与解释，但我们真的能接受永远无法掌控这些基本的数吗？

欧几里得已经证出，存在无穷多个素数。高斯猜测，素数就像抛硬币一样，是随机生成的。黎曼被吸进虫洞，跌入一片虚数景观，在那里，素数变成了音乐。在那里，海平面上的每个点都发出了乐音。为解读黎曼的宝藏地图，找到每个点在海平面上的位置，我们开始了探索。黎曼有一个向全世界保密的公式，他发现，虽然素数看似混沌，但这些点在他的地图上是井然有序的。它们并非随机分布，而是排成了一条直线。他无法洞悉这片图景的遥远地带，无法判断这一模式是否一直成立，但他相信，就是如此。于是，黎曼假设诞生了。

如果黎曼假设为真，那便没有任何一个音比其他音更响，素数的交响乐是完美平衡的。它将解释，为何我们在素数中看不到明显的规律。某种乐器的声音比其他乐器更响亮，这便是规律。这就好像，每种乐器各有其演奏模式，却完美地组合在一起，将这些规律抵消了，只余素数的无形起伏。

如果黎曼假设为真，那它便能帮助我们理解，为什么素数像是抛硬币选出来的。但或许，黎曼关于这些点的直觉只是一厢情愿。或许，随着音符继续流淌，素数乐团中的某个乐器将会主导乐章。也许，要在远处的数中才能发现规律。也许，在我们所处的数学宇宙的创造进程中，随着大自然一次又一次地投掷，素数硬币开始出现了偏颇。正如我们所发现的，可恶的素数隐藏了它们的真实面貌。

于是，我们开始求证黎曼所确信的，在他的素数藏宝图中，所有的点都在一条直线上。我们纵横于历史和现实：拿破仑的法国大革命；德国的新人文主义革命，从宏伟的柏林到格丁根的中世纪街道；剑桥与印度的奇特联盟；饱受战火摧残、遗世独立的挪威；新大陆，以及为那些在战时被逐出满目疮痍的欧洲、追寻黎曼圣杯的勇者建立于普林斯顿的新院校；最后是现代巴黎，以及一种出自牢房、令其发明人心智失常的新语言。

素数的故事远远超出了数学界。科技的进步改变了我们从事数学的方式。诞生于布莱切利园的计算机让我们能够观测到从前受限于不可观测宇宙的数。量子物理语言让数学家们能够阐明规律与关联。如果没有科学文化的交叉融合，我们或许永远都无法取得这些发现。就连 AT&T、惠普和加利福尼亚州的一间电子设备仓库也曾参与其中。素数凭借自己在计算机安全中的核心作用，成为焦点。如今，它们正在保护世间的电子秘密免遭网络黑客的窥视，它们影响着我们的生活。

纵然经历了这些曲折，素数仍旧不可捉摸。每当我们追寻它们进入新领域，比如科纳的非交换世界或是贝里的量子混沌，它们总能找到新的藏身之处。

许多为理解素数做出贡献的数学家都被奖以长寿。1896 年证出素数定理的雅克·阿达马与夏尔·德拉瓦莱普桑都活到了 90 多岁。人们相信，他们因为证出素数定理，已然不朽。阿特勒·塞尔贝格与保罗·埃尔德什进一步印证了寿命与素数的关联，他们在 20 世纪 40 年代对于素数定理的另一项初等证明，见证了他们双双活到耄耋之年。塞尔贝格在他 90 岁生日的几周后方过世。数学家们玩笑般提出了一个新猜想：证出黎曼假设就能获得永生。另一个笑话是，确实有人证出过黎曼假设，但是没人听说过，因为这位倒霉数学家当时就过世了。

我们离答案还有多远？众说不一。安德鲁·奥德里兹科在黎曼的藏宝图中计算出了海平面上的许多零点，他认为，我们无法预测何时登顶："可能是下周，可能是一个世纪以后。这个问题似乎很难。我不知道它能不能变得特别容易，毕竟，这么多优秀的人已经勤勤恳恳研究了太久。但也许下周就会有人给出一个绝妙的构想。"其他人则认为，我们离答案至少还差两个好构想。

休·蒙哥马利认为，从他与量子物理学家弗里曼·戴森在普林斯顿喝茶交流的结果来看，我们已经迈出了攀登黎曼高峰的关键一步。但这种乐观背后仍有令人警醒的注脚："我们对黎曼假设的求证还有一个缺口。不幸的是，这个缺口从一开始便存在。"正如蒙哥马利所言，这可不是出现缺口的好地方。任何缺口都是致命的。如果中间有缺口，那便意味着，我们已经在这段旅程中取得进展。但如果一开始就有缺口，则表明除非我们能够找到穿过第一扇门的路径，否则，我们为登顶黎曼高峰所铺设的其他路径便是无用的。"我们无法证出第一条定理，自是陷入了僵局。"

尽管有百万美金作为激励，许多数学家仍然不敢靠近这个威名赫赫的难题。许多杰出人物都挣扎未果：黎曼、希尔伯特、哈代、塞尔贝格、科纳……但仍有人敢于挑战。

许多人预测，黎曼假设能够坚持到两百周年。有些人认为，是时候了，已经有太多证据告诉我们哪里可以找到答案，它坚持不了多久。有些人认为，它的命运就在哥德尔手中：我们终将确认它是正确的，却无法证明。有些人认为，它是错误的。有些人认为，他们已经取得证明，而数学界不敢放开这个谜。有些人已经在求证的过程中疯了。

　　也许，我们太拘泥于从高斯和黎曼的视角观察素数，以至于错过了理解这些神秘事物的其他方法。高斯估计了素数的个数，黎曼预测这一猜想的误差不会超过 N 的平方根，李特尔伍德证明了这一结果是无法超越的。也许还有这样一种观点，我们总是本能地走进高斯建好的房子里，所以没能找到答案。

　　我们就像神秘谋杀案中的人物，一直在追查数学疑犯。是谁，或是什么玩意儿将零点放在了黎曼的临界线上？现场到处都是痕迹和指纹，我们还有嫌疑人的画像，却找不到答案。令人宽慰的是，即便素数永远都不会交出自己的秘密，它们却引领我们踏上了非凡的智力冒险。它们的重要性远远超出基本算术原子的角色。正如我们所发现的，它们为从前并无瓜葛的数学领域开启了通往彼此的大门。在探索黎曼假设的旅程中，数论、几何学、分析学、逻辑学、概率论、量子物理学，所有这一切都被联系在一起。这一探索将数学置于新的曙光中。这一传奇的互联令我们惊叹：数学从呈现规律的学科变成了一门揭示关联的学科。

　　这些关联不仅存在于数学世界。素数曾被视为终极抽象概念，在象牙塔之外毫无意义。能够独自审视自己的研究对象，不受外界相关问题的干扰，这样的想法曾令数学家们感到欢喜，哈代或许就是最好的例子。但素数再也无法像从前为黎曼等人提供避世之所那样，让人逃避压力了。素数是新时代网络安全的关键，它们与量子物理的共鸣或许能告诉我们现实世界的本质。

　　即便成功证出黎曼假设，仍有许多问题和猜想有待解决。当黎曼假设得证，许多令人兴奋的数学碎片才能登场。证明只是一个开端，它开启了一片未知的处女地。安德鲁·怀尔斯曾言，18 世纪的探险家们凭借经度问题的解答纵横于现实世界，同样地，黎曼假设的证明也将让我们有望驰骋于这片处女地。

　　在那之前，我们将沉醉于变幻莫测的数学乐章，不解其间起承转合。在探索数学世界的旅程中，素数与我们一路相伴，却仍然是最神秘的数。最伟大的数学家们尽其所能，想要阐释这一神秘乐章的编写与演绎，但素数之谜依然未解。我们依然在等待那位能让素数歌唱，并终将以此不朽的数学家出现。

后记

二十载倏忽而过……

素数的美妙之处在于，它们不会过时。科学理论兴衰更迭，岁岁枯荣，数学却最是长青。面对预示着科学新理论的革命，证明的力量令数学无可撼动。古希腊人于两千多年前首次提出的素数发现至今依然成立。

这本书讲述了一场传奇的接力赛，数学家们奔跑不歇，将素数的接力棒传递给下一代。两千多年了，人类一直试图理解素数，二十载光阴不过是一扇小小的窗户。自 2003 年本书首次出版以来，我们在奔赴终点线的路上走得更远了吗？黎曼假设离得证更近一步了吗？

我仍然认为，我们距离证明还差一个重要构想，但这并不是说，我们未曾取得关于素数的新发现。在过去的二十年里，一批年轻的以及不那么年轻的数学天才脱颖而出，向我们呈现了这些神秘事物的新面貌。

特别是，数学家们对于连续素数的间距问题提出了新见解。虽然欧几里得证明了素数永不枯竭，但正如高斯所见，越是通向数的宇宙深处，素数就越稀少。黎曼猜测，素数随机分布于所有的数中。随机性往往将事物集中在一起。你等一辆公交车，结果两辆一起出现。我们认为素数也是如此。

孪生素数猜想表明，虽然随着计数的增加，素数会变得稀少，但我们始终会遇见间距为 2 的两个素数。例如 41 和 43，或是 137 和 139。这是最为相近的素数（2 和 3 除外），这类数被称为孪生素数。截至 2023 年，已

知最大的一对孪生素数是

$$2\ 996\ 863\ 034\ 895 \times 2^{1\ 290\ 000} - 1 \text{ 和 } 2\ 996\ 863\ 034\ 895 \times 2^{1\ 290\ 000} + 1$$

但这一猜想宣称，还有无穷多对更大的孪生素数。

这一猜想至今未能得证。然而在 2013 年，求证之路已迈出关键的第一步。追根溯源，令人意外。

中国的拉马努金

张益唐第一次听说孪生素数猜想时，还在上海上学。他出生于 1955 年，由外祖母，一个不识字的工厂工人抚养长大。他说："那个年代很难找到上过大学的人，很难找到一本书。"他最终辍学了，靠着之前好不容易收集到的书自学。

"我为数学而生。"张益唐是这样说的，"有好些年都过得不太容易，但我没有放弃。我就是一直往前走，一直敦促自己。最重要的是好奇心，它让数学成了我生命里不可或缺的一部分。"

1985 年，张益唐前往美国，来到普渡大学读博。在攻读数学期间，为了养活自己，他到处打零工，还在当地的一家赛百味干过一段时间。最终，在国内大学同学的帮助下，他在新罕布什尔大学找到了一份教职。他始终惦念着在上海上学时了解到的素数问题，尤其是关于素数间距的挑战。但他的研究并无进展。直到 2012 年，他已经很多年没有发表过任何原创内容了。他决定休息一段时间，于是动身前往科罗拉多，去观看朋友指挥的音乐会。"我是真的要度假，"他说，"我没有带任何书、本子、纸张，或是计算机。我都没有动过笔。"

演出当晚，前往会场之前，他去朋友家的花园里看鹿。不过，一旦被素数问题抓住，就很难忽视它。"有时候鹿很多，"他说，"但我一只也没瞧见，不过我有了思路。"他最终明白了该如何求证有无穷多对素数。他的素数间距没有孪生素数猜想说的那么小，但还是有界的。

要思考孪生素数问题，你可以在数轴上想象出一扇窗户，透过它，能看到三个连续的数。当这扇窗户在数的宇宙中向上移动时，由孪生素数猜想可知，我们可以无限次透过窗户看到两个素数。张益唐证出，如果窗口变大，能够看到 7000 万个连续的数，那么，当你将窗户向上移动时，就会无限次看到两个素数。

这么大一扇窗户似乎不足为奇，但是请注意，高斯已经证出，随着计数增加，素数会愈发稀少。因此，要想看到两个连续的素数，窗口也须变大。当我们放眼无穷多个数，查看一个没有尽头的数集时，7000 万量级的窗口很快就会显得非常小。透过一扇给定尺寸的窗户，能无限次看到两个素数，这一事实令人惊叹，值得一证。

张益唐明白，如果他的证明是正确的，将会震惊素数界，这也意味着他的证明会经受严苛的审查。他曾试图发表兰道－西格尔零点猜想的证明，那是黎曼假设的弱化版。但那篇论文被驳回了，因为存在问题。现在有了新证明，他必须确保万无一失。他说："我告诉自己，我需要特别仔细，要反复检查所有内容。这就花了很长时间。"

问题是，他在素数圈默默无闻，也没有任何成果。一篇论文的元数据——包括作者是谁，在哪里担任教授——给人留下的第一印象十分重要，就像我们喜欢依据封面评判一本书。自 2001 年就再未发表过论文的张益唐只能让封面下的证明来说话。

2013 年 4 月，他向《数学年刊》提交了自己的论文，当初安德鲁·怀尔斯就是在这份刊物上发表了费马大定理的证明。一般来说，论文需要经过数年的审查，才能被接受发表。但张益唐的证明确实让人耳目一新。一个月内，论文就被接受了。他的成果令编辑们赞叹不已，新证明的消息传开了，甚至传到了《纽约时报》。张益唐开始受邀去各地演讲，去介绍他的伟大突破，包括去普林斯顿高等研究院。

正如彼得·萨纳克所评："他不是那种之前就有很多成果的人。没人知道他。多亏了评审过程，在报社听到消息之前，研究院里就传开了。"

数学真美好。你可以是班里最安静的小孩、无名小辈、马德拉斯的职员、就职于末流美国大学的赛百味前职工，只要你的证明是正确的，数学就会为你说话。

张益唐的论文是从素数赛道冲向终点线的一大步。他的成果震惊了素数圈，为素数间距问题开启了新思路的闸门。紧随张益唐之后，又一篇论文的作者令人相当好奇。这是一位初出茅庐的新人。

新布尔巴基

数学家们在挑战黎曼假设或是费马大定理这样的问题时，总是各自为战。将某个标志性难题的证明冠以自己的名字一直被视为极大的荣誉。为证明费马大定理，安德鲁·怀尔斯在阁楼上奋斗了七年。为免共享荣誉，他没有让任何人知道自己在研究什么。鉴于怀尔斯多年来少有成果，许多人以为他已智尽能索。最终，他确实需要合作者理查德·泰勒（Richard Taylor）的帮助，才弥补了他在剑桥宣布证明后出现的漏洞。

不过，这种独自攻克难题的方法是否有效呢？数学家们有时也会寻求合作。"哈代与李特尔伍德"远比"哈代或李特尔伍德"战力更强。但你很少会见到大型数学科研团队展开合作。

来自剑桥的菲尔兹奖获得者蒂莫西·高尔斯并不认同孤军奋战能够取得最佳成果。维基百科等令人惊叹的协作成果让高尔斯深受启发，他认为，大规模合作必将更为有效地推进研究进程。数学界难道不能发挥好互联网新时代的价值，让沟通便利的数学家们在线携手共进吗？其他科学领域正是借此推出了极为成功的公众科学项目，让业余科学家协同研究。在牛津大学，"星系动物园"（Galaxy Zoo）项目邀请天文爱好者参与星系图片的分类，最终发现了一座全新的星系，我们称之为绿豌豆（green pea）。Foldit 是华盛顿大学开发的一款公众科学计算机游戏，旨在探索蛋白质的折叠，这或许是理解痴呆等退行性疾病的关键。

高尔斯开始好奇，他能否借助自己的热门博客为数学做出同样的贡献。"博学项目"（Polymath Project）应运而生，旨在通过建立大型数学家团队，协同解决数学问题，任何人都可参与。人们不再秘密工作，等到完成证明，方才宣布，而是可以实时跟进，眼见证明初步形成，走过弯道，途经盲区，最终得证。该项目需要参与者做好冒险的准备，公开尝试或将无功而返的构思。正如高尔斯后来所写："当参与者们靠近答案时，有起有伏，还有真实的紧张。谁能猜到，一个数学项目的日志读起来就像是惊险小说呢？"

高尔斯提出的第一项挑战是找到某个组合数学问题的初等证明，而组合数学正是他的研究领域。自 2009 年 2 月 1 日发布挑战后，项目开始缓慢推进。7 小时后，来自加拿大不列颠哥伦比亚大学的一位数学家表示感兴趣。又过了 15 分钟，来自美国亚利桑那州的一位高中教师加入对话。3 分钟后，数学界的重量级人物、菲尔兹奖得主陶哲轩（Terence Tao）提出了一些想法。

从这一刻起，进程开始加速。接下来的 37 天里，有 27 人贡献了大约 800 条实质性评论，共计 17 万字，构建出了一条新证明。高尔斯认为，这是独自研究五年才能取得的成果，如今仅在一个多月内就完成了。

不得不说，这并非真正的公众科学。参与这样高难度的数学研究，门槛极高。这 27 位合作者大多是知名数学家。尽管如此，一个证明由众多专业数学家共同完成，即便不是闻所未闻，也是罕见的新鲜事。高尔斯证明了大规模在线协同研究的概念是可行的。

　　陶哲轩非常喜欢这种方式，在"博学项目"启动后的几年里，他提供了许多问题和思路。2004年，陶哲轩将自己的名字写入了素数领域，他与英国数学家本·格林（Ben Green）宣布了一个证明，这一发现与算术级数中的素数有关。有时你会得到一串间隔相同的素数。例如，如果我从素数5开始，一直加6，就能得到五个素数：5, 11, 17, 23, 29。这些素数被称为算术级数中的素数。但遗憾的是，下一个数35并非素数。这类素数数列可以有多长呢？能否无限长呢？

　　2004年的纪录是连续出现23个素数，间隔为44 546 738 095 860。陶哲轩与格林能够证明，一组等差素数数列可以是任意长度的。不仅如此，每种固定长度的等差数列可以有无穷多个。这一惊人的发现令陶哲轩在2006年荣获菲尔兹奖。这并非他唯一的突破。正如颁奖词所说，他在众多数学领域中都做出了重要贡献，不单单是数论。高尔斯评论说："据说大卫·希尔伯特是最后一位通晓一切数学知识的人，但要想发现陶哲轩的知识空白并不容易。如果你真的找到了，那么你很可能会在一年后发现，这一空白已被填补。"

　　陶哲轩的许多论文都是与人合作完成的，他喜欢和其他数学家合作，因而被誉为当代保罗·埃尔德什。10岁时，他在一场数学活动上遇见了埃尔德什。他还记得这位匈牙利人没有俯视他，而是将他视为数学同人。事实上，10岁的他很可能真的已经是数学家了。正因为陶哲轩热衷于合作，所以高尔斯的"博学项目"特别吸引他。

　　当张益唐宣布完他的素数间距证明后，陶哲轩建议"博学项目"接受挑战，将间距7000万缩减至更小。谁知道呢，也许他们能将间距缩小至孪生素数猜想提出的2。借助"博学项目"的博客与维基界面，经过几个月的密集工作，这支团队成功将7000万缩小至4680。然而，就在他们开始撰写成果时，另一条独立突破的消息在数学界传播开来。

带着礼物的智者

英国数学家詹姆斯·梅纳德（James Maynard）曾被几位同事告诫，要远离素数。正如哈代曾言："每个笨蛋都能提出智者无法回答的素数问题。"然而，早在 2013 年，梅纳德刚刚在牛津完成博士学位之际，他还没有学会害怕素数。他决定在第一段博士后期间研究素数间距问题。这一无畏的态度得到了回报。

梅纳德采用了与张益唐截然不同的方式，并在 2013 年 11 月宣布，他已成功将素数间距缩小到了 600。如果这一发现能够提前六个月，那么，因为在孪生素数猜想上取得突破而功成名就的便不会是张益唐，而是他了。尽管如此，梅纳德提出的方法以及他所取得的更小间距都令素数圈兴奋不已。"博学项目"团队特意停下了脚步，决定看看，如果结合梅纳德的方法，能否进一步缩小间距。果然，两相结合后，间距被缩小至 246，至今保持着纪录。

梅纳德尝到了素数的甜头，而这一成果只是一系列新见解中的第一个。不同于他所证明的相近素数，他还证出素数的间距也可以很大。高斯关于素数会变得稀少的发现表明，素数 p 与下一个素数的平均间距应为 p 的对数。例如，360 169 是一个素数。360 169 的对数约为 12.8，果然，下一个素数是 360 181，间距为 12。孪生素数猜想断言，存在无穷多对素数的间距小至 2。例如，素数 360 287 加 2 之后是它的孪生素数 360 289。但间距有时也会远超平均值。素数 360 653 需加 96 才能得到下一个素数 360 749。据说间距有时会和 $\log p$ [①] 的平方一样大，但要求证这一点还有很远的路要走。

2014 年，梅纳德证出，对于任意数 x，都存在小于 x 的连续素数对，

---

① 同前文注释所述，此处 $\log p$ 指 $\ln p$，后面指的也都是自然对数。——编者注

它们的间距大于下面这个可怕的公式的值：

$$(\log x)(\log\log x)(\log\log\log\log x)(\log\log\log x)^{-2}$$

与此同时（实际上仅相差一天），陶哲轩与包括本·格林在内的三位合作者宣布了以不同方法取得的同一成果。陶哲轩与梅纳德的成果如此同步，以至于陶哲轩曾经笑称，自己最近变得有些偏执。再度取得突破时，他的第一个念头是：我真希望梅纳德这回可别再抢占先机了。

梅纳德的公式中有如此多的对数，以至于让我想起了最爱的数学笑话：溺水的数论家会说什么？ Log log log log……这个证明印证了埃尔德什关于素数间距的直觉，我们在第七章提到过。这位匈牙利人曾经疑惑是否有人能证出这一结果，并为这一问题的解答提供了他的第二项大奖：1 万美元。尽管埃尔德什没能在生前见证这两条独立的证明，但他的一位长期合作者罗纳德·格雷厄姆（Ronald Graham）主动支付了这笔奖金。即便对数学家而言，这一公式也是相当可怕的，不过梅纳德的另一项素数贡献则通过了哈代的简洁性测试。

2016 年，梅纳德证出，有无穷多个素数不包含数字 7。这一数列从 2, 3, 5, 11, 13, 19, 23, 29 开始，这么多的素数里都没有一个 7。但是，随着计数增加，是否总能遇见不含 7 的素数，这一点还不得而知。毕竟，随着计数增加，数的位数也在增加，避开 7 就会越来越难。想象一个千万位的素数，你平均会遇见一百万个 7，真的还能找到一个没有 7 的素数吗？梅纳德的构想表明，这是可能的。数字 7 并无特别之处。他证出，存在无穷多个不包含任意数字的素数。凭借对素数的非凡领悟，这位牛津大学教授在 2022 年赢得了数学界最高荣誉菲尔兹奖。他的下一项突破会是什么呢？我们都拭目以待。

自本书首次出版，迄今已有二十年，这部史诗般的交响乐又添加了一个重要乐章。新一代的数学之星正为这些诡秘莫测的数提供见解。过去二十年中，素数领域的研究成果异常丰硕，部分是因为互联网让数学家们得以广泛合作，再者也是因为我们有幸拥有这样一群令人振奋的数学新秀。然而，黎曼假设这一重要问题仍然遥不可及。本书的最后一个和弦依然等待着被听见。

马库斯·杜·索托伊

2023 年 1 月于英国牛津

致谢

许多同事都十分慷慨地为我投入时间、提供支持。我要衷心感谢以下各位，愿意坐下来与我谈谈他们的观点和构想：伦纳德·阿德曼、迈克尔·贝里爵士、布赖恩·伯奇、恩里科·邦别里、理查德·布伦特、保罗·科恩、布赖恩·康里、佩尔西·迪亚科尼斯、格哈德·弗赖、蒂莫西·高尔斯、弗里茨·格鲁尼沃尔德（Fritz Grunewald）、沙伊·哈兰（Shai Haran）、罗杰·希思－布朗（Roger Heath-Brown）、乔恩·基廷、尼尔·科布利茨、杰夫·拉加里亚斯（Jeff Lagarias）、阿延·伦斯特拉、亨德里克·伦斯特拉、艾尔弗雷德·梅内塞斯（Alfred Menezes）、休·蒙哥马利、安德鲁·奥德里兹科、塞缪尔·帕特森（Samuel Patterson）、罗纳德·李维斯特、泽埃夫·鲁德尼克、彼得·萨纳克、丹·西格尔（Dan Segal）、阿特勒·塞尔贝格、彼得·肖尔、赫尔曼·特里尔、斯科特·万斯通（Scott Vanstone）、唐·查吉尔。

我要特别感谢迈克尔·贝里爵士。我们的第一次相遇是在唐宁街10号的楼梯上，等着和首相握手。最初便是他让我注意到了素数中的音乐。本书书名的灵感来源正是那次相遇。

感谢大家仔细审读了早期的部分或全部手稿：迈克尔·贝里爵士、杰里米·巴特菲尔德（Jeremy Butterfield）、伯纳德·杜·索托伊（Bernard du Sautoy）、杰里米·格雷（Jeremy Gray）、弗里茨·格鲁尼沃尔德、罗杰·希思－布朗、安德鲁·霍奇斯、乔恩·基廷、安格斯·麦金太尔（Angus Macintyre）、丹·西格尔、吉姆·森普尔（Jim Semple）、埃里克·温斯坦（Eric Weinstein）。本书如有任何错误，均由本人担责。

　　许多书籍、文章和论文为我提供了宝贵的背景资料，令我受益匪浅。许多资料来源均已在"延伸阅读"部分列出①。我要特别提及不断发表文章的《美国数学学会通告》(*Notices of the American Mathematical Society*)，其间充溢着对于数学以及数学界的精彩见解。

　　本书写作过程中，许多机构积极提供了帮助，包括美国数学研究所、Certicom 公司、格丁根大学图书馆、位于美国弗洛勒姆帕克的 AT&T 实验室、普林斯顿高等研究院、位于英国布里斯托尔的惠普实验室，以及位于德国波恩的马克斯·普朗克数学研究所。

　　我非常高兴能够向出版界的友人致谢，是他们令本书得以问世：我的经纪人、Greene & Heaton 公司的安东尼·托平（Antony Topping），从最初的构想到最终的出版，他一直都在我身边；将我们聚集在一起的朱迪丝·默里（Judith Murray）；我的编辑们，来自 4th Estate 出版社的克里斯托弗·波特（Christopher Potter）、利奥·霍利斯（Leo Hollis）和米齐·安杰尔（Mitzi Angel），来自哈珀·柯林斯（HarperCollins）出版集团的蒂姆·达根（Tim Duggan）；以及我的文字编辑约翰·伍德拉夫（John Woodruff）。我要特别感谢利奥，他耗费了许多时间探索四维空间。

　　如果没有英国皇家学会的支持，我将无法写成此书。作为皇家学会的研究员，我不仅有机会追寻自己的数学梦想，还能向公众分享沿途经历的欢喜。皇家学会并非只是一个银行账户，他们关注自己的资助对象，他们对我将数学带给公众的支持是难能可贵的。

　　我还要感谢一些媒体人，是他们敢于承担风险，出版并传播我关于严肃数学的早期文章，是他们耗费时间帮助一名数学家学会写作：来自《泰晤士报》的格雷厄姆·帕特森（Graham Patterson）、菲莉帕·英格拉姆（Philippa Ingram）和安贾娜·阿胡贾（Anjana Ahuja），来自英国广播公司的约翰·沃特金斯（John Watkins）和彼得·埃文斯（Peter Evans），以及来自

----

① 参见图灵社区本书主页的"随书下载"栏目。——编者注

Science Spectra 的格哈特·弗里德兰德（Gerhart Friedlander）。我也很感谢 NCR 公司和 Milestone Pictures 公司让我有机会向银行界人士介绍数学内容。

我之所以成为一名数学家，是因为我的中学老师贝尔森（Bailson）先生。他最先向我展示了课堂算术背后的音乐。我要感谢他的启迪，还要感谢吉洛茨中学（Gillotts Comprehensive School）、詹姆斯国王预科学校、牛津大学沃德姆学院以及剑桥大学给予我的卓越教育。

感谢阿森纳俱乐部在我写书期间赢得双冠王。感谢海布里球场提供重要场地，让我能够在与黎曼搏斗之余尽情放松。

就个人情感而言，我要感谢家人朋友的支持：父亲帮助我了解了数的力量；母亲帮助我了解了文字的力量；我的祖辈，尤其是彼得（Peter），拥有鼓舞人心的力量；我的伴侣沙尼（Shani），容忍家里有一本书，并相信我能写成此书。我最想感激的是我的儿子托默尔（Tomer），是他在我结束一天的工作后陪我玩乐，若非有他，我无法完成本书。

悠扬的素数2023

我的数学偶像哈代在他那美丽的数学之歌《一个数学家的辩白》开篇写道："对于专业的数学家来说，写下与数学相关的文字会是一段悲伤的经历。数学家的职责是要有所作为，证出新的定理，为数学领域添砖加瓦，而非谈论自己或是其他数学家已经做过的事情。"

因此，二十多年前，我怀着惊惧开始了本书的写作。我是否会因为谈论数学而遭受数学同人的否定呢？所以我首先要感谢圈内人士多年来对我的支持，让我能够和圈外人聊聊艰深但美丽的数学思想。每当同事们告诉我，他们周围许多人都提到，自己是因为阅读了本书，才萌生了在大学里攻读数学想法，我总是深感荣幸。

我还要感谢这些年给我写信的所有人，我因此知道了你们有多喜欢这本书。你们不知道这些反馈对于作者有多大的意义。写一本书就像跑好几场马拉松，能够得到这样的反馈，一切艰辛皆是值得的。

在过去二十年里，在我向世界讲述数学与科学故事的工作中，牛津大学给予了我宝贵的支持，我最终接过了我的前任理查德·道金斯的公众科学理解西蒙尼教授职位。查尔斯·西蒙尼（Charles Simonyi）是该职位的赞助人。他认识到有必要支持科学家们分享工作中的奇遇与快乐，这一远见值得欣赏。

我与 4th Estate 成员的第一次见面是在诺丁山的一家旧钢琴厂里，那里有他们奇特的办公室，自此以后，我就非常喜欢和这家出版社的好些人合作，他们在意图书与作者。感谢 4th Estate 帮助我得以分享自第一段素数旅程以来，扣人心弦的诸多故事。我还要特别感谢我的现任编辑路易丝·海恩斯（Louise Haines）和助理编辑米娅·科勒伦（Mia Colleran），两位编辑为本书再版提供了帮助、指导。

自我第一次写下本书以来，阿森纳俱乐部再未实现双冠王，但我依然相信，我们的球星将会再次崛起。COYG[1]。

最后感谢我的家人。2003 年不仅是本书第一次出版的年份，也是我的"孪生素数"漂亮宝贝玛格丽（Magaly）和艾娜（Ina）出生的年份（我私下叫她们 41 和 43）。感谢我的两个女儿、儿子托默尔，以及妻子沙尼的爱与支持。

---

[1]　Come On You Gunners（加油，枪手）的缩写，阿森纳足球俱乐部支持者们的常用口号。

——译者注

引用说明

关于本书

耶日·格洛托夫斯基

作者：乔希·莱西（Josh Lacey）

它是一个抽象的空间，可供你创造只存在于想象中而无法在现实世界中表达出来的事物。它是一种在诸多限制下创造出来的艺术形式。它是一种对表达不可表达的事物的尝试。它必须是精英主义的，因为它是如此昂贵、耗时，且消耗精力和体力。很少有人具备所需的技巧和耐心来完成它的训练，而训练出来的成果也很少有人能欣赏。**格洛托夫斯基剧场是 20 世纪最有趣的艺术实践之一**，并且按照马库斯·杜·索托伊的说法，无论是从字面意义上还是隐喻意义上来说，它都和数学研究有很多相通之处。

1933 年 8 月 11 日，耶日·格洛托夫斯基（Jerzy Grotowski）出生于靠近波兰东部边境的小镇热舒夫。他的父亲参加了二战，之后抛弃了家庭，从波兰逃往南非。格洛托夫斯基一直与母亲和哥哥一起生活在乡下，再也没见过父亲。17 岁那年，由于考上了当地的戏剧学校，格洛托夫斯基搬到了克拉科夫居住。毕业之后，他前往莫斯科游学，在今俄罗斯戏剧艺术学院学习了一年，投身于严肃的斯坦尼斯拉夫斯基[①]理论和方法的研究中。

回到克拉科夫之后，格洛托夫斯基找到了一份导演的工作。他导演的

[①] 苏联戏剧教育家、理论家，演员，导演，其所创立的演剧体系，继承并发展了俄罗斯和欧洲体验派的艺术传统。著有《我的艺术生活》《演员的自我修养》等。——译者注

首部专业戏剧是尤内斯库的《椅子》，之后是契诃夫的《万尼亚舅舅》。由于作品得到了一些好评，他被任命为奥波莱一家小剧场的艺术总监。靠着微薄的公共补贴，他和一小群演员创造了鲜为人知的、非凡的表演艺术。他调整了剧院的空间，使其只能容纳 25 个人。不过即使这样，剧场的座位也经常是空荡荡的。

　　1963 年，波兰的一个戏剧节的几位国际来宾被带到奥波莱欣赏戏剧《浮士德》。他们热情的回应令格洛托夫斯基声名鹊起。他搬到了弗罗茨瓦夫，并在那里创立了"戏剧实验所"，一个致力于探索艺术理论和戏剧理念的团体。尽管演出场次很少，观众也不多，格洛托夫斯基的名气仍然与日俱增。他应邀前往欧洲和美国巡回演出，吸引了一大批热情的支持者，其中最著名的是彼得·布鲁克[①]和安德烈·格雷戈里[②]。

　　格洛托夫斯基创立的"戏剧实验所"刻意模仿了尼尔斯·玻尔研究所，也就是丹麦物理学家尼尔斯·玻尔在哥本哈根大学建立的研究所。格洛托夫斯基在他的作品中尝试加入科学的严谨性。他拒绝将戏剧当作娱乐，并且对观众的体验也没什么兴趣。虽然他重新设计了空间，让观众和演员离得更近了，但在他眼里，观众只是一群拥有特权的旁观者，而演员必须亲身去经历神秘的体验。他写道："我在寻找生活中最必不可少的东西。人们为它发明了许多不同的名字。在过去，这些名字往往具有神圣的意义。我觉得自己不可能创造神圣的名字。更进一步地说，我觉得自己没必要发明新词。"他发展了一套戏剧表演方法，最初是基于斯坦尼斯拉夫斯基的形体动作方法，要求演员全身心投入角色中。他还从部落文化和宗教仪式中借鉴行为和理念，试图重新创造曾流行于原始文化，但在现代社

---

① 英国戏剧及电影导演，被称为"现代戏剧实验之父"，对 20 世纪的戏剧发展影响深远。重要戏剧作品有《李尔王》《马拉/萨德》《仲夏夜之梦》《摩诃婆罗多》等，重要著作有《空的空间》《敞开的门》等。——译者注

② 法国演员、导演和编剧，代表作品有《再见爱人》《名人百态》《花街传奇》等。——译者注

会中无法获得的先验体验。

格洛托夫斯基游历甚广，并涉猎多种戏剧表演形式。他要求演员接受严格的体能训练，并学习哑剧、太极、瑜伽、日本能剧，以及其他各种能塑造肢体语言的事物，借此来寻找支配艺术过程和戏剧体验的客观规律。这些形体技巧结合了精神和心灵方面的训练，旨在挖掘演员的内心世界，最终发现格洛托夫斯基所说的"普遍自我"。

戏剧实验所必然属于小众艺术。格洛托夫斯基的出名很大程度上缘于其继承者和模仿者，能亲眼观看他出品的戏剧的人寥寥无几。随着年龄的增长，格洛托夫斯基更加深居简出。他对戏剧的痴迷从未掺杂对金钱和名声的考虑，但他慢慢失去了对表演的兴趣，甚至不愿意和外界多沟通。他在意大利托斯卡纳成立了一个工作室，召集了一批演员。为了寻求艺术的真理，这些演员不惜牺牲金钱、梦想、朋友、家庭，乃至一切。格洛托夫斯基就这样继续他的研究，直到 1999 年去世。

就像数学一样，格洛托夫斯基的戏剧集智力资源、精英主义和创造性于一身。数学和戏剧都要求大量严格的训练和全身心的投入，它们的受众范围也都很小。数学和戏剧最大的区别不在于创造过程，而在于最终的结果。当数学家开始在台上向观众讲解自己的发现的时候，他希望观众能听懂逻辑证明的每一步。如果观众最后知道他想要表达什么，并且也同意他的结论，那么他就成功了。数学容不得含糊。

戏剧则是另一番光景。一场演出结束后，每一位观众都会对它有完全不同的观点、印象和情感。只有糟糕的戏剧才会让观众的意见达成一致，或者让评论者能够写出"剧作家想表达的是如此这般的思想"之类的话。好的数学是清晰明确的，坏的艺术则是过于直白的。

关于作者

马库斯·杜·索托伊剪影

作者：乔希·莱西（Josh Lacey）

当我见到马库斯·杜·索托伊的时候，我带着他在本书中讨论和推荐的"最喜爱的 10 本书"之一——《一个数学家的辩白》。这本书的作者哈代是英国 20 世纪最伟大的数学家之一。这本书很薄，内容精妙而引人入胜。我翻到第 63 页，读了这一段文字："如果我发现自己没有在写数学论文，而是在介绍数学的话，那就说明我已经力不从心了，我也理应为此受到更年轻或精力更充沛的数学家的嘲笑或同情。我介绍数学是因为，和其他 60 岁以上的数学家一样，我的脑子里不再冒出新观点，我的精力和耐心也无法胜任目前的工作了。"

马库斯·杜·索托伊听后直摇头："这些话真令人难过。"虽然这段文字是他所崇敬的人写下的，但其中流露的情绪令他多少有些恐惧。他是一位年轻、精力充沛的数学家，拥有充足的精力、耐心和新的观点，在国际上具有一定影响力，并在牛津大学担任教授。如果他也像哈代一样恃才傲物、与世隔绝的话，那也是可以理解的。不过，**他决定跳出纯数学的象牙塔，为非数学科班的人们讲述他愿意将此生奉献给数学的原因。**

和许多畅销科普读物的作者不同，杜·索托伊是一位严肃而值得尊敬的科学家。他没有必要为了提升名气而讨好普通的读者。他这么做是因为他确信，自己的工作中很重要的一部分就是将自己的技能和对工作的热爱传播给大众。他为报纸撰写文章，接受广播节目的采访，给银行家做报告，同艺术家聊天。他给小学生展示数学之美，利用素数和足球之间的关系来激发孩子们对数学的热情。你知道贝克汉姆为什么会选择 23 号球衣吗？如果杜·索托伊去过你的学校，你就会知道答案。

杜·索托伊把自己形容为一个幸运的人。他有足够好的条件来追逐自己的梦想。他在家工作，因为办公室的环境太嘈杂了。每天早晨，他先骑自行车送儿子上学，然后回到自己的公寓里，边听音乐边思考。当他想要多休几天假时，他就会周游世界，与一小群和他一样精通数学的人讨论问题。同时，他也会用更加通俗易懂的语言向公众传播数学知识，让那些没有数学专业背景却同样为数学的魅力所倾倒的人有机会聆听数学的乐章。

这些好运都要归功于一个人：他的数学老师。在这位聪明的老师的引领下，他感受到了研究数学的乐趣。当他 12 岁时，这位老师推荐他阅读马丁·加德纳在《科学美国人》上的专栏"数学游戏"。要是没有这位老师的话，杜·索托伊可能永远都不会对数学着迷。他想知道，究竟有多少人与认识数学之美的机会擦肩而过？有多少孩子因老师的教学方法不当而对数学丧失信心？又有多少成年人在人生的十字路口选择了另一条路，并且再也没有机会重新开始？

至于那些对数学感到困惑和厌倦的人，杜·索托伊为其提供了一个简单的比喻：将数学比作音乐。许多作曲家能够理解乐谱中那些复杂精妙的结构，但听者无须了解这些专业技巧。有人演奏音乐时，旁人只要闭上眼睛认真聆听就好。同理，杜·索托伊坚信"我们都能够练就欣赏数学之美的能力"。即使不能理解方程中的每个细节，或者搞不懂证明中的每个步骤，我们依然可以欣赏数学的精确、美丽和完美。我们的确能够聆听数学的音乐。